农牧废弃物改良沙化土壤原理与技术
——以川西北为例

李玉义　孔凡磊
梁　鹏　王　青　等著

科学出版社
北　京

内容简介

本书是一部针对川西北草地沙化地区农牧废弃物资源化利用及沙化土壤改良的科学专著。本书根据国家科技支撑计划项目（编号 2015BAC05B05）近 5 年来试验示范和综合研究成果，结合生产实践撰写而成。全书共 9 章，内容包括沙化土壤退化与修复技术途径、农牧废弃物改良沙化土壤原理、农牧废弃物（秸秆、菌渣、生物炭堆肥等）改良沙化土壤技术和农牧废弃物改良沙化土壤技术评价。全书紧紧围绕农牧废弃物资源化利用改良沙化土壤，是从农牧废弃物资源化产品设计和生产工艺、技术试验示范效果、改良技术标准等方面对农牧废弃物改良沙化土壤技术研究进行总结的学术专著。

本书可作为高等学校资源与环境、荒漠化防治、水土保持、生态等相关专业师生的参考书，亦可供沙化土壤治理、生态环境保护等方面的科研和生产部门人员阅读。

川审［2020］00011 号

图书在版编目(CIP)数据

农牧废弃物改良沙化土壤原理与技术：以川西北为例/李玉义等著.—北京：科学出版社，2021.6

ISBN 978-7-03-068690-9

Ⅰ.①农… Ⅱ.①李… Ⅲ.①土地荒漠化-土壤改良-研究-四川 Ⅳ.①S156.5

中国版本图书馆 CIP 数据核字（2021）第 079803 号

责任编辑：韩卫军／责任校对：彭 映
责任印制：罗 科／封面设计：墨创文化

科学出版社出版
北京东黄城根北街16号
邮政编码：100717
http://www.sciencep.com

成都锦瑞印刷有限责任公司印刷
科学出版社发行 各地新华书店经销
*

2021 年 6 月第 一 版 开本：787×1092 1/16
2021 年 6 月第一次印刷 印张：10 1/4
字数：240 000

定价：99.00 元

（如有印装质量问题，我社负责调换）

本书著者名单

中国农业科学院农业资源与农业区划研究所：李玉义　王　婧　李　华　张建峰
韦文珊　张晓丽

四川农业大学：孔凡磊　袁继超　刘晓林　冯冬菊　陈　稷　蓝天琼　刘沁林

浙江农林大学：梁　鹏　欧盛业　丁　黎　余宁尔　吴胜春

西南科技大学：王　青　沈凇涛　郭亚琳　李富程　马　丽

成都理工大学：黄　进

浙江科技学院：单胜道　张　进

中国农学会：周宪龙

农业农村部科技发展中心：徐长春

北京农学院：唐　衡

前　言

2017 年 10 月 18 日，习近平同志在十九大报告中指出，坚持人与自然和谐共生，必须树立和践行绿水青山就是金山银山的理念，坚持节约资源和保护环境的基本国策。川西北地处青藏高原东南缘，属我国长江、黄河源头，是长江、黄河流域重要的生态安全屏障，面积 $24.59\times10^4 km^2$，包括四川省甘孜藏族自治州全部(18 个县市)、阿坝藏族羌族自治州全部(13 个县市)和凉山彝族自治州木里藏族自治县，共计 32 个县市，占四川省总面积的 51.6%。川西北植被主要以高寒草甸和湿地类型为主，受全球气候变化、草原超载放牧、湿地开沟排水等多种因素影响，草地遭到严重破坏，土地退化沙化加剧，沙化虽处于初中期阶段，但已明显向中期发展，并呈继续恶化的趋势。针对该地区地理条件和农牧业发展特征，因地制宜地进行合理的生态治理已经迫在眉睫。此外，随着当地及周边农牧业生产水平的提高，包括牛羊粪、秸秆、食用菌渣等农业废弃物剩余量越来越多，因此将这些农牧废弃物资源化用于改良沙化土壤已成为新的途径，对实现农牧业废弃资源利用和保护生态环境具有重要意义。

依托国家科技支撑计划(2015BAC05B05)、中国农业科学院科技创新工程等项目的支持，2015～2019 年，研究团队以川西北高寒草地土壤退化区为重点区域，在明确高寒草地沙化土壤特征和形成规律的基础上，将农牧废弃物资源化作为高寒草地沙化土壤改良的重要技术措施，对不同类型农牧废弃物资源化产品特征及其改良沙化土壤技术效果与机理进行联合攻关，形成了既有区域特色，又有区域共性的农牧废弃物改良沙化土壤技术，并在川西北大面积示范应用，显示出较好的应用效果，这些创新性成果也为同类区域高寒草地沙化土壤改良与农牧废弃物资源化利用提供借鉴。

全书共分 9 章，各章主要撰写人员如下：

第 1 章　王　青　郭亚琳　沈凇涛　李富程

第 2 章　王　青　沈凇涛　郭亚琳　李富程　马　丽

第 3 章　王　青　沈凇涛　李富程　郭亚琳

第 4 章　王　青　郭亚琳　沈凇涛　李富程

第 5 章　李玉义　孔凡磊　刘晓林　张晓丽　王　婧　张建峰　李　华　韦文珊

第 6 章　孔凡磊　刘晓林　袁继超　冯冬菊　黄　进　陈　稷

第 7 章　梁　鹏　欧盛业　丁　黎　余宁尔　吴胜春　单胜道　张　进

第 8 章　孔凡磊　李玉义　刘晓林　袁继超　冯冬菊　刘沁林

第 9 章　李玉义　孔凡磊　梁　鹏　徐长春　周宪龙　唐　衡　蓝天琼

全书由李玉义、孔凡磊、梁鹏、王青统稿，最后由李玉义审核定稿。

在此感谢课题顾问魏由庆研究员和逄焕成研究员为课题组提供的指导和帮助。特别感谢魏由庆研究员在课题实施过程中不仅在研究实施方案制定上多次给予帮助，而且不顾年迈多次亲临川西北高原试验示范基地进行指导，为本书试验内容的顺利完成奠定了基础。同时感谢国家科技支撑计划项目(编号 2015BAC05B05)和项目组其他课题的专家在课题执行过程中给予的真诚帮助。

鉴于本书的主要内容是在项目研究成果的基础上提炼而成，因此在内容的系统性、完整性与代表性等方面不尽完善，真诚希望广大学者、专家与同仁能在此领域进行更多的交流与合作，对本书的缺点和不足提出宝贵意见。同时因著者水平有限，加之时间仓促，不妥之处敬请批评指正！

目　录

第 1 章　沙化土壤改良通用方法……1
1.1　土壤沙化与土地沙漠化……1
1.1.1　土壤(地)沙化和沙漠化的类型……1
1.1.2　影响土壤沙化的因素……2
1.1.3　土壤沙化的危害……2
1.1.4　土壤沙化的防治……3
1.2　土地沙化治理技术……4
1.2.1　工程治沙技术……4
1.2.2　生物治沙技术……6
1.2.3　综合治沙技术……7
1.3　沙化土壤改良……7
1.3.1　土壤改良剂……8
1.3.2　土壤化学改良……10
1.3.3　土壤物理改良……10
1.3.4　土壤结构改良……11
1.3.5　土壤生态修复……11
1.3.6　沙化土改良常用方法……11
第 2 章　农牧废弃物改良沙化土壤作用原理……13
2.1　土壤沙化的表征……13
2.1.1　理化性质表征……13
2.1.2　土壤团聚体表征……14
2.1.3　土壤有机碳表征……19
2.2　农牧废弃物的性质……21
2.2.1　农作物秸秆……21
2.2.2　食用菌菌渣……22
2.2.3　畜禽粪便……22
2.3　农牧废弃物改良沙化土壤的原理……23
2.3.1　降低土壤容重……23
2.3.2　改善土壤酸碱环境……24
2.3.3　提高土壤团聚体稳定性……25
2.3.4　提高土壤有机碳……29

第 3 章　研究区域概况……33
3.1　自然环境……33
3.1.1　区位……33
3.1.2　地质……34
3.1.3　地貌……35
3.1.4　气候……35
3.1.5　植被……37
3.1.6　土壤……38
3.1.7　水文……39
3.2　社会经济……40
3.2.1　人口……40
3.2.2　资源与产业……41
第 4 章　高寒沙地土壤改良技术方案……43
4.1　沙化土壤改良技术实施依据……43
4.1.1　沙化土壤温度和含水率变化规律……43
4.1.2　沙化土壤水分运移规律……44
4.1.3　沙化土壤温度运移规律……50
4.1.4　冻融交替下土壤电导率运移规律……55
4.2　沙化土壤改良技术实施方案……60
4.2.1　沙化土壤改良技术分类……60
4.2.2　川西北沙化土壤改良技术方案……61
第 5 章　秸秆产品改良沙化土壤效应……62
5.1　秸秆产品生产工艺与配方设计……62
5.2　田间试验……62
5.2.1　土壤理化性质……63
5.2.2　土壤有机碳库……69
5.2.3　土壤保水保肥特性……72
5.2.4　植被生长与恢复……74
5.3　本章小结……78
第 6 章　菌渣产品改良沙化土壤效应……79
6.1　菌渣产品生产工艺与配方设计……79
6.2　田间试验……79
6.2.1　土壤理化性质……80
6.2.2　土壤有机碳库……86
6.2.3　土壤保水保肥特性……89
6.2.4　植被生长与恢复……91
6.3　本章小结……94
第 7 章　生物炭与堆肥产品改良沙化土壤效应……96

7.1 生物炭与堆肥产品生产工艺与配方设计……96
7.1.1 产品原料及制备工艺……96
7.1.2 产品基本理化性质……97
7.1.3 FTIR 分析……97
7.1.4 扫描电镜(SEM)分析……98
7.1.5 XRD 分析……99
7.1.6 元素分析……99
7.1.7 聚丙烯酰胺……100
7.2 田间试验……100
7.2.1 生物炭堆肥产品对沙化土壤理化性质的影响……100
7.2.2 生物炭堆肥对土壤微生物结构与功能的影响……105
7.2.3 牛羊粪利用对土壤有机碳库的影响……106
7.2.4 牛羊粪利用对养分淋溶的影响……107
7.2.5 牛羊粪利用对植被生长的影响……116
7.3 本章小结……120
第 8 章 农牧废弃物资源改良沙化土壤技术综合评价……121
8.1 不同改良产品对沙化土壤理化性质的影响比较……121
8.1.1 土壤容重……122
8.1.2 土壤含水率……122
8.1.3 土壤全氮……123
8.2 不同改良产品对土壤有机碳库的影响比较……124
8.2.1 土壤有机碳……124
8.2.2 土壤活性有机碳……125
8.2.3 土壤微生物量碳……125
8.2.4 土壤碳库管理指数……126
8.3 不同改良产品对土壤呼吸速率和土壤温度的影响比较……127
8.3.1 土壤呼吸速率……127
8.3.2 土壤温度……128
8.3.3 土壤呼吸速率与其影响因素的关系……128
8.4 不同改良产品对养分淋溶的影响比较……129
8.4.1 土壤硝态氮……129
8.4.2 外源养分淋溶率……129
8.5 不同改良产品对植被生长的影响比较……130
8.5.1 基本苗……130
8.5.2 株高……131
8.5.3 根系形态……131
8.5.4 叶绿素含量……132
8.5.5 地上单株干物质量和群体干物质量……133

8.6 本章小结 ……133
第9章 川西北高寒草地沙化土壤改良技术规程 ……134
9.1 范围 ……134
9.2 规范性引用文件 ……134
9.3 术语和定义 ……135
9.3.1 高寒草甸土 ……135
9.3.2 盖度 ……135
9.3.3 沙化土壤 ……135
9.3.4 川西北高寒沙化土壤 ……135
9.3.5 草地沙化 ……135
9.3.6 轻度沙化 ……135
9.3.7 中度沙化 ……135
9.3.8 重度沙化 ……136
9.3.9 农牧废弃物 ……136
9.3.10 膨润土 ……136
9.3.11 微生物菌剂 ……136
9.3.12 生物炭 ……136
9.3.13 堆肥 ……136
9.3.14 一年生黑麦草 ……136
9.3.15 条播 ……137
9.4 播前土地准备 ……137
9.4.1 地块选择 ……137
9.4.2 土壤测试 ……137
9.4.3 平整地面 ……137
9.5 秸秆颗粒改良沙化土壤技术 ……137
9.5.1 秸秆颗粒产品制备与施用方法 ……137
9.5.2 牧草种植技术 ……138
9.5.3 后期管护与鼠害兔害防治 ……138
9.6 菌渣颗粒改良沙化土壤技术 ……138
9.6.1 菌渣颗粒产品制备与施用方法 ……138
9.6.2 牧草与灌木种植技术 ……139
9.6.3 后期管护与鼠害兔害防治 ……140
9.7 生物炭堆肥产品改良沙化土壤施用技术 ……140
9.7.1 生物炭堆肥产品制备与施用方法 ……140
9.7.2 牧草种植技术 ……141
9.7.3 后期管护与鼠害兔害防治 ……141
参考文献 ……142

第1章　沙化土壤改良通用方法

土壤沙化和荒漠化是全球最严重的环境问题之一。国家林业局组织开展的第五次全国荒漠化和沙化监测结果显示，截至2014年，中国荒漠化土地面积$261.16\times10^4km^2$，占陆地国土总面积的27.20%；沙化土地面积$172.12\times10^4km^2$，占陆地国土总面积的17.93%，治沙形势十分严峻。了解土壤沙化类型及其危害，明确当前沙化土壤治理技术和改良措施，对分类指导和科学治理沙化土壤具有重要意义。本章介绍了我国不同程度沙化土壤特征，以及沙化土壤治理和改良技术措施。

1.1　土壤沙化与土地沙漠化

土壤沙化与土地沙漠化的重要过程是风蚀和风力堆积过程。在沙漠周边地区，由于植被破坏或草地过度放牧、开垦为农田，土壤中水分状况变得干燥，土壤粒子分散不凝聚，被风吹蚀，细颗粒含量逐渐降低，而在风力过后或减弱的地段，风沙颗粒逐渐堆积于土壤表层而使土壤沙化(祝列克，2006)。因此，土壤沙化包括草地土壤的风蚀过程及在较远地段的风沙堆积过程。沙漠化防治及生态环境保护是干旱、半干旱区面临的主要环境问题。

20世纪80年代，我国北方沙漠化土地面积约$33.4\times10^4km^2$，按照土壤发生层次A、B各层被风蚀破坏的程度分为若干种发展状态(陈隆享，1981)，其相对分布如表1-1所示。

表1-1　我国土壤沙化分级及其比例

类型	吹蚀深度	风沙覆盖/cm	＜0.01mm黏粒损失/%	生物生产力下降/%	分布面积/($\times10^4km^2$)	所占比例/%
轻度风蚀沙化(潜在沙漠化)	A层剥蚀＜1/2	＜10	5～10	10～25	15.8	47.31
中度风蚀沙化(发展中沙漠化)	A层剥蚀＞1/2	10～50	10～25	25～50	8.1	24.25
重度风蚀沙化(强烈沙漠化)	A层殆失	50～100	25～50	50～75	6.1	18.26
严重风蚀沙化(严重沙漠化)	B层殆失	＞100	＞50	＞75	3.4	10.18

1.1.1　土壤(地)沙化和沙漠化的类型

根据土壤沙化区域差异和发生发展特点，我国沙漠化土壤(地)大致可分为3种类型(黄昌勇和徐建明，2010)：①干旱荒漠地区的土壤沙化。主要分布在内蒙古的狼山、宁夏的贺兰山、甘肃的乌鞘岭以西的广大干旱荒漠地区，沙漠化发展快，面积大。根据研究，甘肃省河西走廊的沙丘每年向绿洲推进 8m。该地区由于气候极端干旱，土壤沙化后很难恢复。②半干旱地区土壤沙化。主要分布在内蒙古中西部和东部、河北北部、陕北及宁夏东南部。该地区属农牧交错的生态脆弱带，由于过度放牧、农垦，沙化呈大面积区域化发展，这一沙化类型区人为因素很大，土壤沙化有逆转可能。③半湿润地区土壤沙化。主要分布在黑龙江、嫩江下游，其次是松花江下游、东辽河中游以北地区，呈狭带状断续分布在河流沿岸。沙化面积较小，发展程度较轻，并与土壤盐渍化交错分布，属林-牧-农交错的地区，年平均降水量在 500mm 左右。对这一类型的土壤沙化，控制和修复是完全可能的。

1.1.2 影响土壤沙化的因素

第四纪以来，随着青藏高原的隆起，西北地区气候干旱的现象日益加剧，风沙的活动促进了土壤沙化，但人为活动是土壤沙化的主导因子，这是因为：①人类经济的发展使水资源进一步萎缩，加剧了土壤的干旱化，促进了土壤的可风蚀性；②农垦和过度放牧使干旱、半干旱地区植被覆盖率大大降低(杨俊平和孙保平，2006)。例如，大兴安岭南部丘陵地区，由于农垦造成的土壤沙化面积已达 $400×10^4hm^2$；科尔沁左、右旗等地区 20 世纪 50 年代有次生林 $12×10^4hm^2$，80 年代仅剩下 $4×10^4hm^2$，而沙化土壤面积增加到 $70×10^4hm^2$(黄昌勇和徐建明，2010)。

据统计，人为因素引起的土壤沙化占总沙化面积的 94.5%，其中农垦不当占 25.4%，过度放牧占 28.3%，森林破坏占 31.8%，水资源利用不合理占 8.3%，开发建设占 0.7%。

1.1.3 土壤沙化的危害

土壤沙化对经济建设和生态环境危害极大。一方面，土壤沙化使大面积土壤失去农、牧生产能力，使有限的土壤资源面临更为严重的挑战(彭云霄和魏威，2019)。1979～1989 年我国草场每年退化约 $130×10^4hm^2$，人均草地面积由 $0.4hm^2$ 下降到 $0.36hm^2$。另一方面，土壤沙化还使大气环境恶化。由于土壤大面积沙化，风挟带大量沙尘在近地面大气中运移，极易形成沙尘暴，甚至黑风暴。例如 20 世纪 30 年代在美国，60 年代在苏联均发生过强烈的黑风暴；70 年代以来，我国新疆发生过多次黑风暴。

土壤沙化会造成土壤贫瘠、环境恶劣，威胁人类的生存。我国汉代以来，西北的不少地区是一些古国的所在地，如宁夏地区是古西夏国的范围，塔里木河流域是楼兰古国的地域，大约在 1500 年前还是魏晋农垦之地，但现在上述古文明已从地图上消失了。从近代来看，1961 年新疆生产建设兵团 32 团开垦的土地，至 1976 年才 15 年时间，已被高 1～1.5m 的新月形沙丘所覆盖(祝列克，2006)。

1.1.4　土壤沙化的防治

土壤沙化的防治必须重在防。从地质背景上看，土地沙漠化是不可逆的过程。因此，防治重点应放在农牧交错带和农林草交错带，在技术措施上要因地制宜(朱俊凤和朱震达，1999)。主要防治途径有以下几种。

1.1.4.1　营造防沙林带

我国沿吉林白城地区的西部—内蒙古的兴安盟东南—通辽市和赤峰市—古长城沿线是农牧交错带地区，土壤沙化正在发展。我国已实施建设“三北”地区防护林体系工程，应进一步建成“绿色长城”。一期工程已完成 $600\times10^4hm^2$ 的植树造林任务。目前已使数百万公顷农田得到保护，轻度沙化得到控制。

1.1.4.2　实施生态工程

我国的河西走廊地区，昔日被称为“沙窝子”“风库”，当地因地制宜，因害设防，采取生物工程与石工程相结合的办法，在北部沿线营造了 1220km 的防风固沙林 $13.2\times10^4hm^2$，封育天然沙生植被 $26.5\times10^4hm^2$，在走廊内部营造起约 $5\times10^4hm^2$ 农田林网，因此河西走廊一些地方如今已成为林茂粮丰的富庶之地。

1.1.4.3　建立生态复合经营模式

鉴于内蒙古东部、吉林白城、辽西等半干旱、半湿润地区，有一定的降雨量资源，土壤沙化发展较轻，因此应建立林农草复合经营模式。

1.1.4.4　合理开发水资源

这一问题在新疆、甘肃的黑河流域应得到高度重视。塔里木河在新中国成立初，年径流量为 $100\times10^8m^3$，50 年代后上游区尚稳定在 40×10^8～$50\times10^8m^3$。但在只有 2 万人口、$2000hm^2$ 土地、30 多万只羊的中游地区消耗掉约 $40\times10^8m^3$ 的水资源，中游区大量耗水致使下游断流，300 多千米地段的树、草枯萎和残亡，下游地区的 4 万多人口、$1\times10^4hm^2$ 土地面临着生存威胁。因此，应合理规划和调控河流上、中、下游流量，避免下游干涸，控制下游地区的进一步沙化(黄昌勇和徐建明，2010)。

1.1.4.5　控制农垦

对于土地沙化正在发展的农区，应合理规划和控制农垦，草原地区应控制载畜量。草原地区原则上不宜农垦，旱粮生产也应因地制宜控制在沙化威胁小的地区(韩丽文等，2005)。例如，印度在 $1.7\times10^8hm^2$ 草原上放牧 4 亿多头羊，使一些稀疏草原很快成为荒漠；内蒙古草原的理论载畜量应为每公顷 0.49 只羊，而实际载畜量却达到每公顷 0.65 只羊，超出 33%。因此，从牧业持续发展角度看，必须减少放牧量，实行牧草与农作物轮作，培育土壤肥力。

1.1.4.6　完善法制，严格控制破坏草地

在草原、土壤沙化地区，工矿、道路以及其他开发工程建设必须进行环境影响评价。对人为盲目垦地种粮、挖掘药材等活动要依法从严控制。

1.2　土地沙化治理技术

如今，土地沙化防治是全球性环境科技研究热点，包括中国在内的几十个国家都制定了或正在制定本国防治土地沙化和荒漠化的国家行动方案。各国的情况不同，防治对策也不同。防治沙化的方法繁多，从技术层面讲主要包括生物措施、化学措施、机械措施以及不同类型措施相结合的综合治理措施等，而机械措施和化学措施一般又统称为工程措施。

1.2.1　工程治沙技术

工程治沙是指采用机械工程手段，通过固、阻、输、导等方式在沙面上设置沙障或覆盖沙面，或采用各种阻沙措施将上风向的来沙阻挡在远离防护区的地段，或将风沙流导向防护区的下风向等，以达到减轻或消除风沙危害的目的。工程治沙措施通常采用的材料有干草、树枝、板条、秸秆、黏土、卵石等，具有施工简便、不污染环境、对植物无副作用、技术要求不高、固沙效果显著等特点(董治宝等，2000；董智等，2004；赵建新，2007；丁新辉等，2019)。工程治沙措施因其具备就地取材、材料多种多样、无须细致加工、技术要求不高、施工简便、造价低廉、固阻流沙效果显著，而且一般对植物的生长发育无副作用等优点，因而被广泛用于铁路、公路、城镇、文物古迹等的沙害防治(许林书和许嘉巍，1996；张春来等，2018)，但缺点是在风沙较大的区域很难达到固沙效果，且随着时间推移容易失效，因此只是一种临时的辅助性固沙措施。工程治沙主要分为机械阻沙和沙障固沙。

1.2.1.1　机械阻沙

机械阻沙的主要方法是采用阻沙栅栏、阻沙网、挡沙墙、下导风板和羽毛排导风板等工具来阻挡风沙和引导沙粒的走向，将上风向来沙阻挡在远离防护区的地段，或将风沙流疏导至保护区的下风向，以防止积沙，阻止沙漠的进一步扩张(王玉才和张恒嘉，2016；高承兵等，2010)。阻沙措施一般用于沙源丰富地区或戈壁风沙流盛行的地区，作为保护机械固沙袋和植物固沙袋的外围屏障。鉴于在流动沙丘上栽植和播种固沙的植物初期常常受到风蚀和沙埋的影响而难以成活，因此机械治沙措施常常作为生物治沙措施的辅助性或过渡性措施，常用材料有作物秸秆、砂砾石、黏土等。

1.2.1.2　沙障固沙

沙障固沙通常是在沙漠表面铺设障碍物，改变风沙流动的速度、方向和风沙流结构等，

进而减弱风沙移动及影响区域微地貌状况等。沙障(机械沙障与生物沙障)作为工程治沙的一项重要措施，主要是采用各种材料在沙面上设置机械或植物障碍物(张利文等，2014)，以此控制风沙流动的方向、速度、结构，改变蚀积状况，达到防风阻沙，改变风的作用力及地貌状况等目的。

机械沙障可分为高立式沙障、立式沙障、半隐蔽式沙障和隐蔽式沙障。半隐蔽式草方格沙障在中国北方各沙区应用最广，是固定流沙、稳定沙面最经济有效的措施之一(姚正毅等，2006)。机械沙障的作用在于削弱地面风力、固定沙面、减少和防止就地起沙，为初期栽植或播种的固沙植物创造稳定的生长发育环境。在自然条件恶劣的地区，机械沙障是治沙的主要措施，在自然条件较好的地区，机械沙障是植物治沙的必要前提。

机械沙障一般就地取材，用料多种多样，无须精细加工，造价低廉，如广为利用的草沙障、乔灌枝条沙障、黏土沙障、砾石沙障等原料增大沙表面粗糙度，改变风的作用力及地貌状况等，以达到防风阻沙目的(张风春和蔡宗良，1997；卢广伟，2007)。在各种治沙方式中，机械沙障治沙占有举足轻重的作用。从机械沙障的类型上看，用于制作沙障的材料很多，一般多采用麦草、稻草、芦苇、高草、纸条、土工布、板条、砾石、戮土等较易取得的材料(展秀丽等，2011；孙涛等，2012)。本书将其分为以下几类：植物枝杆类、天然黏土砾石类以及一些人工合成材料。

(1)植物枝杆类：在中国建成的世界上第一条穿越流动沙丘的铁路干线——包兰铁路，为防治风沙危害，构建了前沿高的立式栅栏阻沙袋，内侧草方格沙障固沙袋和砾石平台缓冲输沙袋的防护体系，保证了铁路的安全运营(张克存等，2019)。高永等(2015)研究了11 种不同规格沙柳沙障输沙率与风速之间的关系，发现了不同规格沙障的防护效益。在大风条件下，小规格沙障的成本效益高于大规格的沙障；在小风情况下，大规格沙障的成本效益高于小规格沙障。同时计算出，当沙障面积小于 1.27m^2 时，障内没有风蚀，面积等于或者小于 1m^2 的沙障可以完全控制地表的风蚀；当沙障面积为 1.5m^2 时，有少量的风蚀，当沙障面积增加到一定程度后，风蚀深度增加很快。屈建军等(2005)研究得出半隐蔽格状沙障，特别是麦草和碾压芦苇方格沙障，是近地风沙流边界层防止风沙危害的一种经济实用、功能独特、效果显著且应用最为广泛的固沙措施。其增大了下垫面的粗糙度，明显降低了底层风速，进而减弱了输沙强度，使流沙表面得以稳定。研究还发现在格状边框内，气流的涡旋作用使格内原始沙面充分蚀积，最后达到平衡状态，即稳定的凹曲面形成。这种有规则排列的凹曲面对不饱和风沙流具有一种升力效应，从而形成沙物质的非堆积搬运条件，这是格状沙障作用的关键。

(2)黏土沙障和砾石沙障类：黏土沙障，虽然有利于植物的定居和生存，能够就地取材，造价相对较低，但铺设黏土沙障一年后，它所形成的土壤结皮对降雨下渗有较大的影响，而且容易造成土壤板结，形成地表径流，导致水分丧失，不利于植物的正常生长发育(贾玉奎等，2006；马瑞等，2013)。砾石沙障的形态、功能与黏土沙障一样，其不同是用砾卵石堆砌而成。在风沙流挟带沙物质较多的流沙危害地区，则存在着就地很难找到大量砾石的问题，需从其他地区运进，导致造价又较高，这也可能就是很难推广砾卵石沙障的原因所在。

(3)新型材料类：当今防沙治沙事业面临着全球沙漠化日趋严重，所用原材料相对短缺的严峻现实。目前沙漠地区用于固定流沙的材料主要有柴草类、黏土类和砂砾石。沙漠地区自然条件严酷、气温高、昼夜温差大、风沙危害强烈，用柴草设置的沙障易腐烂分解，过早地失去了固沙作用，在阳光充足、水分条件好的地区，用麦草设置的沙障一年就会腐烂失去固沙作用。而黏土、砂砾石本身较重，特别是需要人工将这些材料运到沙丘上，目前还无法进行机械化作业，所以沙障设置的效率非常低，单位材料设置的延米数很小，用这些材料设置的沙障综合成本非常高。从另一方面来说，大量的机械化取土、取沙必然会对地表植被造成严重的破坏，这是国家相关法律法规禁止的。这两类材料设置的沙障最大的缺陷是只能使用一次，不能重复使用。这就迫使风沙理论研究者去开发或研制具有防沙功能的新材料，并逐步取代传统的防沙材料，如麦草、芦苇和作物秸秆等。为此，许多学者开始尝试用其他材料来替代麦草沙障，常见的有以高密度聚乙烯为主要原料的人工合成塑料方格和尼龙网格等(居炎飞等，2019；陶玲等，2017)。近十年来，国内外以合成聚合物为原料的合成材料新产品不断问世，所以目前土工合成材料种类繁多，该材料具有防风固沙作用效果明显、使用寿命长、便于运输和工业化生产等优点(屈建军等，2005；马全林等，2005)。

1.2.1.3 化学治沙技术

化学治沙技术是在沙漠表面铺设天然或人工合成的化学胶结材料，形成固结层，来防止风沙移动。固结层可以固结沙面、防止风力吹蚀和保持土壤下层水分，同时具有光滑且坚实的表面，有助于风沙顺利输移到固定区域。固沙剂按原材料可以分为四类：水玻璃类、石油产品类、水浆类和合成高分子类，据统计，目前已开发出一百余种化学固沙剂，如硅酸钾固沙剂、沥青乳液、聚乙烯醇类固沙剂等(王银梅，2008；郭凯先等，2011)。化学治沙实施简单，起效快，但只能固定地表流沙，不能从根本上遏制沙漠的扩张。另外，使用化学固沙剂还应考虑其对环境的影响，固沙物质应是易被降解且无毒无害，不会对环境造成危害的材料。目前，虽然在化学固沙物质方面做了大量研究，但是仍未得到广泛应用。

1.2.2 生物治沙技术

生物治沙技术是利用沙生植物的生长繁殖进行治沙，不仅能够防风固沙及改善沙漠环境，还能生产经济作物或药材、提供饲料或燃料，是一种兼具生态效益和经济效益的治沙技术，也是最有效、最根本的治沙技术(王来田等，2004)。如我国新疆地区塔克拉玛干沙漠公路沿线防护林的建设，为世界沙漠地区生物防沙起到了示范作用。然而，能在干旱沙漠中生长的植物种类数量稀少、成活率极低且生长周期较长，因此生物固沙初期的效果较差且易被破坏，需要投入大量的人力和财力，才能长期发挥明显作用。

沙障的应用是随着沙漠化的防治过程逐步发展起来的，在沙漠化的治理实践中，植物措施具有投资少、见效快、稳定性好、生态功能强等优点，植物沙障本身就是以有生命的植物为原材料的沙障，因而大大缩短植被的恢复时间，所以一直是治沙首选手段。近几年，内蒙古鄂尔多斯市以当地盛产的沙柳为原料设置沙障。沙柳(*Salix psammophila*)沙障深插在沙表下，一部分成活、成长为沙柳灌丛，另一部分不能成活的作为机械沙障，以降低沙表风速。这正是植物沙障与机械沙障的不同之处。赤峰市巴林右旗林业局经过多年实践，筛选出当地再生能力较强的灌木，如羊柴(*Hedysarum leave*)、黄柳(*Salix gordejevii*)、沙蒿(*Artemisia desertorum*)和小叶锦鸡儿(*Caragana microphylla*)等，进行网格矮立式紧密结构沙障的营建，获得较好成效。灌木成活率可达60%以上，沙表基本固定，真正实现了沙地可持续发展，为半干旱地区防治沙质荒漠化探索出一条新的道路，具有重要的推广价值(孙保平等，2000；曹显军，2000；陈兰周等，2003)。

1.2.3　综合治沙技术

对于大面积的沙漠治理工程而言，采用单一的固沙方法可能会出现固沙成本高、效率低和无法达到预期固沙效果等问题，为了降低固沙成本并提高固沙效率，综合固沙技术越来越受到重视和采纳。常采用的综合固沙技术有工程固沙和植物固沙结合、植物固沙和化学固沙结合以及植物固沙和沙土改良结合等。如在科尔沁沙地，采用工程固沙和植物固沙相结合的方法，在沙丘上铺设草方格，并在草方格内种植小叶锦鸡儿和山竹子等固沙植被，发现综合治沙技术能达到较好的固沙效果；在腾格里沙漠，通过喷洒适于植物生长的化学固沙剂，发现三种固沙剂(美国3D控尘剂——固沙乳胶剂、澳大利亚ZEROSIN干粉化学固沙剂、西北师范大学多功能高分子固沙种草剂)均能促进沙地植株的生长发育(徐先英等，2005)。

1.3　沙化土壤改良

土壤改良，是指运用土壤学、生物学、生态学等多学科的理论与技术，排除或防治影响农作物生育和引起土壤退化等的不利因素，改善土壤性状、提高土壤肥力、为农作物创造良好土壤环境条件的一系列技术措施的统称(杨凯等，2018)。其基本措施包括：①土壤水利改良，如建立农田排灌工程，调节地下水位、改善土壤水分状况、排除和防止沼泽化和盐碱化；②土壤工程改良，如运用平整土地，兴修梯田，引洪漫淤等工程措施，改良土壤条件；③土壤生物改良，运用各种生物途径，如种植绿肥，增加土壤有机质以提高土壤肥力，或营造防护林防治水土流失等；④土壤耕作改良，通过改进耕作方法改良土壤条件；⑤土壤化学改良，如施用化肥和各种土壤改良剂等，提高土壤肥力，改善土壤结构，消除土壤污染等。

土壤改良工作一般根据各地的自然条件、经济条件，因地制宜地制定切实可行的规划，逐步实施，以达到有效地改善土壤生产性状和环境条件的目的。土壤改良过程共分两个阶段：①保土阶段。采取工程或生物措施，使土壤流失量控制在容许流失量范围内。如果土壤流失量得不到控制，土壤改良亦无法进行。对于耕作土壤，首先要进行农田基本建设。②改土阶段。其目的是增加土壤有机质和养分含量，改良土壤性状，提高土壤肥力。改土措施主要是种植豆科绿肥或多施农家肥。当土壤过沙或过黏时，可采用沙黏互掺的办法。中国南方的酸性红黄壤地区的侵蚀土壤缺乏磷元素，种植绿肥作物改土时必须施用磷肥。

1.3.1 土壤改良剂

近年来，土壤改良剂在沙漠治理中的应用越来越广泛。沙土改良技术是添加能够改善沙化土壤性质的改良剂，使其具有稳定沙土、改善沙土漏水、漏肥的特性，从而更适宜植物的存活和生长。添加土壤改良物质更有利于实现沙漠的生态恢复，因此是一种经济高效且可以持续利用的方法(赵英等，2019)。沙土改良可从根本上解决沙漠环境中植物生长较差的问题，因此无论在前期植物栽植还是后期维护期间，都能达到节约固沙成本的目的。土壤改良剂能促进沙漠植物的生长，短期就能达到较好的固沙效果。

土壤改良剂，又称土壤调理剂。土壤改良剂主要用于改良土壤的物理、化学和生物性质，使其更适宜于植物生长。例如施用石灰来调整酸性土壤的 pH，施用石膏来抑制土壤中的 Na^+、HCO_3^- 和 CO_3^{2-} 等离子，施用有益微生物来提高土壤生物活性等。由于改良土壤结构的物料量大面广，所以习惯上人们把土壤结构改良剂与土壤改良剂等同起来。

土壤改良剂在沙土中应用的主要目的不是为植株生长提供养分，而是改良沙土自身性质，从而使植物能在沙土环境中更好地生长。21 世纪以来，土壤改良剂发展进入合成阶段，根据土壤的不同性质与需求合成不同功效的改良剂(刘玉环等，2018)。适合于沙地的土壤改良剂按照组成和来源可以分为无机改良剂、有机改良剂、人工合成改良剂和生物改良剂。

1.3.1.1 无机改良剂

目前研究适用于沙漠治理的无机改良剂主要包括膨润土、磷石膏、沸石和粉煤灰等。膨润土是一种主要由蒙脱石(含量 85%～90%)组成的细粒黏土，自身具有较强的吸水性和膨胀性，可吸附自身质量十倍左右的水分。膨润土的 2∶1 型晶体结构所形成的层状结构会吸附 K^+、Na^+、Mg^{2+}，使膨润土具有较强的离子交换性能和黏着性等。

我国膨润土资源极为丰富，储量占世界第一，价格低廉，在沙土改良方面应用前景广阔。李浩等(2012)用膨润土与丙烯酸盐接枝聚合，制成三维网状结构的土壤改良剂，应用于沙漠公路的边坡及防护林。磷石膏(主要成分为 $CaSO_4 \cdot 2H_2O$)是磷肥、磷酸生产过程的副产物，据统计每生产 1t 磷酸会产生约 5t 的磷石膏，但目前我国磷石膏的综合利用效率较低。我国每年排出的磷石膏渣占用大量土地，利用磷石膏改良沙土是废弃物的再利用，既能消除污染又能改变沙漠环境。磷石膏可将细颗粒吸附到其周围，形成水稳性较好的团粒结构，并富含有效钙和有效磷，能够增加土壤养分。沸石是一种含水的铝硅酸矿物，沸石晶体的架状结构使其具有较大的孔隙度和比表面积，且沸石内部丰富的孔道使水分和阳离子能自由通过，并为阳离子发生交换反应提供场所，因此沸石具有极强的阳离子交换能力和水分吸附能力。同时沸石含有 20 多种植物生长所需的常量和微量元素，有研究者将其用于保水性较差的沙土中来提高沙土持水能力。粉煤灰是燃煤电厂排放的副产物，呈多孔状的蜂窝结构，因此具有较大的孔隙度和比表面积，吸附能力较强。同时粉煤灰颗粒含有多种微量元素，能促进土壤大团聚体形成，在沙土改良中有巨大的应用潜力，但是粉煤灰中含有重金属和放射性元素，因此应充分考虑其对土壤的毒害作用。已有学者将粉煤灰与聚丙烯酰胺(PAM)混合施用，认为能避免高含量粉煤灰对环境的影响。

1.3.1.2　有机改良剂

目前适用于沙漠治理的有机改良剂主要包括泥炭、生物炭、腐殖酸和有机固体废物等。

泥炭来源于天然沼泽地，富含有机质，具有疏松多孔、透气性好、吸附性能强等优点，应用于沙土改良，能提高沙土保水、保肥能力，改善沙土结构。以泥炭为原材料生产的腐殖酸类复合肥料，在沙土改良领域具有较好的应用前景。生物炭是秸秆等有机废弃物经高温裂解制成的多孔固体产物，生物炭的孔隙度和比表面积较大、离子交换性能较强并含有大量的活化反应官能团，有利于改良土壤结构(孙宁川等，2016)。另外，生物炭的 C、H、N、P 等营养元素及 K^+、Na^+、Mg^{2+}、Ca^{2+}等含量较高，可以有效提高土壤肥力。腐殖酸是土壤中动植物残体经微生物消化分解而产生的有机物质，在自然界中广泛存在。腐殖酸含有丰富的含氧活性官能团(如羧基、醇羟基、酚羟基、甲氧基等)，因此腐殖酸具有较强的亲水性、阳离子交换性能、吸附能力及配位能力等，有利于改良沙土结构。以腐殖酸为原材料制成的保水剂能够缓慢释放水分，被广泛应用于沙漠地区的植被恢复。有机固体废物(如造纸污泥、污水污泥和作物秸秆等)产量大、利用效率低而且处置不当会污染环境，是目前固废处理处置中的难点之一。使用有机固废改良沙土，不仅能有效改良土壤性质，而且能达到固废资源化利用的目的。有机固体废物富含 N、P、K 等营养元素和其他微量元素，在土壤改良方面应用广泛。已有研究将造纸污泥制成颗粒土壤改良剂，发现对作物生长有促进作用，且对土壤和农作物没有污染。

1.3.1.3　人工合成改良剂

适用于沙漠治理的人工合成改良剂主要包括水解聚丙烯腈(HPAN)、聚丙烯酸盐、聚乙烯醇(PVA)、聚丙烯酰胺(PAM)、沥青乳剂(ASP)、羧甲基纤维素钠(CMC)和高分子保水剂(SAP)等。

天然土壤改良剂大部分具有施用量大、施用效果不持久等缺点，人工合成改良剂能够克服上述缺点，因此得到越来越多的应用，但研制低成本、低用量且对环境友好的人工合成改良剂是目前研究的难点。美国率先合成的高分子改良剂 Krilium，主要成分为聚丙烯酸钠，吸水性较强且黏度高，能够促进水稳性团聚体的形成，不易被微生物降解。聚乙烯醇(PVA)是生产维尼纶的中间产物，能改善土壤结构，增加土壤持水性能。有研究者使用沥青乳剂与 PVA 改良沙土，结果表明两种改良剂的改土效果均随用量增加而增加。聚丙烯酰胺(PAM)具有超高的吸水保水能力，是目前人工合成土壤改良剂的研究热点，能反复吸水，提高水分利用率，被称为土壤的“微型水库”，同时 PAM 易于将周围分散的土粒和矿质物质胶结在一起，形成微团聚体，因此保水性能和黏聚效果很强。Yang 和 Tang(2012)将粉煤灰和聚丙烯酰胺混合施用来改良风蚀沙化土壤，发现当粉煤灰和聚丙烯酰胺的配合施用率分别为 20%和 0.05%时，对沙化土壤的改良效果最好。羧甲基纤维素钠(CMC)是一种采用稻草、废棉花等有机物质改性处理得到的含有羧甲基单元的纤维素醚衍生物，是目前使用量最大、使用范围最广的纤维素种类。羧甲基纤维素钠在自然界中极易获取，无毒无污染且具有很强的黏结力和保水作用，因此近几年常被用作土壤改良剂(喜银巧等，2018）。高分子保水剂(super absorbent polymer，SAP)是一种使用聚丙烯酸等材料接枝羟基、羧基等强亲水性基团，能吸收保水剂自身质量几百倍甚至几千倍水分的高分子材料，能最大限度地保存沙土的水分。由于具有用量小、保水性好、见效快等特点，高分子保水剂在沙漠治理中应用前景广泛。

近年来，化学改良措施与植物改良措施是对沙化土壤进行改良的一种重要手段。刘忠民(2008)就探讨通过种植苜蓿草对沙化土壤进行改良，发现其不仅能固氮，还能提高土壤的综合肥力。但因用于改良土壤的植物会在一定程度上占用部分土壤资源且改良周期相对较长，因此通过化学措施对沙化土壤进行改良是最直接和行之有效的方式。化学合成高分子材料改良沙化土壤是目前沙化土壤改良的研究热点，一般都是由有机和无机材料通过化学合成的方法制得，利用两种材料优势互补，可有效提高材料的性能，合成材料中的有机物可以降低无机物的脆性，提高材料的强度(张宾宾等，2011)，而无机物的加入可以提高材料的稳定性、抗冻融性和抗老化性。腐殖酸是含有多种含氧活性官能团的高分子有机胶体，具有弱碱性、吸水性、配位性等特点，是改良沙化土壤的良好材料。蒋坤云等(2011)研究了一种从德国引进的名为Arkadolith化的土壤调理剂，并对其在中国沙化土壤区的应用进行了实验，结果表明Arkadolith化可以提高土壤孔隙度、加快渗透速度、增加土壤的含水量，并且能增加土壤养分储备与平衡、提高速效养分、降低土壤的pH和电导率，对沙化土壤有明显的改良效果，在我国的应用前景广阔。

1.3.1.4 生物改良剂

适用于沙漠治理的生物改良剂主要包括微生物菌剂和土壤动物等。微生物菌剂是一类添加特定功能的、经工业化扩繁的微生物，通过微生物的呼吸作用来改良土壤、促进植物发育生长、抑制病菌和特定害虫，可同时发挥肥料和农药的双重作用。土壤动物(如蚯蚓等的活动)可以增加土壤透气性和促进养分循环，会对土壤水分和气体的传导产生重要的影响(李小炜等，2019)。

1.3.2 土壤化学改良

用化学改良剂改变土壤酸性或碱性的一种措施称为土壤化学改良。常用的化学改良剂有石灰、石膏、磷石膏、氯化钙、硫酸亚铁、腐殖酸钙等，视土壤的性质而择用。如对碱化土壤需施用石膏、磷石膏等，以钙离子交换出土壤胶体表面的钠离子，从而降低土壤的pH；对酸性土壤，则需施用石灰等物质。化学改良必须结合水利、农业等措施，才能取得更好的效果。

1.3.3 土壤物理改良

采取相应的农业、水利、生物等措施，改善土壤性状，提高土壤肥力的过程称为土壤物理改良。具体措施有：适时耕作，增施有机肥，改良贫瘠土壤；客土、漫沙、漫淤等，改良过沙过黏土壤、平整土地；设立灌、排渠系，排水洗盐、种稻洗盐等，改良盐碱土；

植树种草，营造防护林，设立沙障、固定流沙，改良风沙土等。

1.3.4 土壤结构改良

土壤结构改良是通过施用天然土壤改良剂(如腐殖酸类、纤维素类、沼渣等)和人工土壤改良剂(如聚乙烯醇、聚丙烯腈等)来促进土壤团粒的形成，改良土壤结构，提高肥力和固定表土，保护土壤耕层，防止水土流失(周磊等，2014)。

1.3.5 土壤生态修复

土壤生态修复是运用土壤学、农业生物学、生态学等多种学科的理论与技术，排除或防治影响农作物生育和引起土壤退化等不利因素，改善土壤性状、提高土壤肥力，为农作物创造良好的土壤环境条件的一系列技术措施的统称(杨洪晓等，2006)。

1.3.6 沙化土改良常用方法

因沙土保水保肥能力低，黏土通气、透水性差，故一般对粗沙土和重黏土应进行质地改良。改良的深度范围为土壤耕作层。改良的措施为沙土掺黏、黏土掺沙。沙土掺黏的比例范围较宽，而黏土掺沙要求沙的掺入量比需要改良的黏土量大，否则效果不好，甚至适得其反。掺混作业可与土壤耕作的翻耕、耙地或旋耕结合起来进行。客土改良工程量大，一般宜就地取材，因地制宜，亦可逐年进行。如在进行土地平整、道路与排灌系统建设时，可有计划地搬运土壤，进行客土改良。

风沙土改良与利用是以防风固沙、调控水肥为主，改良与利用相结合的一整套技术措施。

1.3.6.1 封沙育草，植树造林

将农田周围的沙荒封禁，严禁在封育区放牧、采药、樵采、打草等，以恢复植被，增加地表覆盖率，固定风沙(刘君梅等，2011)。在农田分布区营造农田防护林，其覆盖率可在 15%～20%，以控制耕地沙化，并选择生长快、耐沙埋和抗逆性强的树种(葛佩琳等，2019；李少华等，2016)。

1.3.6.2 调整农林牧业用地比例，农林牧结合

毁林毁草开荒使农林牧业用地比例严重失调，针对生态环境恶化的地方，应调整林草田用地比例，有计划地退耕还林还牧。在沙地边缘和易受沙害的地方推行草粮轮作。

1.3.6.3 引洪淤灌，引水拉沙

洪水含有大量细砂粒、植物腐料和牲口粪便，有条件的川地可采取挡坝淤滩、引洪淤灌、灌泥压沙的办法，既能治沙，又提高沙土肥力。有充足水源的地区可引用拉沙，把起

伏不平的地面改造成平坦沙田。

1.3.6.4 农业措施

农业措施也有多种。如选种抗风沙作物，适时合理播种，种植绿肥，有草炭资源的地方可辅施草炭改良风沙土；在风口沙区筑风壕，在避风的地方挖风窝或打风垄，以防风蚀（田丽慧等，2015）；留高茬、起垄耕作使耕地表层成波浪状，或少耕、免耕，以防沙化；客土掺黏或在沙地下层有黏层处进行深翻深耕、沙土掺黏来改良质地；勤浇、浅浇，灌后中耕松土、覆盖地膜；施用保水制剂等。

对于成土母质为沙质土区的风沙土改良有两种办法。第一，因地制宜，直接将沙丘推平，种植萝卜。第二，客土法改良。洪水期河流从上游带来大量泥土，沉积在河道，所以人们可以挖出河泥，掺入沙土中，从而增加土壤中黏粒的含量，达到改良土壤的目的。平整田地时，将田地整成条田形式，且条田的方向与当地的主风向垂直，并种植作物，以此增加地面粗糙度，从而达到防风固沙的目的。推荐主要栽培作物为小麦和胡萝卜。主要因为小麦幼苗生长期具有自身保护机制，幼根根部有一层保护物，称为沙套，对幼根起保护作用，从而防止沙土的侵害。

第2章　农牧废弃物改良沙化土壤作用原理

我国是农业和牧业生产大国，农牧废弃物资源丰富、来源广泛，同时农牧废弃物含有丰富的有机碳和氮磷钾养分，将农牧废弃物资源用于沙化土壤改良，不仅避免了因直接废弃或焚烧造成的环境污染和生物质资源浪费，还能有效增加土壤中的有机碳含量，改善土壤的理化性状，增强土壤保水保肥能力，促进植被生长和生态农业的可持续性发展(Ryals et al., 2014；Ninh et al., 2015；Innangi et al., 2017；张济世等，2017；程功等，2019)。本章在分析川西北高寒草地不同沙化土壤特征和农牧废弃物(秸秆、菌渣和畜禽粪便)特征的基础上，研究了不同农牧废弃物对沙化土壤理化特性、土壤团聚体和有机碳的影响，以期为农牧废弃物改良与治理沙化土壤提供理论依据。

2.1　土壤沙化的表征

2.1.1　理化性质表征

根据红原县实地采样分析，不同沙化程度草地土层(0～40cm)土壤的理化性质如表2-1 所示。土壤含水率呈现未沙化>轻度沙化>中度沙化>重度沙化的特点，沙化草地显著低于未沙化草地($p<0.05$)，未沙化、轻度和中度沙化草地土壤含水率由表层向下层呈递减趋势，而重度沙化草地则与之相反。草地沙化导致土壤涵养水源作用减弱，到重度沙化阶段时，表层(0～10cm)土壤缺乏植被保护，水分蒸发旺盛，含水率极低，明显低于下层(10～40cm)土壤。随着草地沙化程度的增加，各土层土壤容重呈增加趋势，其中沙化草地相对于未沙化草地土壤容重显著增大($p<0.05$)。

不同沙化程度草地土壤 pH 为 5.68～6.76，偏酸性，随着沙化程度增加，土壤 pH 略有增大趋势，在土壤垂直方向差异较小。其原因可能为草地沙化，植被覆盖度降低，输入土壤的腐殖质也减少，导致土壤的酸碱度随之增加，并且鉴于高寒草地本身生物量较少，所以垂直方向差异并不明显。以上结果与前人对川西北不同沙化程度草地土壤的研究基本一致，普遍认为草地沙化对土壤含水率、容重和 pH 等理化性质产生了不同程度的影响(王艳等，2009；唐学芳等，2013)。

表 2-1 土壤理化性质

	土层/cm	未沙化草地	轻度沙化草地	中度沙化草地	重度沙化草地
含水率/%	0～10	48.14±8.81a	10.53±0.86a	8.77±1.81a	5.39±0.22b
	10～20	39.96±8.89a	9.85±0.35ab	7.22±0.47ab	6.64±0.60a
	20～30	24.81±0.50b	9.46±0.55b	6.73±0.65b	6.71±0.11a
	30～40	20.38±0.69b	8.57±0.77b	6.78±0.39b	7.22±0.11a
容重/(g·cm^{-3})	0～10	0.68±0.14b	1.32±0.10a	1.32±0.07b	1.40±0.02b
	10～20	0.78±0.08b	1.34±0.07a	1.41±0.01a	1.38±0.08b
	20～30	1.20±0.04b	1.31±0.00a	1.36±0.04ab	1.50±0.02a
	30～40	1.24±0.07a	1.35±0.02a	1.40±0.02a	1.51±0.05a
pH	0～10	5.73±0.32a	6.40±0.07a	6.59±0.21a	6.76±0.04a
	10～20	5.68±0.01a	6.50±0.00a	6.64±0.16a	6.72±0.06a
	20～30	6.06±0.02a	6.53±0.18a	6.63±0.06a	6.69±0.04a
	30～40	6.06±0.28a	6.57±0.00a	6.48±0.06a	6.52±0.04a

注：同列不同小写字母表示同一沙化程度草地在 $p<0.05$ 水平上的差异显著。

2.1.2 土壤团聚体表征

2.1.2.1 机械稳定性团聚体

不同沙化程度草地土层(0～40cm)机械稳定性团聚体分布特征如表 2-2 所示。未沙化草地土壤以>2mm 粒级团聚体居多(40.12%～46.38%)；0.5～2mm 和<0.25mm 粒级团聚体次之，分别在 20.04%～23.32%和 16.21%～24.84%；0.25～0.5mm 粒级最少(14%左右)。轻度沙化草地土壤团聚体以<0.25mm 粒级为主(45.49%～58.99%)；>2mm 和 0.25～0.5mm 粒级次之，分别为 23.10%～26.32%和 13.05%～20.24%；0.5～2mm 粒级最少(4.86%～7.77%)。中度和重度沙化草地土壤团聚体组成总体与轻度沙化草地类似，以<0.25mm 粒级团聚体为绝对主体，达 61.83%以上，>2mm 和 0.25～0.5mm 粒级团聚体分别为 4.00%～17.25%和 15.96%～27.24%，而 0.5～2mm 粒级团聚体含量极低，不足 5%。随着草地沙化程度的加剧，各土层>2mm 和 0.5～2mm 粒级团聚体含量显著降低($p<0.05$)，0.25～0.5mm 和<0.25mm 粒级团聚体含量显著增加($p<0.05$)。说明草地沙化导致土壤团聚体由大颗粒向小颗粒演变，逐渐以微团聚体(<0.25mm)占主体。

表 2-2 土壤机械稳定性团聚体分布特征

土层/cm	不同沙化程度草地	机械稳定性团聚体/%			
		>2mm	0.5～2mm	0.25～0.5mm	<0.25mm
0～10	未沙化	46.38±1.63a	23.32±1.25a	14.09±0.47c	16.21±1.20d
	轻度沙化	26.32±0.75b	7.77±1.12b	20.42±1.27b	45.49±0.97c
	中度沙化	7.23±1.58c	4.96±1.38c	19.48±1.81b	68.34±0.54b
	重度沙化	4.00±0.82d	0.49±0.03d	23.51±0.99a	72.01±1.48a

续表

土层/cm	不同沙化程度草地	机械稳定性团聚体/%			
		>2mm	0.5～2mm	0.25～0.5mm	<0.25mm
10～20	未沙化	43.13±2.68a	22.81±1.52a	14.12±2.18d	19.47±2.44c
	轻度沙化	24.53±1.18b	5.36±1.07b	16.32±0.57c	53.79±2.12b
	中度沙化	17.05±0.51c	1.70±0.30c	18.67±0.85b	61.85±0.39a
	重度沙化	9.74±1.02d	1.29±0.16c	27.14±1.14a	61.83±1.78a
20～30	未沙化	41.47±2.88a	20.04±1.36a	14.80±1.36bc	23.70±1.84c
	轻度沙化	23.62±1.55b	5.83±1.20b	14.34±1.42c	56.21±2.73b
	中度沙化	15.60±1.32c	1.43±0.32c	17.22±1.75b	65.75±3.16a
	重度沙化	10.53±0.66d	0.91±0.21c	20.64±1.86a	67.92±1.38a
30～40	未沙化	40.12±1.931a	21.03±2.14a	14.01±1.44bc	24.84±2.90d
	轻度沙化	23.10±1.28b	4.86±0.51b	13.05 ±1.33c	58.99±1.68c
	中度沙化	14.54±1.46c	1.85±1.11c	15.96±1.24ab	67.66±2.42b
	重度沙化	8.43±1.04 d	0.87±0.30c	17.35 ±1.55a	73.35±2.21a

注：同一列不同小写字母表示相同粒级团聚体在 $p<0.05$ 水平上的差异显著。

2.1.2.2　水稳性团聚体

不同沙化程度草地土层(0～40cm)水稳定性团聚体分布特征如表 2-3 所示。未沙化草地以>2mm 和<0.25mm 粒级团聚体含量较高，分别为 25.51%～33.93%、30.50%～41.25%；0.5～2mm 粒级次之(20.99%～25.11%)；0.25～0.5mm 粒级最低(10.44%～12.25%)。轻度沙化草地土壤团聚体以<0.25mm 粒级为主(59.79%～74.52%)；>2mm 和 0.25～0.5mm 粒级次之，分别为 14.54%～21.09%、8.04%～14.59%；0.5～2mm 粒级最少(2.74%～4.53%)。中度和重度沙化草地土壤团聚体以<0.25mm 粒级团聚体为绝对主体，达 80.92%以上，而>2mm、0.5～2mm 和 0.25～0.5mm 粒级团聚体含量极低，不足 11%，其中表层(0～10cm)含量最低，不足 7%。对于 0～40cm 各土层，>2mm 粒级团聚体含量随着沙化程度加剧而显著降低($p<0.05$)；对于 0.5～2mm 粒级团聚体，沙化草地显著低于未沙化草地($p<0.05$)；0.25～0.5mm 粒级团聚体含量随着沙化加剧整体呈降低趋势，<0.25mm 粒级团聚体含量显著增加($p<0.05$)。

表 2-3　土壤水稳性团聚体分布特征

土层/cm	不同沙化程度草地	水稳性团聚体/%			
		>2mm	0.5~2mm	0.25~0.5mm	<0.25mm
0～10	未沙化	33.93±1.53a	25.11±0.98a	10.44±0.98b	30.52±1.58c
	轻度沙化	21.09±1.08b	4.53±0.66b	14.59±1.33a	59.79±2.39b
	中度沙化	1.95±0.13c	1.64±0.24c	4.44±0.43d	91.97±0.49a
	重度沙化	0.00±0.00d	0.00±0.00d	6.53±0.88c	93.47±0.88a
10～20	未沙化	28.80±1.33a	24.51±1.20a	11.18±1.18a	30.50±1.76d
	轻度沙化	16.73±1.18b	3.01±0.52b	10.39±1.77a	69.87±1.40c
	中度沙化	10.54±0.84c	2.11±0.24b	6.42±0.42c	80.92±1.03b
	重度沙化	5.34±0.36d	2.27±0.38b	8.22±0.85b	84.17±1.45a

续表

土层/cm	不同沙化程度草地	水稳性团聚体/%			
		>2mm	0.5~2mm	0.25~0.5mm	<0.25mm
20～30	未沙化	25.78±1.46a	21.75±1.31a	11.37±0.92a	41.11±2.76d
	轻度沙化	15.85±1.48b	2.74±0.28b	9.70±1.19b	71.71±2.45c
	中度沙化	8.53±0.92c	2.29±0.33b	5.98±0.72c	83.21±0.47b
	重度沙化	3.64±0.72d	1.98±0.39b	6.48±0.84c	87.89±0.64a
30～40	未沙化	25.51±2.09a	20.99±1.81a	12.25±1.26a	41.25±2.41d
	轻度沙化	14.54±1.32b	2.91±0.51b	8.04±1.06b	74.52±2.54c
	中度沙化	8.15±1.28c	2.23±0.59b	4.52±0.61c	85.10±1.22b
	重度沙化	3.29±0.77d	1.40±0.56b	5.77±1.26c	89.55±1.44a

注：同一列不同小写字母表示相同粒级团聚体在 $p<0.05$ 水平上的差异显著。

2.1.2.3 不同沙化程度草地土壤团聚体稳定性变化

1. 土壤大团聚体($R_{0.25}$)变化

$R_{0.25}$表示大团聚体(>0.25mm)占团聚体总量的百分比，一般把>0.25mm团聚体称为土壤团粒结构体，其具有较稳定的结构和形态，且数量与土壤肥力呈正相关。通过干筛和湿筛分析所知，不同沙化程度草地土层(0～40cm)机械稳定性和水稳性团聚体$R_{0.25}$变化情况如图2-1和图2-2所示。干筛结果显示：各土层沙化草地土壤团聚体$R_{0.25}$显著低于未沙化草地($p<0.05$)，随着沙化程度的增加，$R_{0.25}$显著降低($p<0.05$)。对于土壤剖面(0～40cm)，$R_{0.21}$由未沙化到轻度沙化阶段减少34%～46%，轻度到中度沙化阶段减少18%～42%，中度到重度沙化阶段减少幅度最小(<17%)。

与干筛结果类似，湿筛法显示沙化草地土壤团聚体$R_{0.25}$显著低于未沙化草地($p<0.05$)，各土层$R_{0.25}$从未沙化到轻度沙化(42%～57%)、轻度沙化到中度沙化(36%～80%)减少幅度较大，而中度沙化到重度沙化减少幅度相对最小(<27%)。可见，草地轻度沙化阶段是川西北高寒草地大团聚体向微团聚体转变的敏感阶段，在草地沙化的防治中应给予重视。

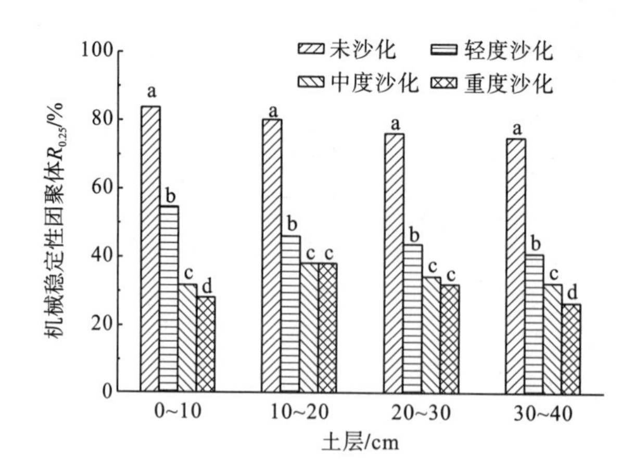

图2-1 土壤机械稳定性团聚体$R_{0.25}$

不同小写字母表示同一土层不同沙化程度草地在$p<0.05$水平上的差异显著，下同。

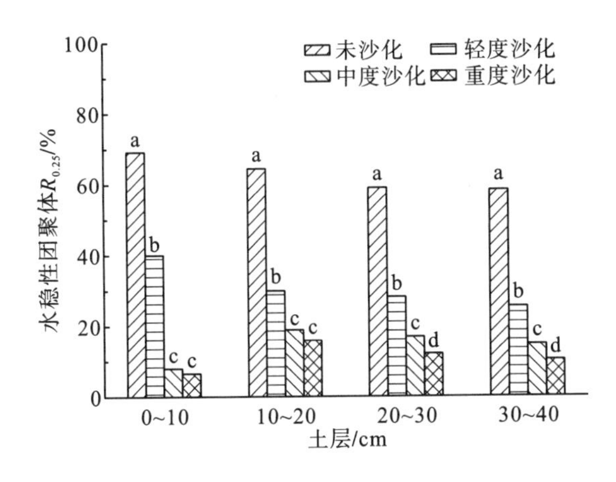

图 2-2　土壤水稳性团聚体 $R_{0.25}$

2. 土壤团聚体破坏率(PAD)变化

团聚体破坏率通常是表征大团聚体在外力作用下的破坏程度，本研究通过对比干筛和湿筛结果，表征不同沙化程度草地土壤大团聚体的破坏率，如图 2-3 所示。0～40cm 各土层土壤团聚体破坏率均呈现未沙化<轻度沙化<中度沙化<重度沙化的趋势，草地沙化使土壤团聚体破坏率显著增大($p<0.05$)。在 0～10cm 土层，未沙化到轻度、轻度到中度、中度到重度沙化土壤 PAD 分别增加 53.41%、184.91%、2.62%，10～20cm、20～30cm、30～40cm 土层 PAD 在各沙化阶段增长率基本一致。从土壤剖面(0～40cm)来看，未沙化和轻度沙化土壤的PAD由表层向下层呈递增趋势，而中度沙化和重度沙化表层(0～10cm)土壤PAD明显大于下层(10～40cm)。

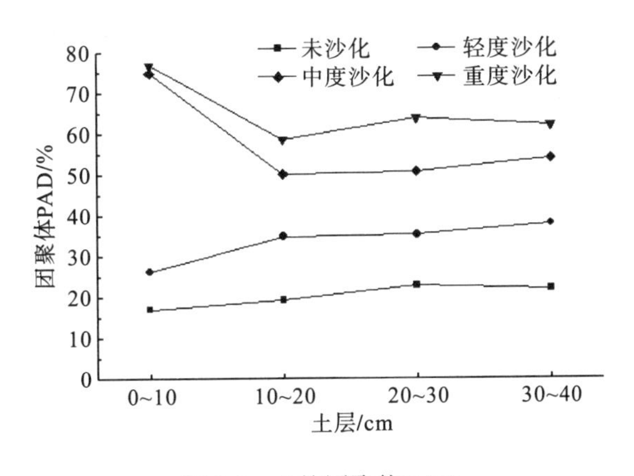

图 2-3　土壤团聚体 PAD

3. 土壤团聚体平均质量直径(MWD)和几何平均直径(GMD)分析

对于土壤机械稳定性团聚体，各土层(0～40cm)团聚体 MWD 随着沙化程度增加显著减小($p<0.05$)，表现为未沙化>轻度沙化>中度沙化>重度沙化。在 0～10cm 土层，未沙化到轻度、轻度到中度、中度到重度沙化阶段 MWD 分别减小 42.58%、63.86%、35.13%，

10～20cm、20～30cm、30～40cm 土层在未沙化到轻度沙化阶段 MWD 减小幅度最大，均在 43%左右(图 2-4)。土壤机械稳定性团聚体 GMD 与 MWD 变化趋势一致(图 2-5)，但中度与重度沙化草地的 GMD 无显著差异。土壤水稳性团聚体 MWD 和 GMD 均明显小于机械稳定性团聚体(图 2-6 和图 2-7)，表明水蚀使大团聚体破碎，平均粒径减小。

与土壤机械稳定性团聚体类似，土壤水稳性团聚体 MWD 和 GMD 随着草地沙化程度增加也明显减小，仍然呈现未沙化>轻度沙化>中度沙化>重度沙化的趋势，且未沙化到轻度、轻度到中度沙化阶段的减小幅度大于中度到重度沙化阶段。干筛和湿筛结果均显示：未沙化和轻度沙化草地表层(0～10cm)土壤团聚体 MWD 和 GMD 均明显大于下层(10～40cm)，而中度沙化和重度沙化草地呈现相反的特征。

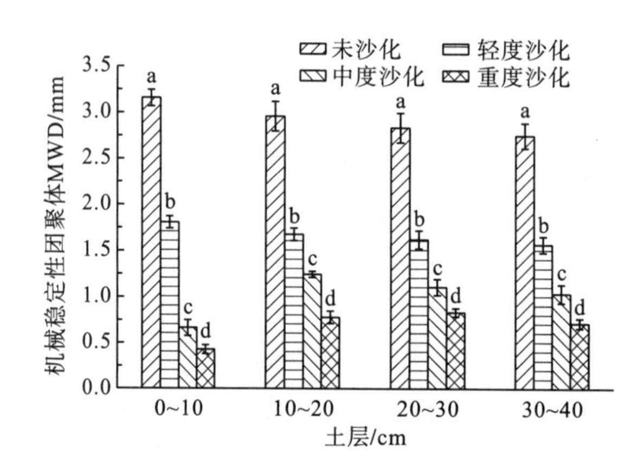

图 2-4　土壤机械稳定性团聚体 MWD

不同小写字母表示同一土层不同沙化程度草地之间在 $p<0.05$ 水平上的差异显著，下同。

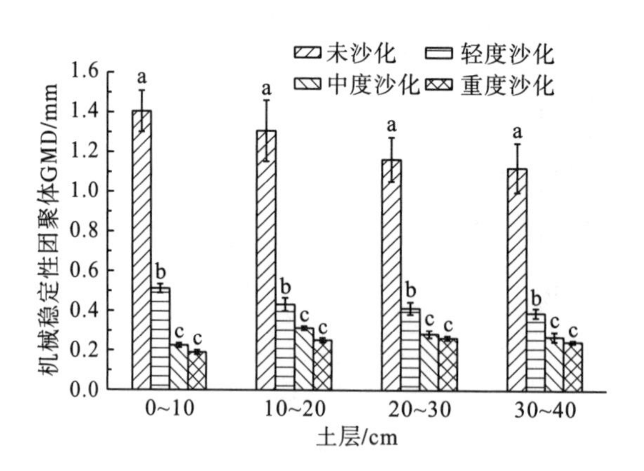

图 2-5　土壤机械稳定性团聚体 GMD

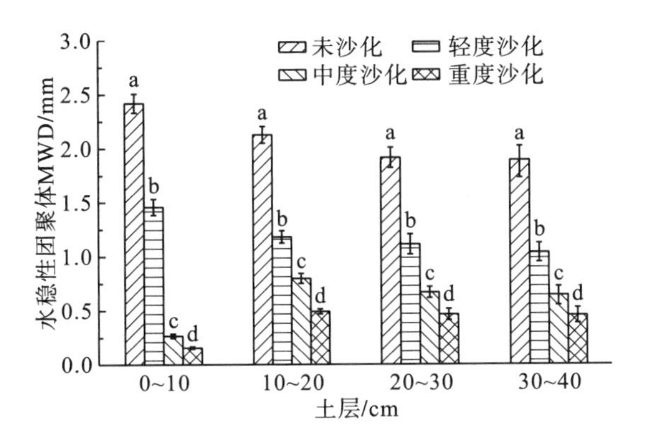

图 2-6　土壤水稳性团聚体 MWD

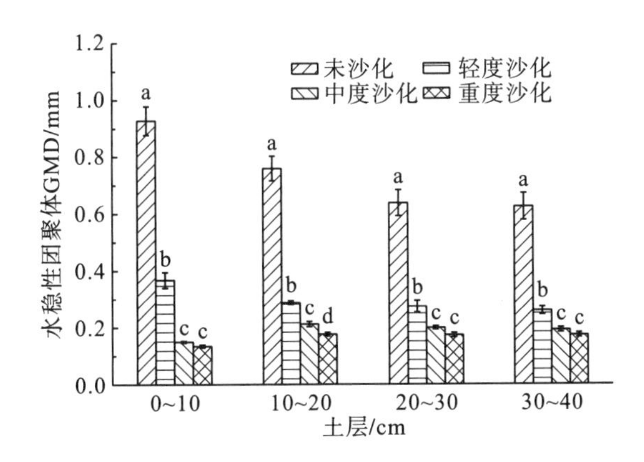

图 2-7　土壤水稳性团聚体 GMD

2.1.3　土壤有机碳表征

2.1.3.1　土壤总有机碳分布特征

不同沙化程度草地土层(0～40cm)土壤总有机碳分布特征如图 2-8 所示。不同沙化程度草地土层(0～40cm)土壤总有机碳含量随着沙化程度的增加而降低，表现为未沙化>轻度沙化>中度沙化>重度沙化，其中沙化草地土壤总有机碳含量显著低于未沙化草地($p<0.05$)，而轻度、中度和重度沙化草地之间差异不显著。在 0～10cm 土层，未沙化土壤总有机碳含量超过 $80g\cdot kg^{-1}$，而轻度沙化草地土壤总有机碳仅为 $20g\cdot kg^{-1}$ 左右，相对于未沙化草地土壤减少 75.01%，中度沙化相对于轻度沙化草地减少 53.01%，重度沙化相对于中度沙化草地减少 69.12%。与表层(0～10cm)土壤类似，不同沙化程度草地 10～20cm、20～30cm、30～40cm 土层总有机碳也呈现类似规律，其中草地在未沙化到轻度沙化阶段土壤总有机碳减少幅度最大。

从土壤剖面(0～40cm)来看，不同沙化程度草地土壤总有机碳含量均呈现由表层向下层递减的趋势。对于未沙化草地，各土层之间总有机碳含量差异显著($p<0.05$)。对于轻度和中度沙化草地，表层(0～10cm)土壤总有机碳含量均显著高于 10～40cm 土层($p<0.05$)，10～20cm、20～30cm、30～40cm 土层之间的差异相对较小。重度沙化草地土壤总有机碳

含量在剖面(0～40cm)上差异不显著。

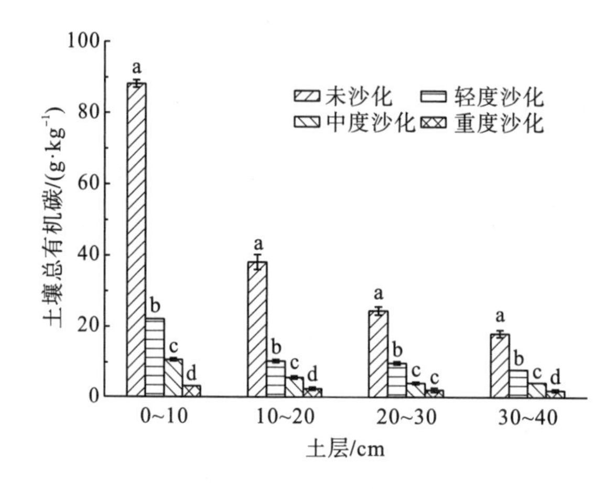

图 2-8 土壤总有机碳分布特征

不同小写字母表示各土层总有机碳在 $p<0.05$ 水平上的差异显著。

2.1.3.2 土壤团聚体有机碳分布特征

不同沙化程度土壤团聚体有机碳分布特征如表 2-4 所示。不同沙化程度草地各土层(0～40cm)土壤团聚体有机碳含量最高值出现在 0.5～2mm 粒级，>2mm 和 0.25～0.5mm 粒级次之，<0.25mm 粒级团聚体有机碳含量较低，大团聚体(>0.25mm)有机碳含量明显高于微团聚体(<0.25mm)。不同沙化程度草地土壤>2mm、0.5～2mm 和 0.25～0.5mm 粒级团聚体有机碳含量总体上随着土层深度的增加呈降低趋势，对于<0.25mm 粒级团聚体有机碳而言，未沙化草地表现为由表层向下层递减，而沙化草地未呈现统一趋势。

沙化草地各土层(0～40cm)土壤团聚体有机碳含量均明显低于未沙化草地，各粒级团聚体有机碳含量随着草地沙化程度的增加而显著降低($p<0.05$)。0～10cm 土层轻度沙化草地 0.5～2mm 粒级团聚体有机碳含量显著高于中度和重度沙化草地($p<0.05$)，10～20cm 土层轻度沙化草地>2mm 和<0.25mm 粒级团聚体有机碳含量显著高于中度和重度沙化草地($p<0.05$)，20～30cm、30～40cm 土层轻度沙化草地各粒级团聚体有机碳含量均显著高于中度和重度沙化草地($p<0.05$)。中度和重度沙化草地各粒级团聚体有机碳含量在 0～40cm 土层总体上差异不显著。

表 2-4 土壤团聚体有机碳分布特征

土层/cm	不同沙化程度草地	团聚体有机碳/(g·kg^{-1})			
		>2mm	0.5～2mm	0.25～0.5mm	<0.25mm
0～10	未沙化	50.61±5.39 a	139.83±7.99 a	89.27±2.66 a	43.85±3.43 a
	轻度沙化	22.95±2.78 b	55.82±3.76 b	17.45±0.75 b	12.58±0.16 b
	中度沙化	16.07±2.67 b	36.14±2.61 c	12.82±2.49 b	8.39±1.80 b
	重度沙化	3.38±0.88 c	21.24±1.62 c	3.74±0.83 c	3.46±0.25 c

续表

土层/cm	不同沙化程度草地	团聚体有机碳/(g·kg^{-1})			
		>2mm	0.5～2mm	0.25～0.5mm	<0.25mm
10～20	未沙化	30.60±1.05 a	57.51±1.25 a	37.84±2.70 a	21.04±1.76 a
	轻度沙化	12.63±1.90 b	19.47±2.29 b	13.39±1.29 b	8.02±1.34 b
	中度沙化	4.47±1.13 c	16.17±1.85 b	5.89±0.01 b	3.52±0.91 c
	重度沙化	3.26±0.71 c	9.93±1.68 b	2.21±0.64 b	1.76±0.13 c
20～30	未沙化	19.88±0.25 a	26.61±4.20 a	25.30±1.06 a	21.41±1.02 a
	轻度沙化	10.29±2.90 b	17.53±0.32 b	11.65±0.27 b	8.89±1.05 b
	中度沙化	5.50±1.00 c	10.40±0.54 c	6.63±2.95 c	2.96±0.46 c
	重度沙化	2.74±0.02 c	7.02±1.00 c	1.32±0.31 d	1.20±0.20 c
30～40	未沙化	19.28±1.16 a	23.29±0.38 a	17.67±4.38 a	16.39±0.22 a
	轻度沙化	8.87±0.56 b	13.59±1.95 b	11.29±2.80 ab	7.50±0.81 b
	中度沙化	5.36±0.85 c	8.01±0.63 c	5.78±2.15 bc	4.20±2.75 bc
	重度沙化	2.71±0.07 c	7.40±0.60 c	2.26±0.39c	2.28±0.31 c

注：同一列不同小写字母表示相同粒级团聚体有机碳在 $p<0.05$ 水平上的差异显著。

2.2　农牧废弃物的性质

农牧废弃物主要为农业生产、产品加工、畜禽养殖业等行业产生的废弃物，是农业生产和再生产链环中资源投入与产出物质和能量的差额，是资源利用中产出的物质能量流失份额。按其成分进行分类，主要包括植物纤维性废弃物和畜禽粪便等(Cao et al., 2017；Ji et al., 2017)。

2.2.1　农作物秸秆

秸秆主要是指农作物收获后的剩余部分，广义上也包括农产品加工后的副产品。我国是农业大国，秸秆资源十分丰富。禾本科作物秸秆和豆类茎秆是数量最多的两类秸秆，也是重要的可再生生物资源。秸秆组成成分复杂，大多数都是由多种复杂高分子有机化合物和少量矿物元素成分组成的复合体。

农作物秸秆的工业组成包括水分、挥发分、灰分和固定碳等。秸秆中的水分以不同的形态存在，主要分为游离水分和化合结晶水。游离水分分为外在水分和内在水分，外在水分是以机械方式附着在秸秆表面上以及在直径较大的毛细孔中存留的水分，内在水分是以物理、化学结合力吸附在秸秆直径内部毛细管中的水分。化学结晶水是与秸秆中矿物质相结合的水分。挥发分是秸秆隔绝空气进行恒温加热，一段时间后由有机物分解出来的液体和气体产物的总和，不包括游离水分。灰分是秸秆中不可燃烧的无机矿质元素，灰分含量越高，可燃成分则相对减少。固定碳在燃料中主要以单质碳的形式存在，其燃点相对较高。

农作物秸秆的有机组成包括纤维素、半纤维素、木质素、粗蛋白和可溶性糖等。有机化合物的含量大致如下：含有糖分、氨基酸等可溶性化合物 5%～10%，蛋白质 2%～15%，半纤维素 10%～30%，纤维素 15%～60%，木质素 5%～30%(黄昌勇和徐建明，2010)。纤维素在水、酸、碱或盐溶剂中发生溶胀，可以进行碱性降解和酸性水解，以获得小分子的碳水化合物。半纤维素在酸性水溶液中加热时，其糖苷键发生水解生成木糖、阿拉伯糖、半乳糖和甘露糖等单糖，且比纤维素水解的速度快。纤维素和半纤维素水解的单糖可进一步发酵生成乙醇或在无氧条件下发酵生成甲烷。木质素隔绝空气高温热分解可以得到木炭、焦油、木醋酸和气体产物，由于木质素的芳香结构增多了碳的含量，因此木质素的热稳定性较高。粗蛋白、可溶性糖和灰分是重要的非结构性化合物，粗蛋白主要由氨基酸构成，可溶性糖主要由小分子糖构成。

秸秆中蕴藏着巨大的养分资源，作物吸收的养分有将近一半要留在秸秆中。秸秆中含有大量 C、N、P、K 以及各种微量营养元素，其中以 C、N、P、K 为主。我国每年 7 亿多吨秸秆中氮、磷、钾含量分别达 700 多万吨、200 多万吨、1000 多万吨，相当于全国目前化肥施用量的 25%，因此，秸秆是重要的养分来源。

2.2.2 食用菌菌渣

我国是世界上最大的食用菌生产国，据统计，2016 年我国食用菌总产量达 3597×10^4t，占世界总产量的 70%以上，总产值达 2742 亿元。菌渣是人们利用农作物副产品栽培食用菌采收后遗留的培养基，又称菌糠、菇渣等。新鲜菌渣类似于泥炭，呈浅棕色，质地疏松，风干后颜色类似表层土壤，结构松散易碎。菌渣中含有丰富的菌体蛋白、有机质、维生素、多糖、微量元素等活性物质，如果不能实现资源化利用，不仅是对农业有机资源的浪费，而且会带来严重的环境污染，例如菌渣的随意堆放或直接施入田中，会造成细菌繁殖、疾病传播，给附近居民的生活环境和附近食用菌产业带来巨大危害(卫智涛等，2010)。因此，如何环保有效地利用食用菌菌渣成为食用菌产业可持续发展亟需解决的问题。

食用菌栽培主要以秸秆、木屑、棉籽壳、麦麸、玉米芯等为原料，通过菌丝分泌胞外酶降解纤维素、木质素和蛋白质等物质用于菌丝生长。由于栽培食用菌的栽培料不同，菌渣的成分也各有差异，不同栽培料的菌渣中均含有丰富的营养成分。菌渣中碳含量与氮含量之比大多小于 30，pH 为 6～8(邹德勋等，2010)。菌渣的粗蛋白质、粗脂肪含量经过食用菌发酵后显著提高，纤维素、半纤维素、木质素和抗营养因子等被不同程度地降解，同时还产生了多种糖类、有机酸类和生物活性物质，因此，菌渣具有较高的利用价值(王永军等，2001)。

2.2.3 畜禽粪便

畜禽粪便主要是指在养殖过程中产生的畜禽粪尿及残杂废弃物，组成成分极其复杂，含多种由复杂高分子有机化合物组成的复合体和少量矿物元素成分。我国畜禽养殖业规模和数量居世界首位，畜禽养殖业的发展产生了大量粪便，如果不经过处理直接堆置或随意排放，会引发严重的生态环境问题，不仅会污染水体和空气，也是对有机养分资源的浪费。

畜禽粪便中的水分含量较高，主要以自由水的形态存在。灰分主要为无机矿质元素的氧化物，成分主要有二氧化硅、氧化铝、五氧化二磷、氧化钾、氧化钠、氧化镁、氧化钙、氧化铁、氧化锌和氧化铜等。对比秸秆，猪粪、牛粪、鸡粪和羊粪四种畜禽粪便的挥发分含量相对较低，而灰分较高。畜禽粪便(干燥基)中的纤维素、半纤维素和木质素三种物质差别较大。其中，鸡粪的纤维素含量最低，牛粪纤维素含量最高，但也明显低于秸秆类生物质中纤维素含量；畜禽粪便中半纤维素含量差别不大，与秸秆中半纤维素含量接近；牛粪和羊粪中木质素含量则明显要高于其他畜禽粪便及秸秆类生物质中木质素含量(尚斌，2007)。

畜禽粪便中的养分种类大致相同，均含有机质、有机氮和无机氮、五氧化二磷、氧化钾、蛋白质、纤维素等物质。畜禽粪便含有氮、磷、钾养分资源，如果能够合理将其返还土壤，将大量减少化学肥料施用。据统计，2015 年中国畜禽粪便中的养分含量理论上分别可降低氮、磷、钾化肥施用量 71.8%、115.7%和 137.4%，是十分可观的养料来源。

综上所述，秸秆、菌渣、畜禽粪便等农牧废弃物蕴藏着大量的有机物及无机矿物养分，如将其用于改良土壤生态特性，既可避免环境污染，又具有良好的生态效益。

2.3　农牧废弃物改良沙化土壤的原理

通过室内模拟试验，采集川西北高寒草地重度沙化土壤，施加不同比例的小麦秸秆、玉米秸秆、牦牛粪和有机肥等农牧废弃物，在室内培养 150 天，研究外源碳对沙化土壤团聚体及有机碳的影响。

2.3.1　降低土壤容重

容重可以用来计算土壤孔隙度和空气含量等，容重作为土壤的肥力指标之一，一般来说，土壤容重越小，表明土壤比较疏松，孔隙多，储藏养分的能力强；反之，则表明土体紧实，结构性差，空隙少，不利于作物的生长。

如表 2-5 所示，施入 4 种外源碳材料后，在 5 个土培时间点的取样过程中，不同处理下随着培养时间的延长土壤容重呈现不同的变化趋势。与对照(CK)类似，编号为 WS1、CS1、CD1、OF1、OF3、OF9 处理的土壤容重随着土培时间的延长变化较小。当小麦秸秆、玉米秸秆、牦牛粪的添加量为 3%和 9%时，土壤容重随着土培时间的延长呈降低趋势，土培 150 天后，以上处理的土壤容重相对于 CK 分别减少 16.53%、37.10%、27.10%、54.59%、25.10%、57.36%，并且施加量越大，容重降低越明显。

表 2-5 外源碳作用下土壤容重的变化

试验处理编号	培养时间/d					均值
	30	60	90	120	150	
CK	1.39	1.41	1.38	1.34	1.40	1.39±0.03 a
WS1	1.31	1.35	1.30	1.29	1.33	1.32±0.03 b
WS3	1.23	1.21	1.21	1.15	1.17	1.19±0.03 d
WS9	0.98	0.93	0.88	0.92	0.88	0.92±0.04 f
CS1	1.26	1.29	1.25	1.22	1.27	1.26±0.03 c
CS3	1.13	1.11	1.06	1.01	1.02	1.07±0.05 e
CS9	0.75	0.82	0.68	0.64	0.64	0.71±0.08 g
CD1	1.24	1.27	1.19	1.24	1.25	1.24±0.03 cd
CD3	1.12	1.08	1.09	1.03	1.05	1.07±0.04 e
CD9	0.73	0.69	0.54	0.57	0.60	0.62±0.08 h
OF1	1.34	1.32	1.27	1.31	1.30	1.31±0.03 bc
OF3	1.31	1.28	1.31	1.31	1.30	1.30±0.01 bc
OF9	1.24	1.22	1.24	1.19	1.24	1.22±0.02 d

注：表中不同小写字母表示不同处理之间在 $p<0.05$ 水平上的差异显著。CK. 空白对照；WS1. 1%小麦秸秆；WS3. 3%小麦秸秆；WS9. 9%小麦秸秆；CS1. 1%玉米秸秆；CS3. 3%玉米秸秆；CS9. 9%玉米秸秆；CD1. 1%牦牛粪；CD3. 3%牦牛粪；CD9. 9%牦牛粪；OF1. 1%有机肥；OF3. 3%有机肥；OF9. 9%有机肥。

不同外源碳的施加对沙化土壤容重的影响程度有显著差异，与对照(CK)相比，施加外源碳的土壤容重显著低于 CK($p<0.05$)。随着外源碳的施加量增加，土壤容重显著降低($p<0.05$)。不同外源碳对高寒沙化土壤容重的影响不同，总体上表现为：有机肥>小麦秸秆>玉米秸秆>牦牛粪，施加牦牛粪对沙化土壤容重的影响最显著。已有研究显示：外源碳的输入有助于土壤容重的降低和土壤孔隙度的增加，主要在于外源碳使分散的小颗粒凝聚形成较大的团聚体，增加土壤表面粗糙度，降低土壤容重，并提高团粒的稳定性，进而使土壤孔隙度增大，持水性能增强，使土壤颗粒空隙结构保持稳定(姬强，2016)。

2.3.2 改善土壤酸碱环境

土壤酸碱性对土壤微生物的活性、矿物质以及有机质的分解有重要作用，影响土壤养分元素的释放、固定和迁移等。土壤中各种养分的有效度在不同 pH 条件下差异很大，外源碳可通过改变土壤 pH 而间接对土壤的肥力状况产生影响。

如表 2-6 所示，在不同处理下，随着培养时间的延长土壤 pH 均没有发生明显变化，说明培养时间对土壤 pH 的影响作用微弱。但是，施加不同外源碳对土壤 pH 的改变非常明显，除 WS1、WS3 外，其余处理都显著高于 CK($p<0.05$)。各种外源碳施加量的变化对土壤 pH 影响程度也不同，其中 WS9 显著大于 WS1、WS3($p<0.05$)，CS1、CS3 和 CS9 差异不显著，CD1 显著小于 CD3、CD9($p<0.05$)，牦牛粪施加量的增加对土壤 pH 也有显著影响，表现为 OF1<OF3<OF9($p<0.05$)。不同外源碳对高寒沙化土壤 pH 的影响不同，施加量越大，pH 的增加幅度也越大，总体上看，呈有机肥>牦牛粪>玉米秸秆>小麦秸秆的趋势，说明改良材料对供试土壤影响显著，具体呈现怎样的规律还有待进一步研究。在研究秸秆改良材料对沙化土壤 pH 的影响中也呈现类似的结果(闫飞，2010)。

表 2-6　外源碳作用下土壤 pH 的变化

试验处理编号	培养时间/d					均值
	30	60	90	120	150	
CK	6.88	6.79	6.92	6.72	6.85	6.83±0.07 f
WS1	6.69	6.93	6.90	6.86	7.09	6.89±0.13 f
WS3	6.73	6.88	7.04	6.97	6.96	6.92±0.11 ef
WS9	7.08	6.95	7.18	7.14	7.07	7.08±0.08 cd
CS1	7.11	7.01	6.93	7.08	7.14	7.05±0.08 de
CS3	7.07	7.15	7.09	6.94	7.10	7.07±0.07 cd
CS9	7.17	7.00	7.16	7.05	7.15	7.11±0.07 cd
CD1	6.97	7.19	7.07	7.14	6.91	7.06±0.10 de
CD3	7.38	7.16	7.17	7.23	7.13	7.21±0.09 c
CD9	7.38	7.29	7.22	7.33	7.19	7.28±0.07 c
OF1	7.27	7.25	7.31	7.17	7.29	7.26±0.05 c
OF3	7.72	7.44	7.60	7.37	7.52	7.53±0.12 b
OF9	7.65	7.81	7.79	8.21	7.65	7.82±0.21 a

注：表中不同小写字母表示不同处理之间在 $p<0.05$ 水平上的差异显著。CK. 空白对照；WS1. 1%小麦秸秆；WS3. 3%小麦秸秆；WS9. 9%小麦秸秆；CS1. 1%玉米秸秆；CS3. 3%玉米秸秆；CS9. 9%玉米秸秆；CD1. 1%牦牛粪；CD3. 3%牦牛粪；CD9. 9%牦牛粪；OF1. 1%有机肥；OF3. 3%有机肥；OF9. 9%有机肥。

2.3.3　提高土壤团聚体稳定性

1. 土壤团聚体组成的变化

在不同处理的外源碳输入条件下，土壤不同粒级机械稳定性团聚体的分布情况如图 2-9 所示。4 种有机碳材料施入土壤后在 5 个土培时间点的团聚体分析结果均显示：团聚体组成主要集中于<0.25mm 粒级，约占 35%～90%；>2mm、0.5～2mm 和 0.25～0.5mm 粒级团聚体含量较低，多在 20%以下，且这 3 个粒级团聚体含量差异相对较小。与对照（CK）相比，添加外源碳后土壤出现>2mm 粒级团聚体，0.5～2mm 和 0.25～0.5mm 粒级团聚体高于 CK，而<0.25mm 粒级含量明显低于 CK，表明外源碳输入沙化土壤使大团聚体（>0.25mm）含量明显增加，微团聚体（<0.25mm）含量明显降低。同一外源碳在施加不同量（1%、3%、9%）的条件下，沙化土壤团聚体呈现明显不同的特征，>2mm 和 0.5～2mm 粒级团聚体含量随着外源碳施加量的增加而增加，0.25～0.5mm 粒级团聚体变化相对较小，而<0.25mm 粒级团聚体呈明显减小的趋势。

不同土培时间点之间的土壤团聚体组成有一定差异，除 CK 外，其他处理条件下，随着培养时间的延长，>2mm 和 0.5～2mm 粒级团聚体含量呈增加趋势，0.25～0.5mm 粒级团聚体有一定动态增减，变化规律并不明显，<0.25mm 粒级团聚体呈明显减小的特征，其中小麦秸秆、玉米秸秆和牦牛粪的添加量在 9%时，培养 120 天后大团聚体比重超过微团聚体。这说明随着土培时间的延长，外源碳不断促使沙化土壤小颗粒向大颗粒团聚，形成更多的大粒级团聚体，进而改良沙化土壤结构。

孙荣国等（2011）研究表明秸秆改良材料能促使沙化土壤小粒级颗粒向大粒级团聚转

化，有利于改善沙化土壤团粒结构，土培时间为 60 天时，秸秆改良材料对沙化土壤团粒结构的改良效果最好，而本研究结果显示土培时间越长改良效果越好，这可能与改良土壤的性质以及改良材料的配比有关，也可能是因为本研究的改良材料未经预处理，在培养过程中的分解速度较慢。韦武思(2010)认为小麦秸秆对沙化土壤的改良效果好于玉米秸秆，而本研究未呈现类似结果。

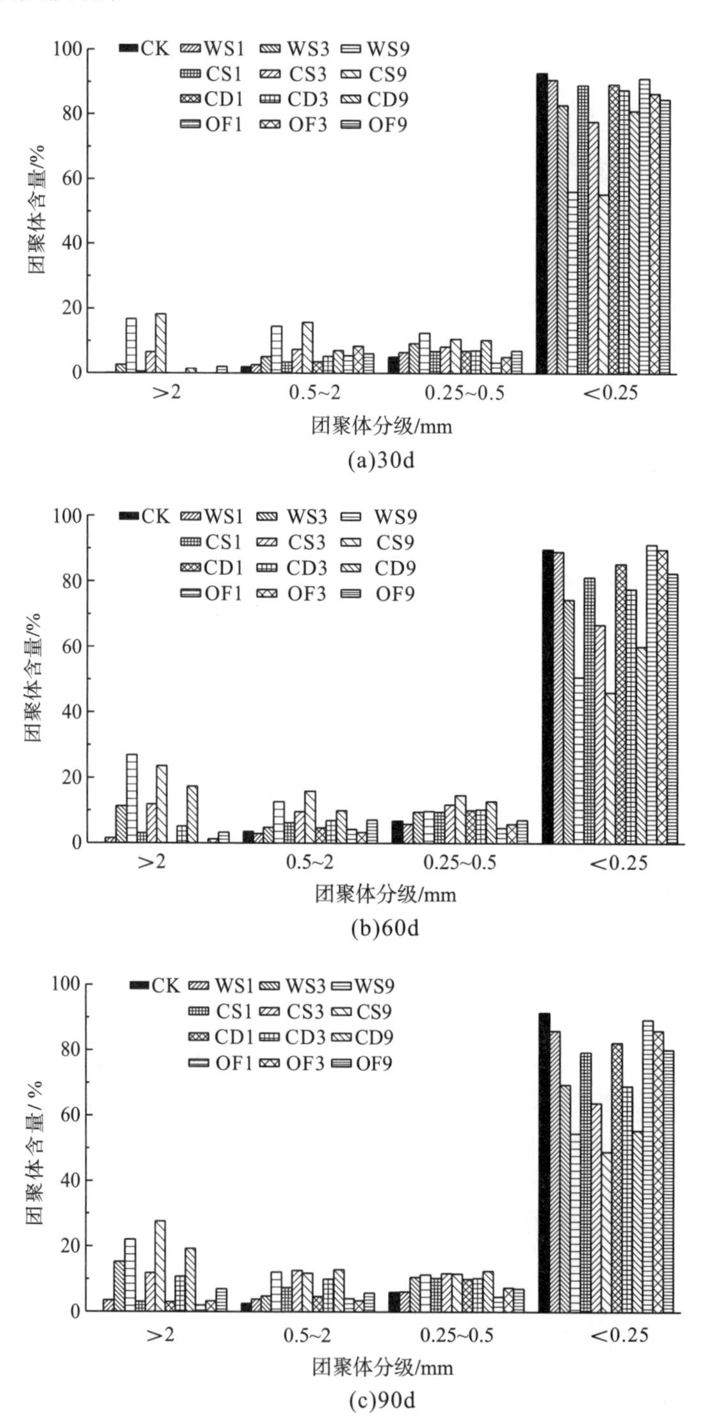

(a)30d

(b)60d

(c)90d

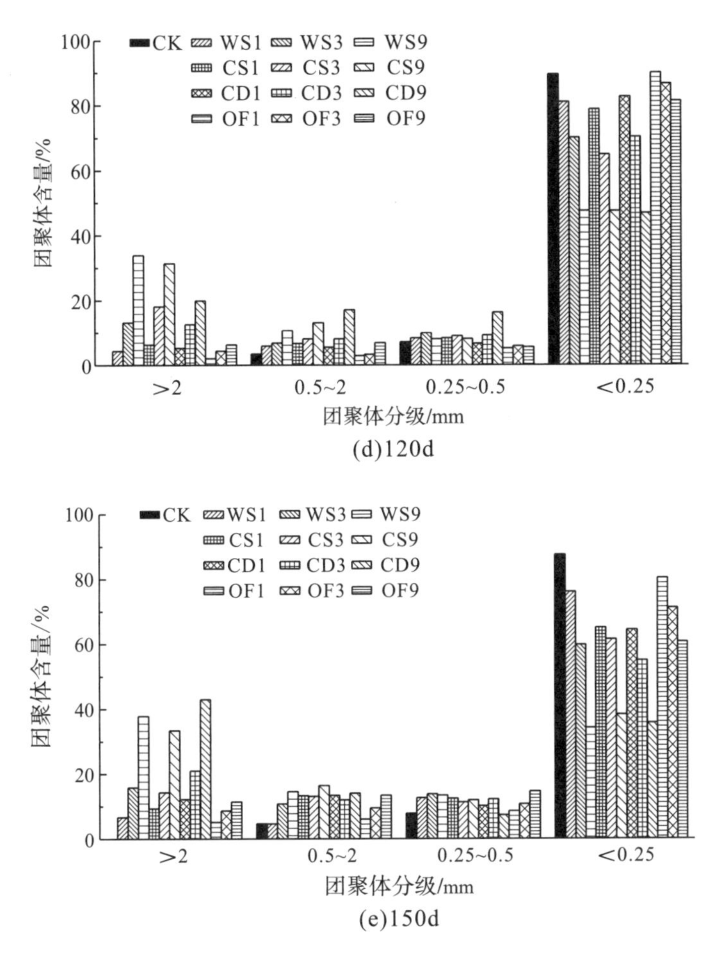

图 2-9　添加外源碳后不同时间点土壤机械稳定性团聚体组成特征

2. 土壤团聚体稳定性的变化

如表 2-7 所示，对照(CK)土壤团聚体 $R_{0.25}$ 随着土培时间的增加无明显变化，施加 4 种外源碳材料后，随着培养时间的延长土壤团聚体 $R_{0.25}$ 明显增加，其中当培养到 150 天时，各处理下的团聚体 $R_{0.25}$ 较 CK 增加 2～6 倍。同一外源碳施入量越大，团聚体 $R_{0.25}$ 增加程度越高，其中 WS9、CS9、CD9 的大团聚体含量超过微团聚体，达 60%。与 CK 相比，施加 1%的外源碳培养 150 天后，土壤团聚体 $R_{0.25}$ 含量表现为：牦牛粪>玉米秸秆>小麦秸秆>有机肥；施加量达 3%时，表现为牦牛粪>小麦秸秆>玉米秸秆>有机肥；施加量为 9%时，表现为小麦秸秆>牦牛粪>玉米秸秆>有机肥。综上所述，有机肥施入沙化土壤后，团聚体 $R_{0.25}$ 含量明显低于小麦秸秆、玉米秸秆、牦牛粪处理结果，施入量在 1%和 3%时，牦牛粪对土壤大团聚体含量提高最多。

表 2-7　外源碳作用下土壤团聚体 $R_{0.25}$ 的变化(%)

试验处理编号	培养时间/d				
	30	60	90	120	150
CK	9.19	10.33	8.54	10.57	10.47
WS1	9.25	10.20	13.57	18.53	23.87
WS3	17.13	25.60	30.63	29.93	40.27
WS9	43.80	49.27	45.47	52.53	65.80
CS1	10.93	18.73	20.64	21.27	35.00
CS3	22.27	33.20	36.20	35.13	38.60
CS9	44.60	54.00	51.00	52.60	61.73
CD1	10.67	14.67	17.67	17.40	35.67
CD3	12.47	22.33	31.00	29.80	45.07
CD9	18.93	39.93	44.53	53.27	64.27
OF1	8.87	8.80	10.62	10.08	19.67
OF3	13.60	10.30	13.98	13.43	28.80
OF9	15.33	17.47	19.79	18.68	39.40

CK.空白对照；WS1.1%小麦秸秆；WS3.3%小麦秸秆；WS9.9%小麦秸秆；CS1.1%玉米秸秆；CS3.3%玉米秸秆；CS9.9%玉米秸秆；CD1.1%牦牛粪；CD3.3%牦牛粪；CD9.9%牦牛粪；OF1.1%有机肥；OF3.3%有机肥；OF9.9%有机肥。下同。

与团聚体 $R_{0.25}$ 类似，沙化土壤在施加外源碳后，团聚体 MWD 也明显增大(表 2-8)。在施加 4 种不同量(1%、3%、9%)的外源碳后，随着培养时间的延长土壤团聚体 MWD 呈明显增加趋势，其中在 150 天时，各处理团聚体 MWD 相对于 CK 增加 1.6～13 倍。同一外源碳施入量越大，MWD 增加越明显，其中小麦秸秆、玉米秸秆、牦牛粪施入量在 9%时，土壤团聚体 MWD 超过 2mm。与 CK 相比，施加 1%和 3%的外源碳培养 150 天后，土壤团聚体 MWD 表现为：牦牛粪>玉米秸秆>小麦秸秆>有机肥；施加量达 9%时，表现为：牦牛粪>小麦秸秆>玉米秸秆>有机肥。综上所述，牦牛粪的施入使沙化土壤较大颗粒团聚体增加最为明显，效果最好，而有机肥的改良效果最差。

表 2-8　外源碳作用下土壤团聚体 MWD 的变化　　(单位：mm)

试验处理编号	培养时间/d				
	30	60	90	120	150
CK	0.16	0.18	0.17	0.18	0.20
WS1	0.17	0.26	0.39	0.47	0.60
WS3	0.56	0.86	1.10	1.00	1.21
WS9	1.31	1.87	1.58	2.25	2.55
CS1	0.21	0.40	0.41	0.59	0.85
CS3	0.62	0.96	0.99	1.30	1.14
CS9	1.40	1.73	1.91	2.14	2.30
CD1	0.18	0.20	0.38	0.51	1.01
CD3	0.40	0.53	0.89	0.98	1.52
CD9	0.92	1.28	1.43	1.53	2.82
OF1	0.20	0.18	0.30	0.29	0.52
OF3	0.23	0.25	0.37	0.43	0.77
OF9	0.34	0.41	0.62	0.59	0.98

外源碳施入沙化土壤后对沙化土壤团聚体 GMD 的影响结果如表 2-9 所示。4 种外源碳添加 1%时，与 CK 类似，土壤团聚体 GMD 随着培养时间的延长变化相对较小，150 天后，外源碳对土壤团聚体 GMD 的影响程度表现为：牦牛粪>玉米秸秆>小麦秸秆>有机肥。当外源碳施加 3%和 9%时，土壤团聚体 GMD 随着土培时间的延长明显增加，其中培养 150 天后，各处理土壤团聚体 GMD 相对于 CK 增加 0.6～5.6 倍，外源碳对土壤团聚体 GMD 的影响程度表现为：牦牛粪>小麦秸秆>玉米秸秆>有机肥。与团聚体 $R_{0.25}$、MWD 相类似，外源碳施入量越大，团聚体 GMD 增加越明显，其中牦牛粪对沙化土壤团聚体 GMD 影响程度最大，而有机肥影响程度最小。

表 2-9　外源碳作用下土壤团聚体 GMD 的变化　（单位：mm）

试验处理编号	培养时间/d				
	30	60	90	120	150
CK	0.14	0.15	0.14	0.15	0.15
WS1	0.14	0.15	0.17	0.19	0.21
WS3	0.17	0.24	0.28	0.27	0.34
WS9	0.38	0.53	0.44	0.65	0.88
CS1	0.15	0.18	0.19	0.20	0.28
CS3	0.21	0.28	0.30	0.34	0.33
CS9	0.41	0.53	0.54	0.62	0.76
CD1	0.15	0.16	0.17	0.19	0.30
CD3	0.15	0.20	0.27	0.27	0.42
CD9	0.27	0.35	0.41	0.48	0.99
OF1	0.15	0.14	0.16	0.15	0.19
OF3	0.16	0.15	0.17	0.17	0.24
OF9	0.17	0.18	0.20	0.20	0.31

2.3.4　提高土壤有机碳

1. 土壤总有机碳含量变化

图 2-10 是施入外源碳后沙化土壤总有机碳含量的变化情况。与对照（CK）相似，外源碳添加量为 1%（WS1、CS1、CD1、OF1）时，随着培养时间的延长土壤总有机碳含量变化不明显。WS3、WS9、CS3、CS9、CD3、CD9 处理的总有机碳含量随着培养时间的延长呈增加趋势，其中培养 150 天后总有机碳含量分别比 CK 增加 47.46%、174.78%、46.72%、188.66%、104.63%、196.12%。OF3、OF9 的总有机碳含量随着培养时间的延长呈现先增加后降低的特征，其中在 90 天时达到最大值，分别为 $10.45g·kg^{-1}$、$16.46g·kg^{-1}$。相对于 CK，施入外源碳后沙化土壤总有机碳含量明显提高，施加量越多土壤总有机碳含量越高。

不同外源碳的施入对沙化土壤总有机碳含量的影响有明显差异，外源碳添加量为 1%和 3%时，各处理对土壤总有机碳含量的影响差别不大，当添加量为 9%时，在各时间点取样结果均显示：OF9 总有机碳含量明显低于 WS9、CS9、CD9，而 WS9、CS9、CD9 之间差异相对较小。总体来看，有机肥的施入对沙化土壤有机碳的提升作用小于牦牛粪、小麦秸秆和玉米秸秆，而牦牛粪、小麦秸秆和玉米秸秆对沙化土壤有机碳的改良作用无显著差异。

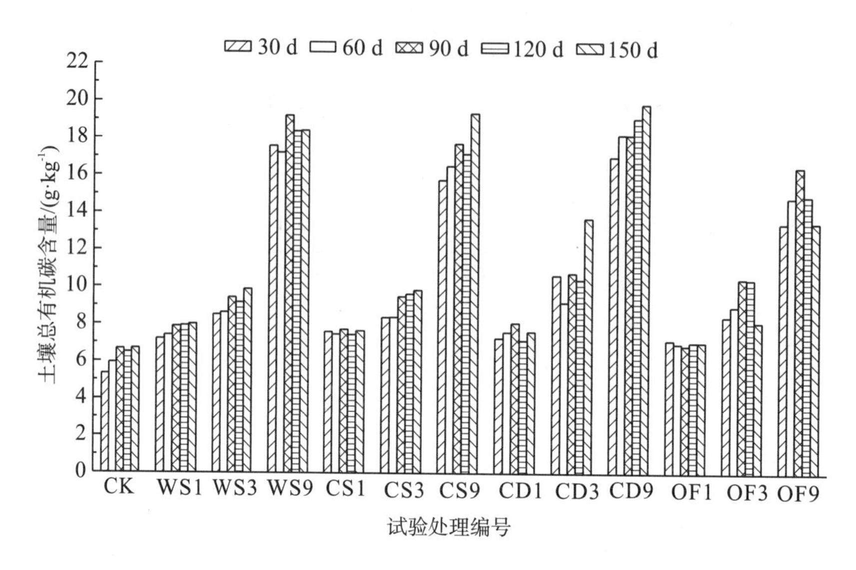

图 2-10 土壤总有机碳含量随培养时间的变化

2. 土壤团聚体有机碳含量变化

在不同处理的外源碳输入条件下，土壤团聚体有机碳的分布情况如图 2-11 所示。4 种外源碳施入沙化土壤后，5 个培养时间点的团聚体有机碳分析结果均显示：0.5～2mm 粒级团聚体有机碳含量最高，多为 20～40g·kg^{-1}，>2mm 和 0.25～0.5mm 粒级团聚体有机碳含量次之，集中在 10～20g·kg^{-1}，而<0.25mm 粒级团聚体有机碳含量最低，多在 10g·kg^{-1}以下。

施加外源碳后，土壤各粒级团聚体有机碳含量均明显高于对照，同一外源碳的施加量不同(1%、3%、9%)，土壤团聚体有机碳也呈现明显不同的变化特征，>2mm、0.5～2mm、0.25～0.5mm 粒级团聚体有机碳含量随着外源碳施入量的增加而明显增加，但<0.25mm 粒级团聚体有机碳含量变化较小，说明外源碳的输入对微团聚体(<0.25mm)的碳储量影响较小。不同外源碳的输入对同一粒级团聚体有机碳含量的影响有所差异，对于>2mm 粒级团聚体有机碳的含量总体表现为：小麦秸秆>玉米秸秆>牦牛粪>有机肥，0.5～2mm、0.25～0.5mm、<0.25mm 粒级团聚体未呈现相同的变化规律。

随着土培时间的延长，>2mm 粒级团聚体有机碳含量呈增加趋势，各处理培养 150 天后，该粒级团聚体有机碳含量相对于培养 30 天时增加 50%左右，但 0.5～2mm、0.25～0.5mm、<0.25mm 粒级团聚体无明显变化，说明土壤总有机碳在培养 150 天后增加的有机碳主要由>2mm 粒级团聚体贡献。

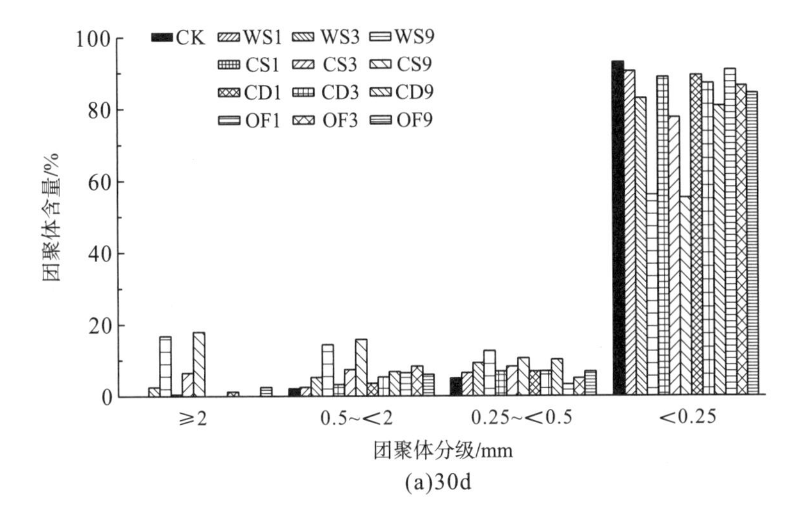

(a)30d

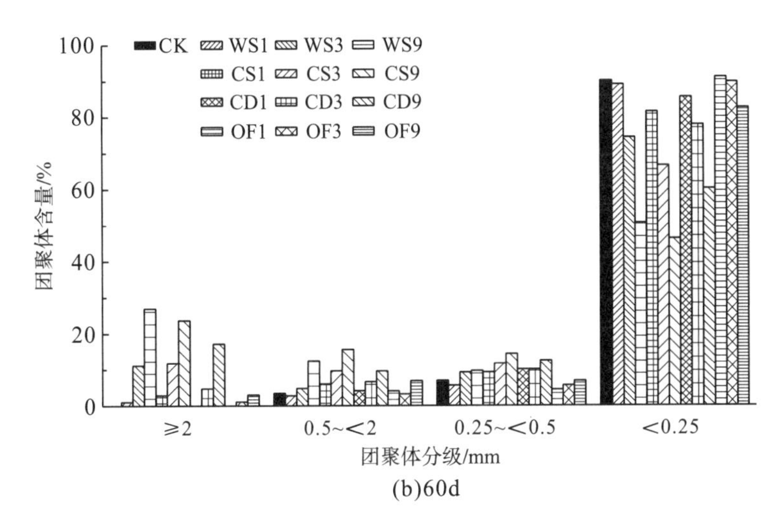

(b)60d

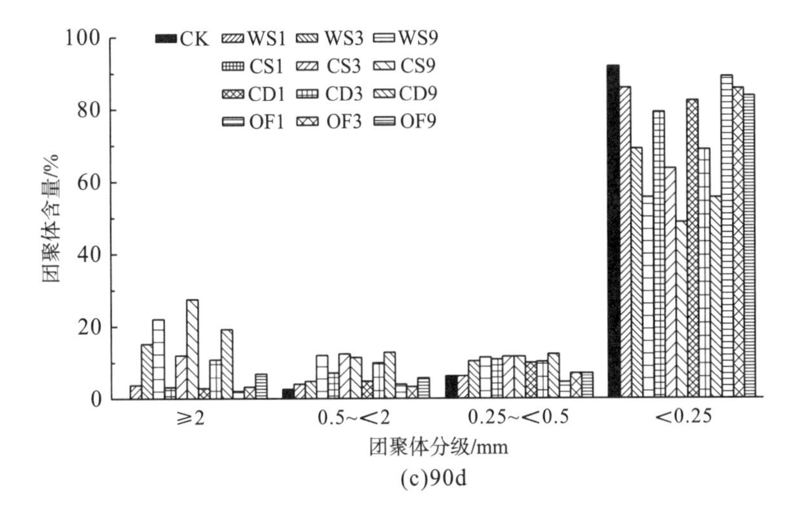

(c)90d

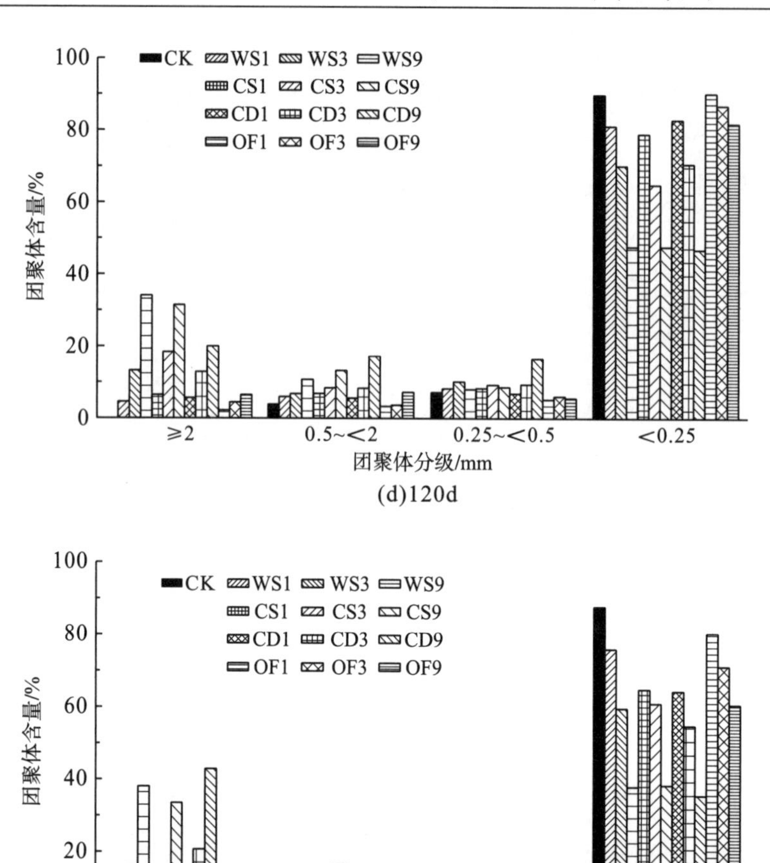

(d)120d

(e)150d

图 2-11 施加外源碳后不同时间点土壤团聚体有机碳含量

第3章　研究区域概况

川西北高寒草原是我国5大牧区之一，也是我国长江、黄河的主要发源地，还是全球最大的高原泥炭沼泽湿地，对我国乃至全球生态安全有着极其重要的作用(赵亮等，2014)。但是，特殊的高原地理环境、气候条件以及过度的人为因素使得川西北高寒草原日益退化，形成了典型的高寒沙地。本章介绍了川西北高寒草原的自然环境和社会经济条件，可为该区沙化土壤改良技术方案的制定提供参考。

3.1　自 然 环 境

3.1.1　区位

研究区地处青藏高原东缘，位于青海、甘肃、四川三省交界处，东经101°51′～103°39′，

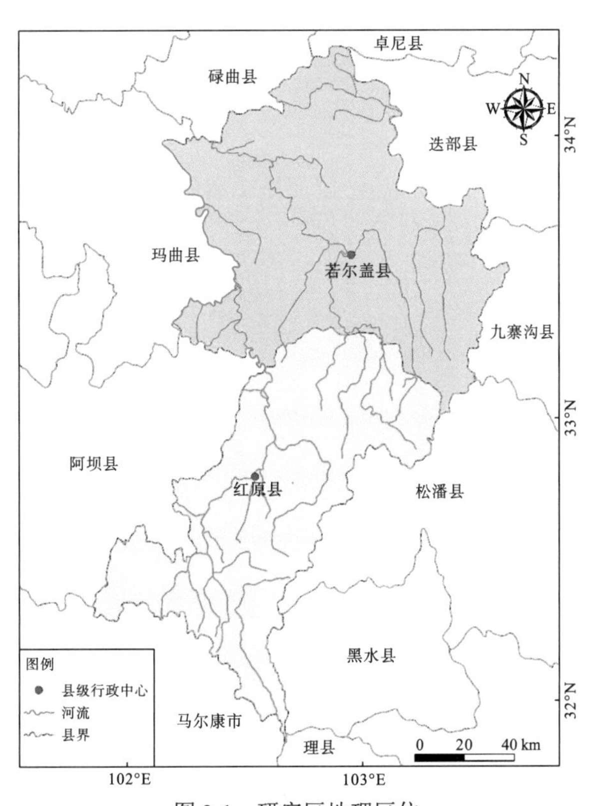

图3-1　研究区地理区位

北纬 31°50′～34°19′，是我国第一大高原沼泽湿地(崔丽娟等，2013)，也是世界上面积最大的高原泥炭沼泽，被誉为青藏高原高寒沼泽生态系统最具代表性的湿地，也是黄河、长江上游重要的水源涵养地。区域行政区划上属于四川省阿坝藏族羌族自治州若尔盖县、红原县，分别与甘肃省玛曲县、碌曲县、卓尼县、迭部县和阿坝州内阿坝县、马尔康市、理县、黑水县、松潘县、九寨沟县接壤，面积为 18876km^2(图 3-1)。

3.1.2 地质

研究区地质构造包括秦岭东西向构造带、龙门山北东向构造带及摩天岭东西向褶皱带，以中生界三叠系的砂岩、白云岩、泥灰岩等的坡积残积物和第四系全新统的冲积、洪积、堆积物为主，其次有少量的冰碛、冰水沉积物埋藏在古阶地、古河床、古湖泊之下(操成杰，2005；王艳，2005)。区域北部属西陵褶皱带南带，地层以东西向顺层为主，包括奥陶系、侏罗系、白垩系；南部为中切割剥蚀构造区，地层多为二叠系、三叠系、侏罗系、白垩系，主要岩性有泥灰岩等；东部属高山峡谷区，地层有奥陶系、志留系、泥盆系、石炭系、二叠系和侏罗系，主要岩性有火山岩、灰岩等；西部属于丘状高原区，岩层包括三叠系的砂岩、页岩等(图 3-2)。

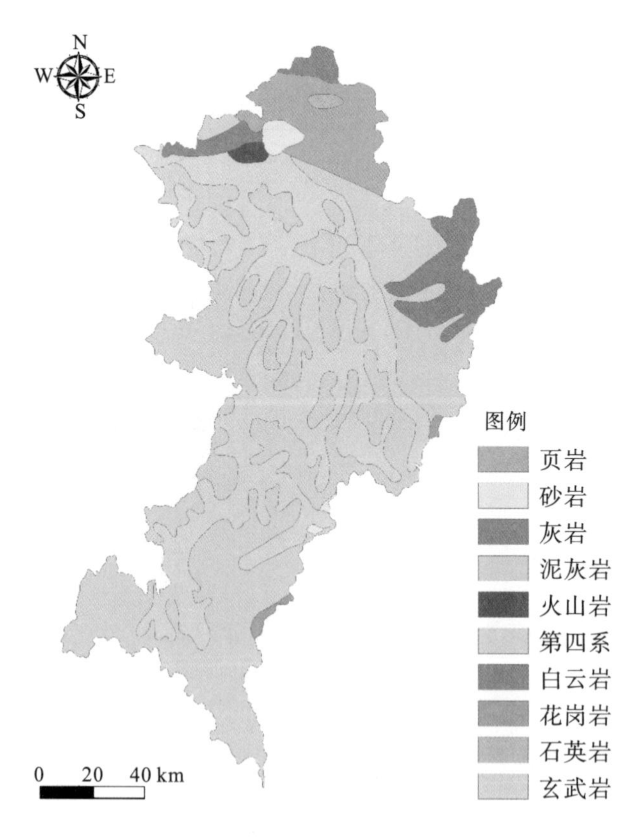

图 3-2 研究区地层岩性分布

3.1.3 地貌

如图 3-3 所示，研究区内海拔为 3300～4000m，地势整体呈现东南向西北倾斜的特征。若尔盖县境内地形复杂，地势由东北向西北倾斜，中西部和南部为典型丘状高原，占全县总面积的 69%，平均海拔 3500m；北部和东南部山地系秦岭西部迭山余脉和岷山北部尾端，境内山高谷深，地势陡峭，海拔 2400～4200m。红原县地势由东南向西北倾斜，由于喜马拉雅造山运动和新构造的剧烈抬升，地貌具有南部山原向北部丘状高原过渡的典型特征（史长光，2010）。

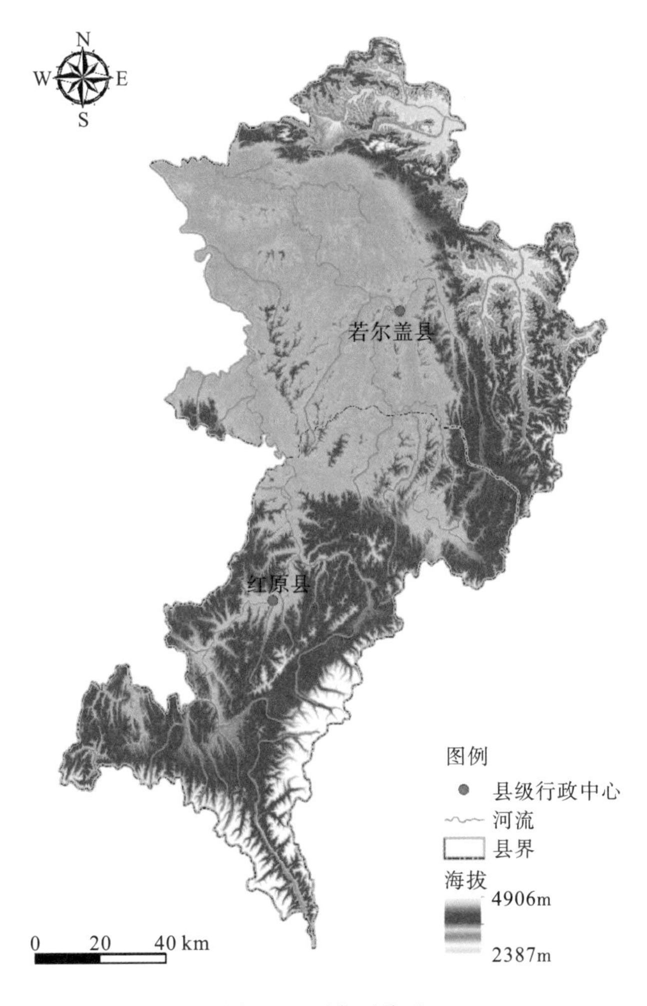

图 3-3 研究区地形

3.1.4 气候

研究区气候属大陆性高原寒温带季风气候，春秋短促，长冬无夏，雨热同期，干湿季节分明。如图 3-4 所示，区内年平均气温 1.4～1.8℃，气温年较差 20.6～20.8℃。如图 3-5 所示，年平均降水量为 538～626mm，且降水主要集中在 6～8 月，年平均相对湿度 68%～78%。从西北到东南，降水和气温存在明显的递减趋势(马琼芳，2013)。由于海拔较高、空气稀薄、日照充足、辐射强烈，研究区年日照时间数为 2000～2400h，年总辐射为 120～150k·cal/cm^2，年均蒸发量达 1850mm，空气极为干燥，主要灾害性天气表现为寒潮连大雪、霜冻、冰雹、洪涝等(邓茂林等，2010)。20 世纪 90 年代，若尔盖高寒湿地气候受全球变化影响增暖，进入暖干期，总云量、日照时数、平均气温不断上升；降水量、蒸发量径流总量都在减少，草地气候干旱化明显(戴洋等，2010)。

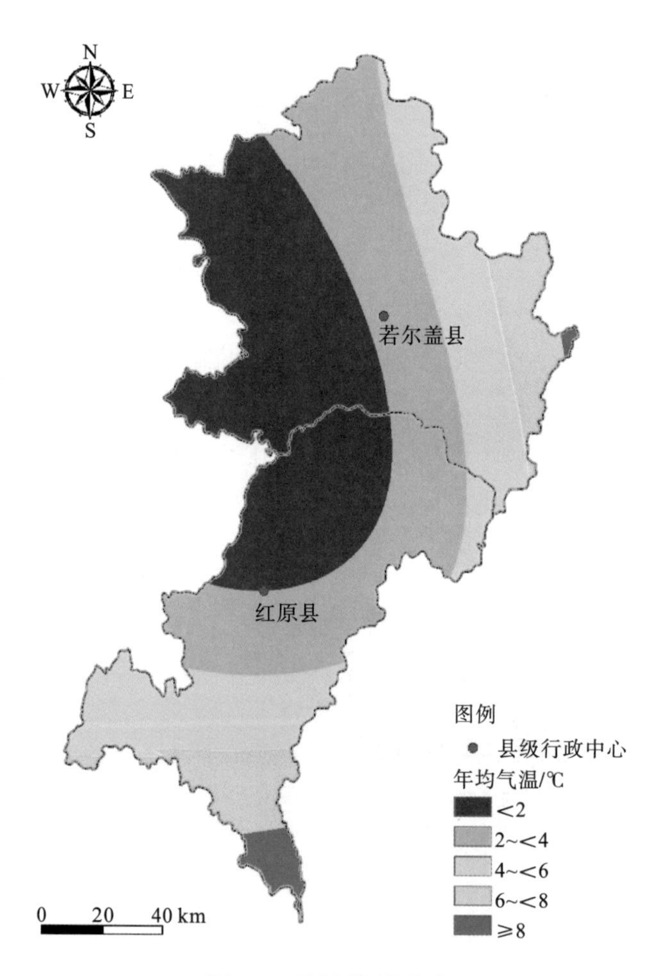

图 3-4 研究区气温分布

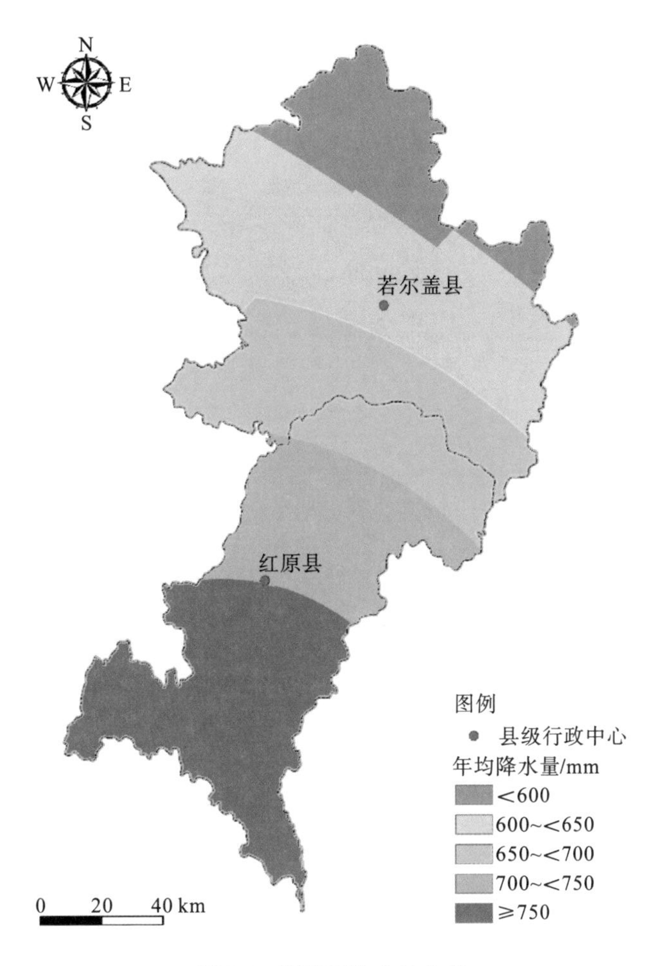

图 3-5 研究区降水量分布

3.1.5 植被

如图 3-6 所示，研究区拥有沼泽、草甸、灌丛、森林四大植被类型(李志丹，2004)。沼泽植物的优势种包括木里薹草、毛果薹草、乌拉草、华扁穗草、西藏嵩草和双柱头藨草；草甸植物以四川嵩草和高山嵩草为优势种，其伴生种主要以蕨麻、高山紫菀、条叶银莲花、老芒麦、紫羊茅为主；灌丛植被主要有杯腺柳、沙棘、岩生忍冬、高山绣线菊、腺柳等。森林植被为紫果云杉、鳞皮冷杉、岷江冷杉、川西云杉、白桦等。

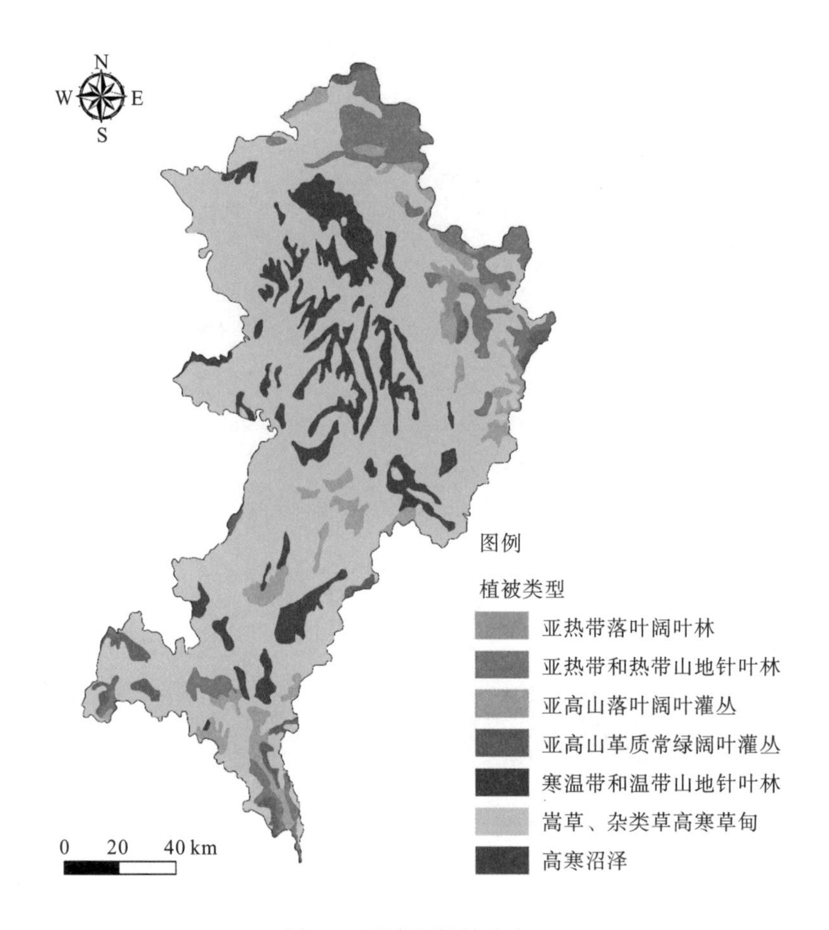

图 3-6 研究区植被分布

3.1.6 土壤

根据图 3-7 和表 3-1 可知，研究区在气候、地形、植被、母质等因素共同作用下形成的主要土壤类型有：沼泽土、亚高山草甸土、风沙土。高原平坝区由多阶地和沼泽组成，拥有成片的沼泽土壤和泥炭，有机质分解缓慢，腐殖质含量高。高原草甸植被生长的区域生成亚高山草甸土，在森林植被地区发育成暗棕壤。高原风沙土的成土母质主要为第四纪风沙堆积物，在雨水的长期作用下，进一步发育成湿润性沙土（中国科学院南京土壤研究所，1978），透气、透水性好，保水保肥差，在西北季风的作用下形成分选明显的粗砂粒风沙土。

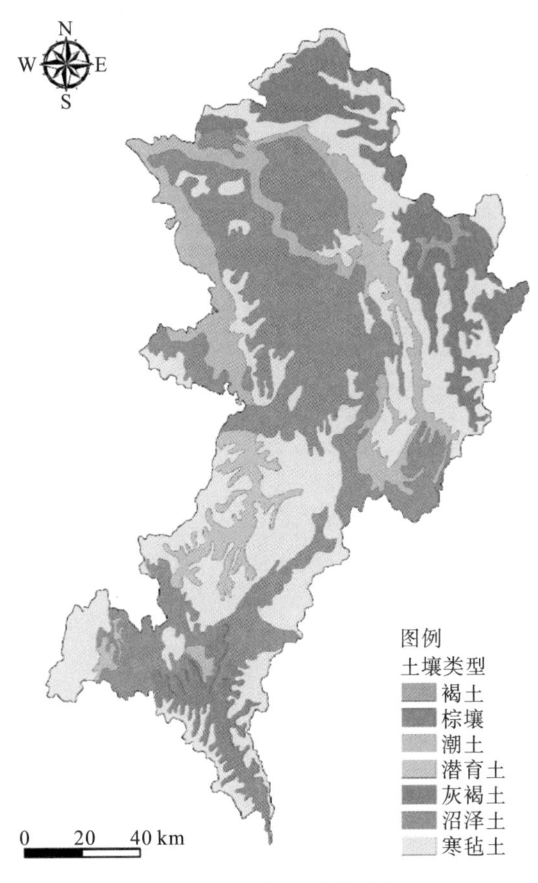

图 3-7　研究区土壤分布

表 3-1　红原县植被、土壤垂直分布

地形地貌	平坝区	丘原区	高原山原	高寒寒漠
海拔/m	3200～<3500	3500～<3700	3700～<4500	≥4500
植被类型	暗褐薹草、西藏嵩草等	高山嵩草、火绒草等	窄叶鲜卑花、岩生忍冬等	紫果云杉、青冈等
土壤类型	草甸潮土、沼泽土	亚高山草甸土、暗棕壤	高山草甸土	寒漠土
面积比例/%	7.12	18.91	59.26	14.71

3.1.7　水文

根据图 3-8 可知，研究区处于黄河水系与长江水系的交界处，以查针梁子为分水岭，东南为长江水系大渡河流域；北部为黄河水系白河、黑河流域，由南向北注入黄河上游。长江水系的梭磨河、脚木足河的上游支流壤口尔曲、当曲、查龙河流水汹涌澎湃，河谷下切，呈“V”形；黄河水系的白河、黑河、阿木柯河、麦曲河、哈曲河、郎木曲河河谷平坦开阔，水流平缓。区内水资源丰富，湖泊众多、河流呈树枝状发散分布，水能蕴藏量达到 1.6×10^{8}kW。

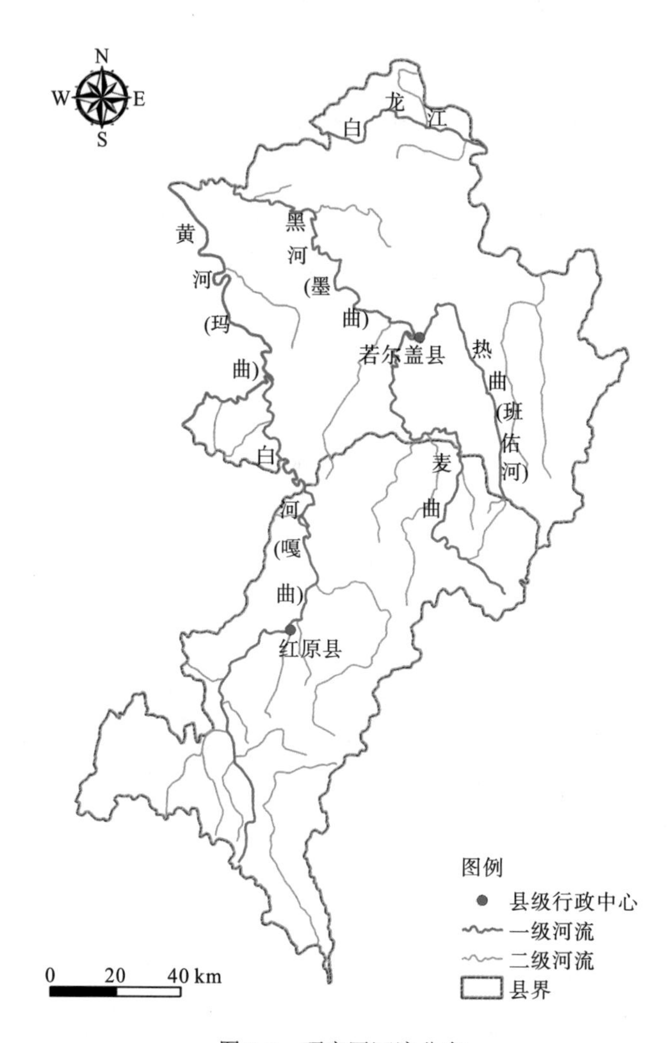

图 3-8 研究区河流分布

3.2 社会经济

3.2.1 人口

据《阿坝州年鉴(2019)》统计可知，研究区总人口约 12.87 万人，其中藏族人口 11.60 万人，约占总人口的 90%，农牧人口约 10.07 万人，同时还有羌族、汉族、回族、彝族、满族等 12 个民族。若尔盖湿地特殊的地理位置及生态环境决定了人口分布具有不均匀性的特点(图 3-9)，人口沿河流走向分布，随着海拔升高，高寒地带人口分布逐渐减少。

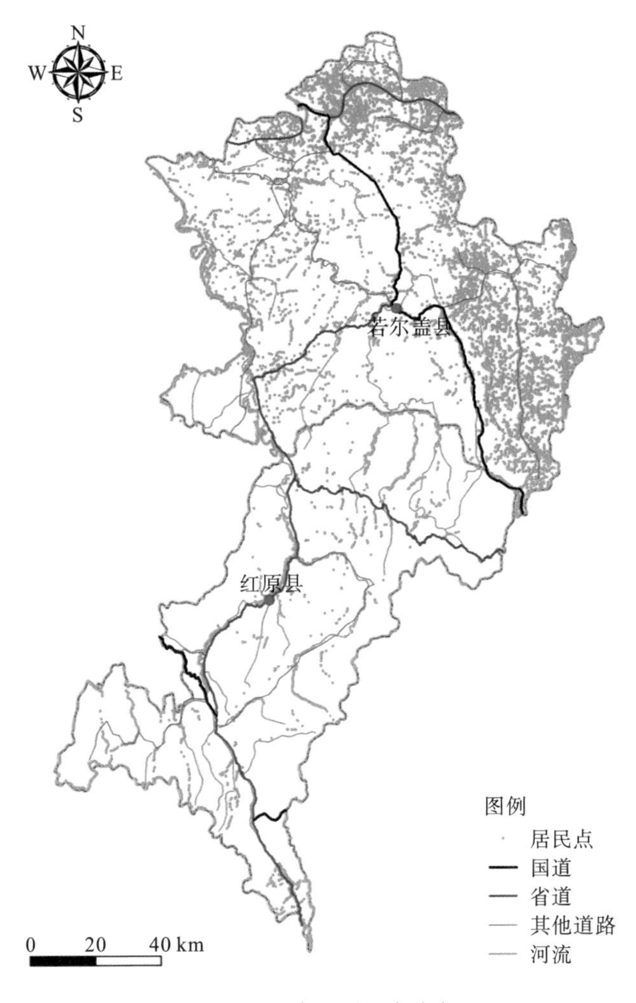

图 3-9　研究区居民点分布

3.2.2　资源与产业

研究区拥有丰富的生态资源，包括动植物资源和矿产资源。草地为区域内主要土地利用类型(图 3-10)，面积占比约 69%。其中，红原县境内天然草场面积达 $77.20\times10^4hm^2$，可利用优质草场面积达 $74.72\times10^4hm^2$；若尔盖天然草地面积 $50.13\times10^4hm^2$。区域内矿产资源主要有泥炭、金矿及非金属矿等种类，特别是泥炭资源极为丰富，红原县泥炭资源总储存量超过 $16\times10^8m^3$，若尔盖县泥炭资源储量达 $41\times10^8m^3$(吴倩，2018)。区内旅游资源丰富且独特。同时，旅游业、商品贸易也为当地的财政收入做了很大的贡献。据《阿坝州年鉴(2019)》统计，研究区实现地区生产总值约 31.81 亿元。

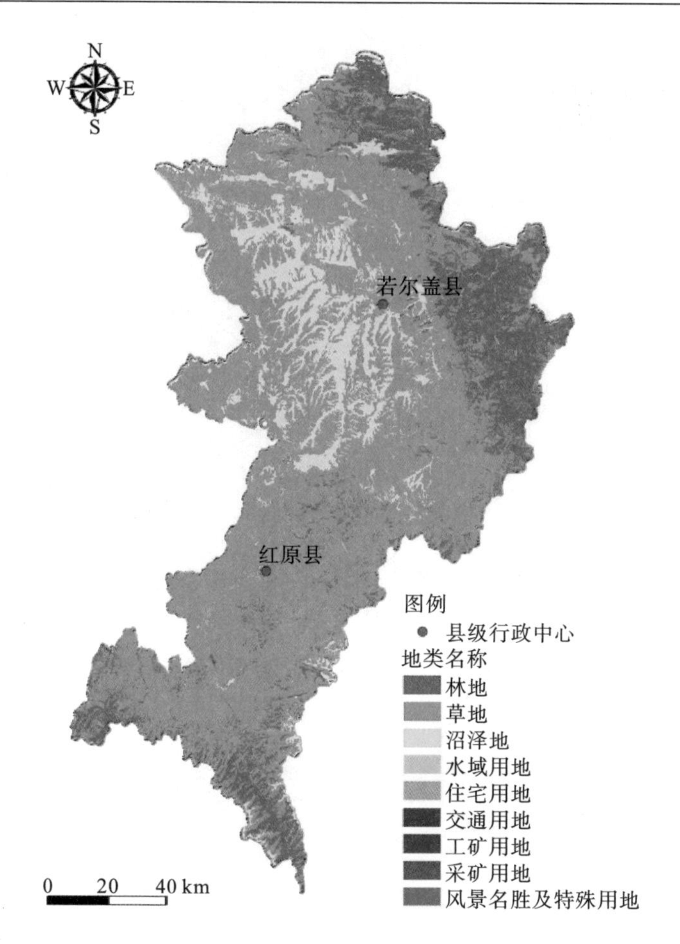

图 3-10 研究区土地利用分布

第 4 章　高寒沙地土壤改良技术方案

本章研究了川西北高寒草地沙化土壤理化特性随时间的变化规律和水分运移特征，以及季节性冻融对天然草地和沙化草地土壤水分运移的影响。在此基础上，对沙化土壤改良技术进行分析，提出了适宜川西北高寒沙地土壤改良的技术方案。

4.1　沙化土壤改良技术实施依据

4.1.1　沙化土壤温度和含水率变化规律

4.1.1.1　土壤温度

红原县属大陆性高原寒温带季风气候，每年土壤有 5～6 个月的冻结期，该区 2015～2016 年不同土层深度的日均温度变化如图 4-1 所示。

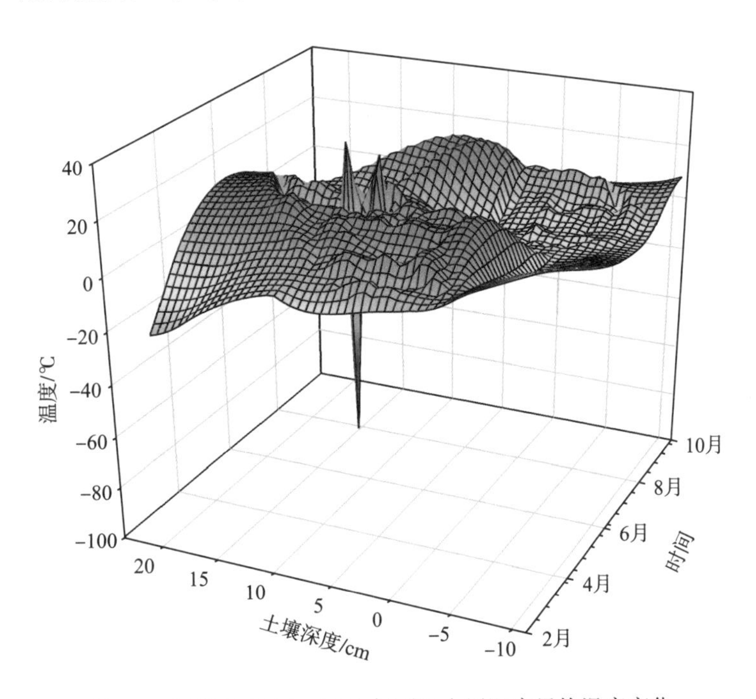

图 4-1　红原县 2015～2016 年不同土层深度日均温度变化

由图可知，该区年平均气温 1.1℃，最热的 7 月份气温 10.9℃，最冷的 1 月份，气温 -10.3℃，年较差 21.2℃。春夏季随着土层深度的增加，土壤温度呈现先降低后略有回升的趋势，最低温出现在 10～20cm 深土层；秋冬季，土壤温度随着土层深度加深而升高，土壤冻结温度通常在-11～0℃。

4.1.1.2 土壤含水率

红原县的气候特征是寒冷干燥，冬、春季降雨稀少，11 月到次年 4 月的降水量占全年的 14%，5～10 月年降水量为 753mm，占全年降水量的 86%。红原县 2015～2016 年不同土层深度土壤含水率变化情况如图 4-2 所示。

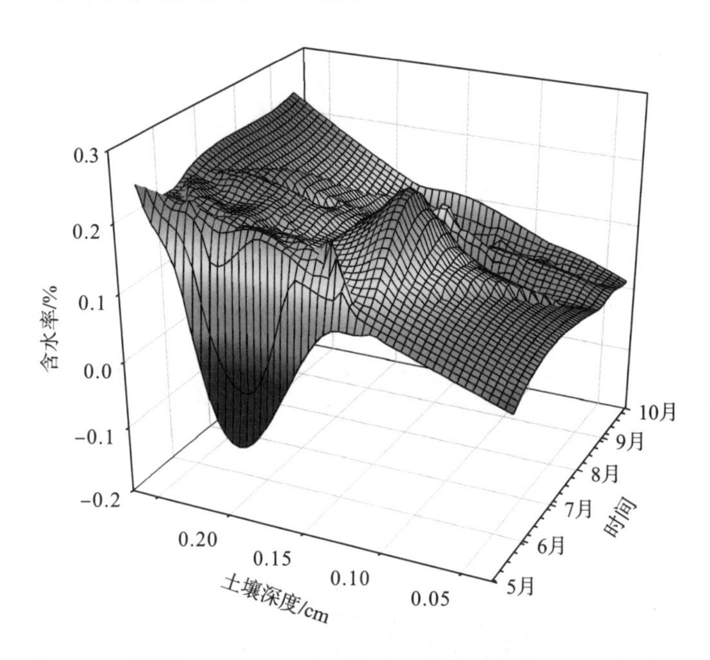

图 4-2 红原县 2015～2016 年不同土层深度土壤含水率变化情况

由图可知，红原县 5～7 月表层土壤(0～10cm)含水率较高，可达 21.85%，其次是 8～9 月，最低的为 10 月～次年 4 月；全年 10～40cm 土层含水率较表层平均低 54.32%；5～7 月深层土壤(40～80cm)含水率较其他土层含水率都高，可达到 27.46%，其余月份土壤含水率高低顺序为 0～10cm>40～80cm>10～40cm。

4.1.2 沙化土壤水分运移规律

4.1.2.1 湿润锋行进

实测均质土柱湿润锋位置随时间变化关系如图 4-3 所示。

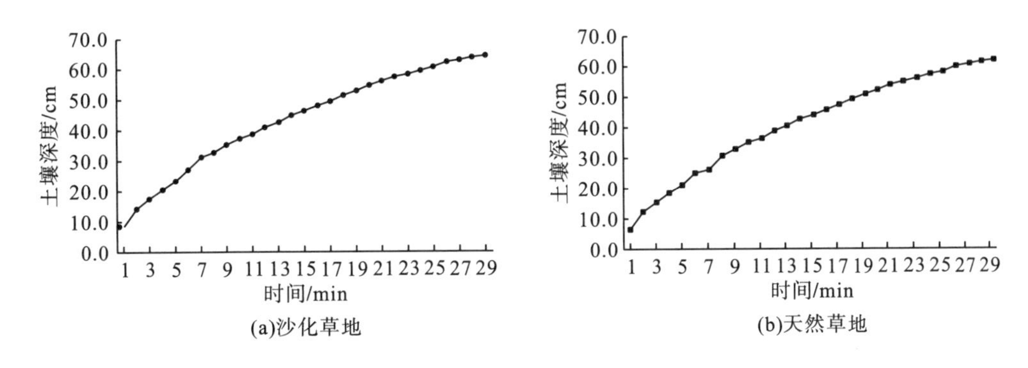

图 4-3　湿润锋位置随时间变化

由图可以看出，沙化草地和天然草地土壤湿润锋的前进速度基本一致，基本呈匀速上升趋势，沙土由于大孔径比较多，通透性能好，黏粒含量少，土壤入渗率能力强。

4.1.2.2　冻融前土壤水分运移规律

为了探明冻融循环开始前，沙化草地和天然草地 0～60cm 各层土壤的水分运移状况，将采集的沙化草地和天然草地土壤装填在土柱中，进行土柱薄层积水入渗试验，用土壤水分传感器测试土柱内部探头处土壤含水率随时间的变化情况，其变化曲线如图 4-4 所示。

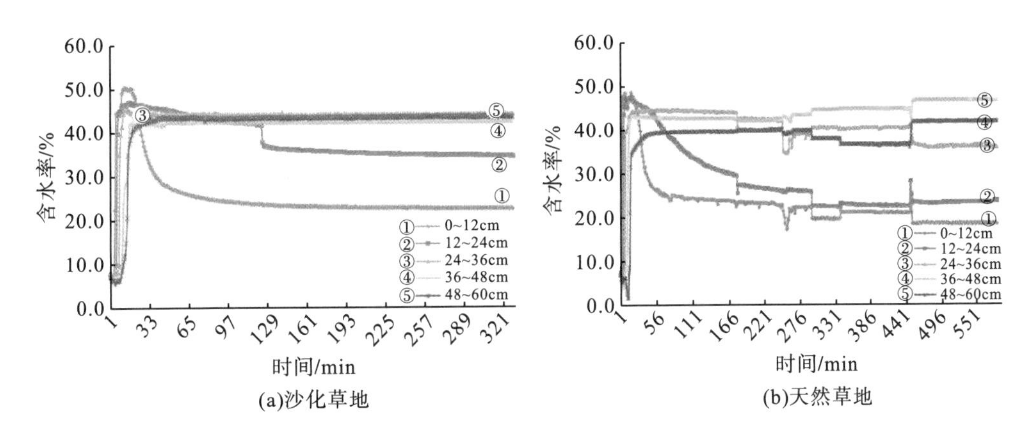

图 4-4　土柱传感器探头实测含水率随时间变化

随着入渗的进行，沙化草地和天然草地 0～12cm 和 12～24cm 土层含水率出现骤升后缓慢下降并趋于平稳的现象，24～36cm、36～48cm 和 48～60cm 土层出现骤升并趋于平稳的现象。12～24cm 土层含水率的降低值明显小于其饱和含水率，出现骤升的时刻与湿润锋经过的时刻是一致的。沙化草地 0～12cm 土层含水率下降值明显大于 12～24cm 土层含水率，说明湿润锋经过表层沙土后，下层土壤并未达到饱和。在沙化草地土柱入渗进行 50min 左右时，此时湿润锋已经到达土柱底部滤层，含水率已趋于稳定。天然草地土柱入渗进行 166min 左右时，此时湿润锋已经到达土柱底部滤层，含水率已趋于稳定；入渗进行 440min 左右时，含水率已趋于稳定的探头由下至上又依次出现含水率增大趋势，其原因可能是底层土壤在重力作用下被压实，具有很强的阻水作用，湿润锋到达该处时受到阻碍停滞，使上层土壤贮水量增加。这也说明湿润锋经过的上层土壤并未完全达到饱和，仍有禁锢空气存在。

4.1.2.3 昼夜冻融后土壤水分运移规律

1. 沙化草地

冻融 6 天后，沙化草地 0～60cm 各层土壤含水率随时间变化曲线如图 4-5 所示。

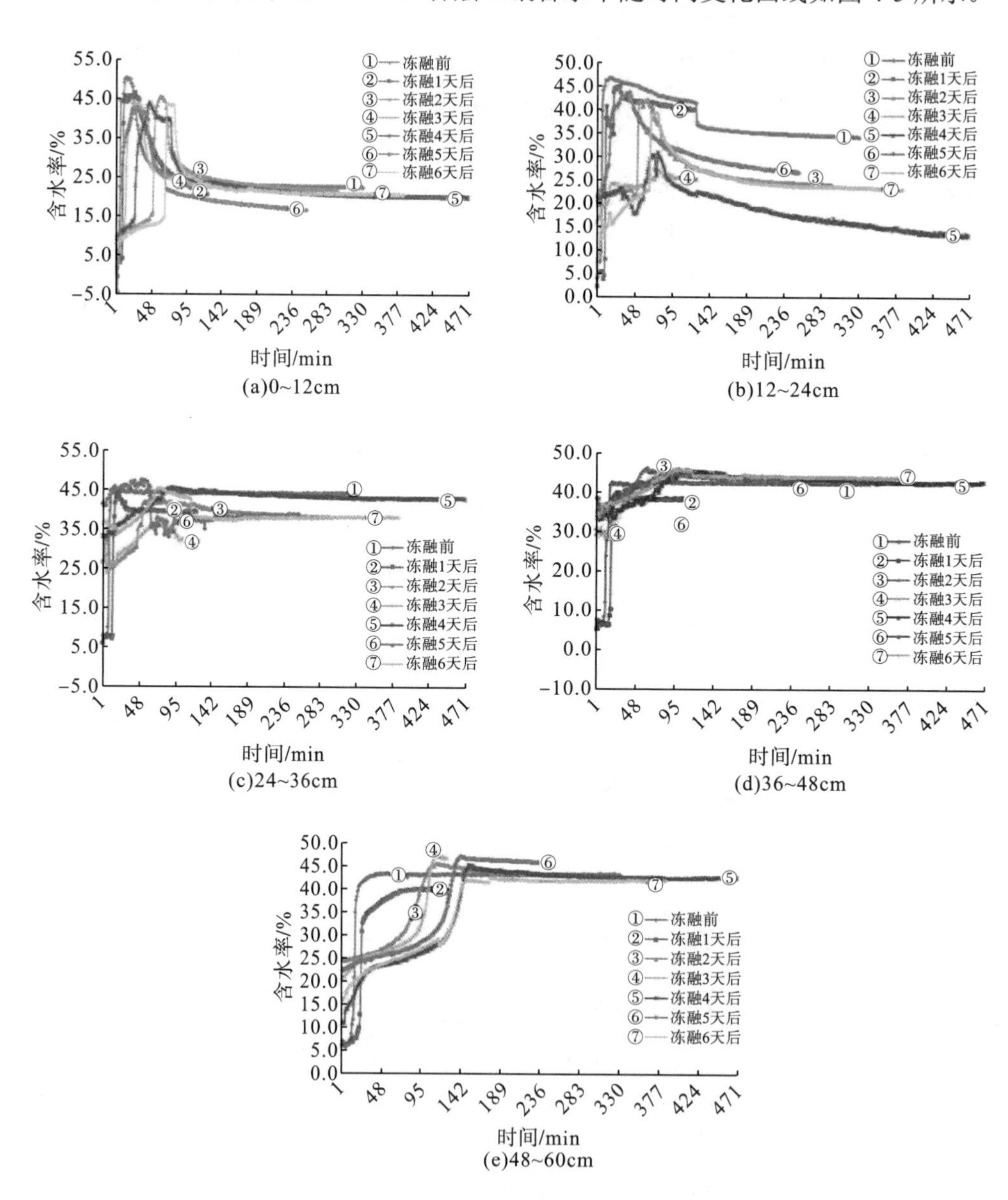

图 4-5 实测连续反复冻融后沙化草地含水率随时间迁移变化

0～12cm 和 12～24cm 土层的含水率随时间的变化基本呈现骤升后下降并趋于平稳的现象，出现骤升的时刻与湿润锋经过的时刻不尽相同，出现骤升的时刻前后依次为①>②

＞④=⑥＞⑤＞③＞⑦，且升高值略小于其饱和含水率，说明湿润锋经过沙土层后，沙土层并未达到饱和。在 60～100min 时，此时冻融 6 天后的土柱湿润锋均已经到达土柱底部滤层，含水率已趋于稳定，到达稳定的时间先后依次为②＞④=⑥＞③＞①＞⑦＞⑤，达到稳定的结束时间基本呈现时间短-长相间隔的规律，其原因可能是第 1 天土壤含水率较低，运移后土壤含水率增大；第 2 天冻融后会增加运移的水量，延长运移时间直至运移完成，含水率达到稳定状态；第 3 天冻融循环后，在第 2 天稳定的基础上又会重复前两天的过程。

24～36cm、36～48cm 和 48～60cm 各层土壤的含水率随时间的变化基本呈现骤升并趋于平稳的现象，24～36cm 和 36～48cm 各层土壤的含水率出现骤升的时刻均在 95mim 左右，48～60cm 土层冻融前和冻融 1 天后出现骤升的时刻早于冻融 2～6 天。24～36cm 和 36～48cm 各层土壤的含水率出现骤升的时刻前后依次为①=②=⑥＞③＞⑤=⑦=④，48～60cm 各层土壤的含水率出现骤升的时刻前后依次为①=②＞③=④＞⑥＞⑤=⑦，达到稳定的结束时间基本呈现时间短-长相间隔的规律，与 0～12cm 和 12～24cm 土层相同。

2. 天然草地

冻融 6 天后，天然草地 0～60cm 各层土壤的含水率随时间变化曲线如图 4-6 所示。

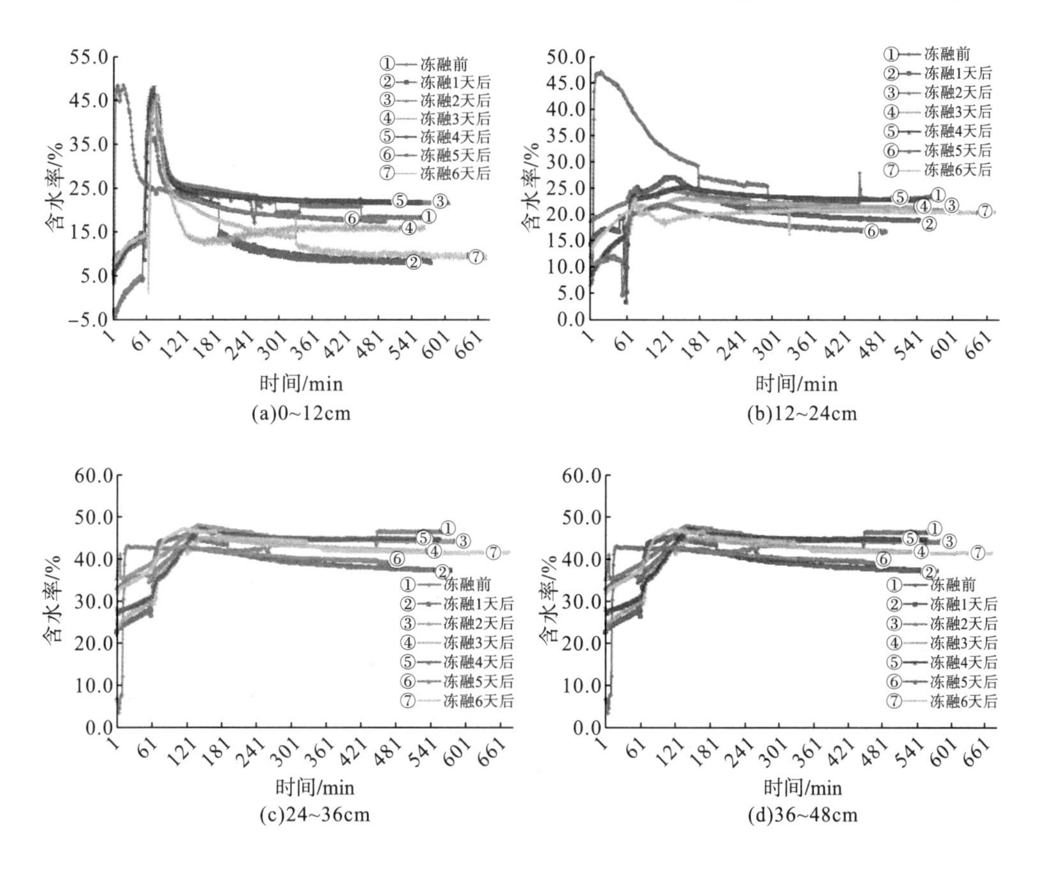

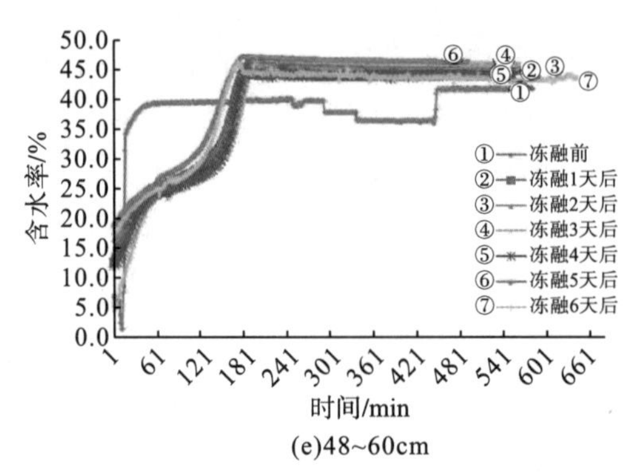

(e)48~60cm

图 4-6 连续反复冻融后实测天然草地含水率随时间迁移变化

天然草地 0～12cm 土层的含水率随时间的变化基本呈现骤升后骤降并趋于平稳的现象。冻融前天然草地 0～12cm 土层土壤的含水率出现骤升的时刻在 30min 左右，冻融 1～6 天后土壤的含水率出现骤升的时刻在 60min 左右，运移结束时间除第 6 天以外，其余结束时间基本相近。冻融前 12～24cm 土层的含水率出现骤升后骤降并趋于平稳的现象，骤升的时刻出现在 10min 左右，冻融 1～6 天后土壤的含水率骤升的时刻出现在 40min 左右，且升高值明显小于其饱和含水率，说明湿润锋经过土层后，土层并未达到饱和。冻融 1～6 天后土壤水分运移结束时间基本相近。

24～36cm、36～48cm 和 48～60cm 各层土壤的含水率随时间的变化基本均呈现先缓慢上升后骤升并趋于平稳的现象，24～36cm 和 36～48cm 各层土壤的含水率出现骤升的时刻均在 120min 左右，48～60cm 土层冻融前出现骤升的时刻早于冻融 1～6 天。24～36cm、36～48cm 和 48～60cm 土层水分运移达到稳定的结束时间基本一致。

4.1.2.4 季节冻融后土壤水分运移规律

将装有沙化草地和天然草地的土柱放置于冰箱中冷冻 3 个月，再取出融化 1 个月后，土柱在恒定水头 2cm 情况下开始入渗，并通过数据采集器自动记录土壤水分传感器探头处土壤含水率随时间变化情况，明确中长期连续冻融循环对沙化草地和天然草地土壤水分运移能力的影响。

1. 沙化草地

冻融 90 天后，沙化草地 0～60cm 各层土壤的含水率随时间变化曲线如图 4-7 所示。

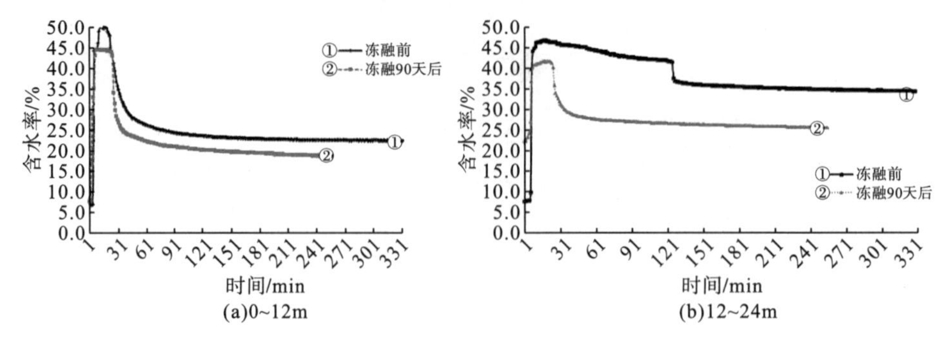

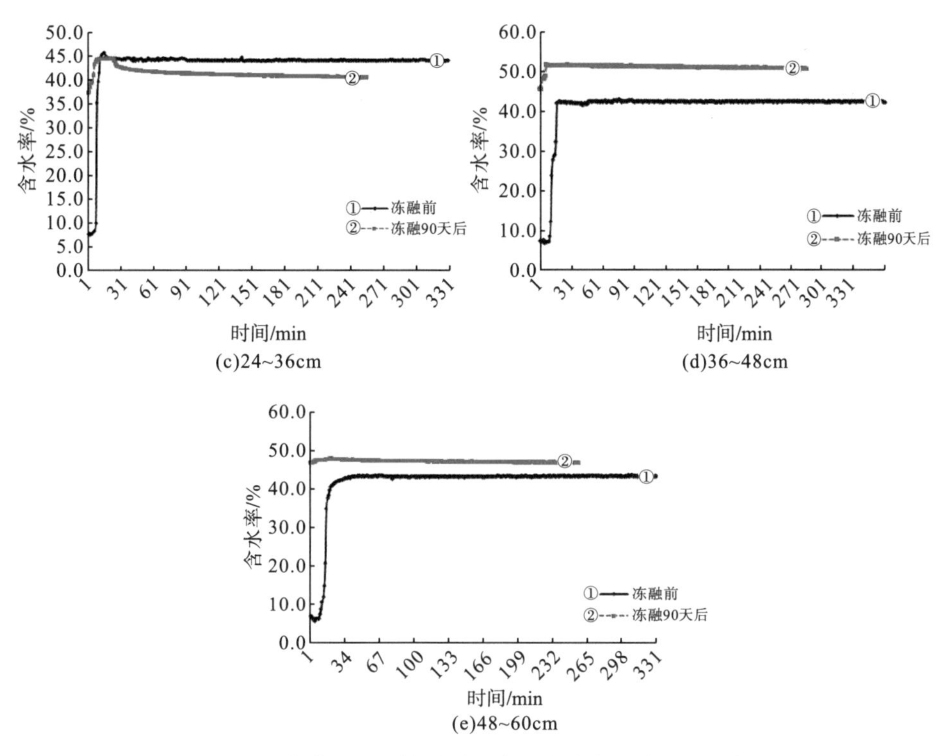

图 4-7　沙化草地季节性冻融后实测含水率随时间迁移变化

由图可见，随着入渗的进行，0～12cm 土层土壤的含水率随时间的变化基本呈现骤升后骤降并趋于平稳的现象，12～24cm 土层土壤的含水率随时间的变化基本呈现骤升后缓降并趋于平稳的现象，24～36cm、36～48cm 土层土壤的含水率随时间的变化基本呈现骤升后趋于平稳的现象。冻融前后 0～12cm 土层土壤的含水率出现骤升和骤降的时刻基本一致，冻融前后 12～24cm、36～48cm 和 48～60cm 土层土壤的含水率出现骤升的时刻均一致，但冻融后 12～24cm 土层土壤的含水率出现骤降的时刻明显早于冻融前土壤，说明冻融 90 天后，土壤的孔隙度增大，水分运移速度加快，且流水经过后，未能使土层达到饱和。

2. 天然草地

冻融 90 天后，天然草地 0～60cm 各层土壤的含水率随时间变化曲线如图 4-8 所示。

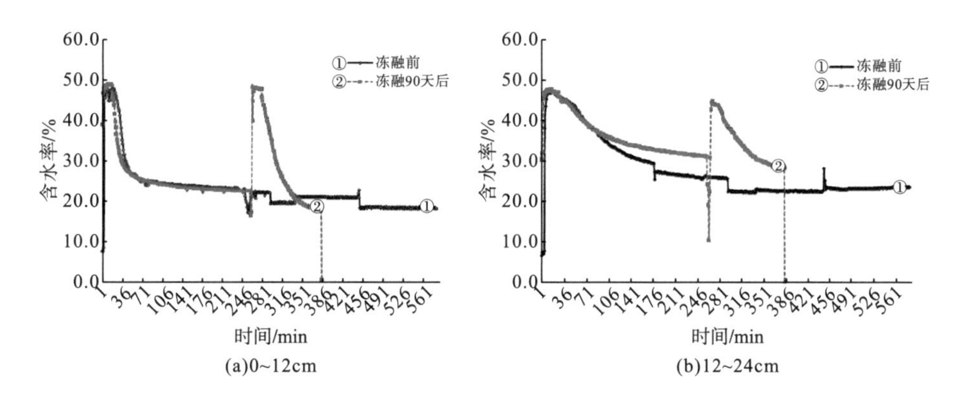

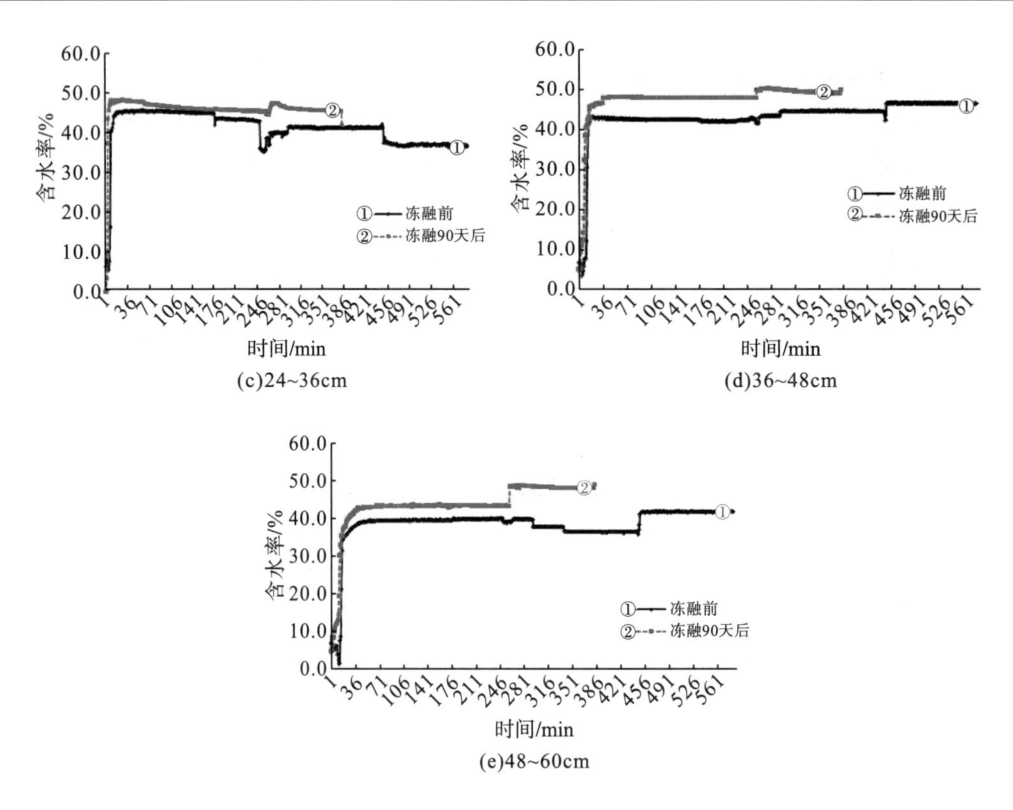

图 4-8 天然草地季节性冻融后实测含水率随时间迁移变化

由图可见，随着水分运移的进行，冻融前天然草地 0～12cm 土层的含水率随时间变化呈骤升后骤降再趋于平稳的现象，12～24cm 土层的含水率随时间变化呈骤升后缓慢下降，然后趋于平稳的现象。而经过 90 天冻融后土壤的含水率随时间变化呈大幅波动状态。冻融前后 24～36cm、36～48cm 和 48～60cm 土层的含水率随时间变化均呈骤升后趋于平稳的现象。冻融前后天然草地各层土壤含水率达到骤升的时间均在 25min 左右，但 0～12cm 和 12～24cm 土层的含水率随时间变化分别在 25min 和 280min 左右达到骤升。天然草地各层土壤冻融 90 天后，土壤含水率略高于冻融前，说明土壤经过中长期冻融后，显著改善了土壤的孔隙结构，使土壤含水率增大。在融化期，冰晶融化为液态水并发生迁移扩散，而土壤颗粒靠自身的重力以及颗粒间的黏性并不能恢复原状，所以土壤的孔隙度增加、密度降低，土壤的大团聚体破碎为小的颗粒体。

4.1.3 沙化土壤温度运移规律

4.1.3.1 冻融前土壤温度运移规律

为了探明冻融循环开始前，沙化草地和天然草地 0～60cm 各层土壤的热量分布状况，将采集的沙化草地和天然草地土壤装填在土柱中，进行了土柱薄层积水入渗试验，土壤温度传感器实测土柱内部探头处土壤温度随时间的变化情况，变化曲线如图 4-9 所示。

随着入渗的进行，沙化草地各层土壤温度呈现波动下降的趋势，在 38min 左右时温度达到最低；天然草地各层土壤温度呈现先波动上升后波动下降的趋势，在 265min 时达到最大值。沙化草地和天然草地各层土壤温度高低顺序分别为②>③>①>④>⑤和②>①>③>④>⑤。

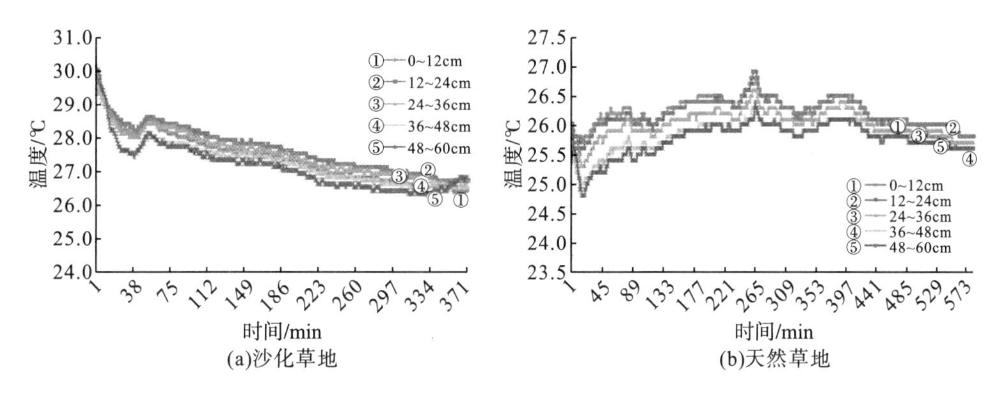

(a)沙化草地　(b)天然草地

图 4-9　沙化草地和天然草地冻融前实测温度随时间迁移变化

4.1.3.2　昼夜冻融后土壤温度运移规律

1. 沙化草地

冻融 6 天后，沙化草地 0～60cm 各层土壤的温度随时间变化曲线如图 4-10 所示。

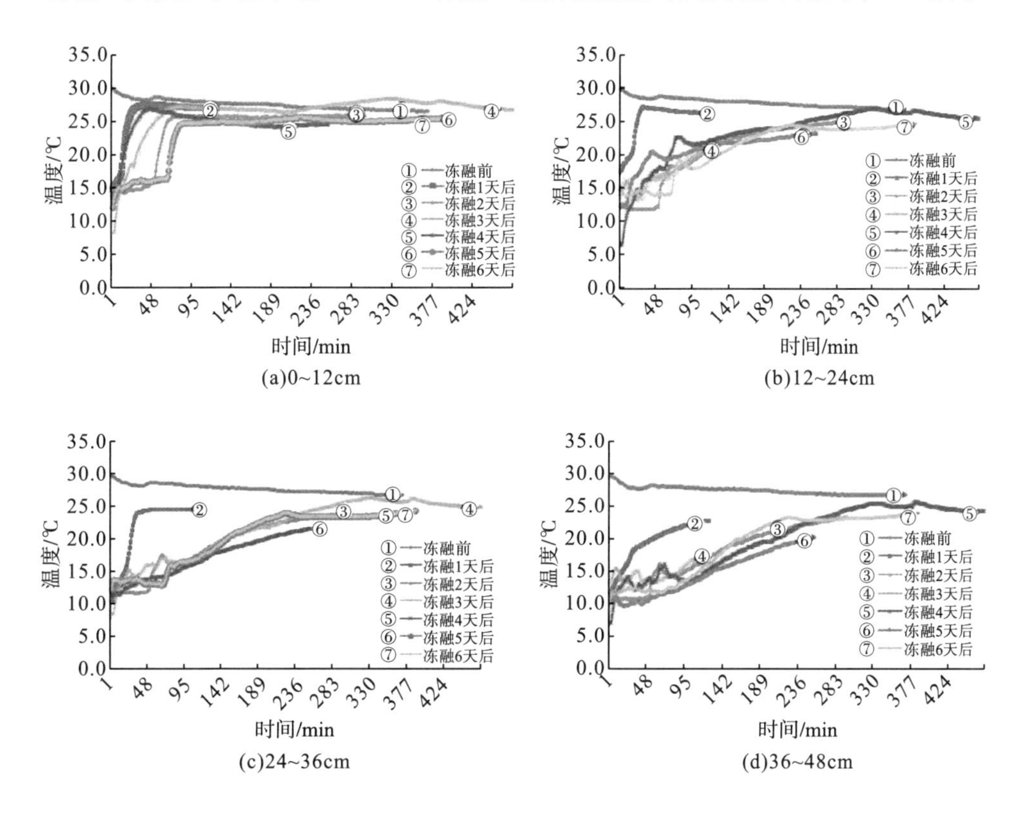

(a)0~12cm　(b)12~24cm

(c)24~36cm　(d)36~48cm

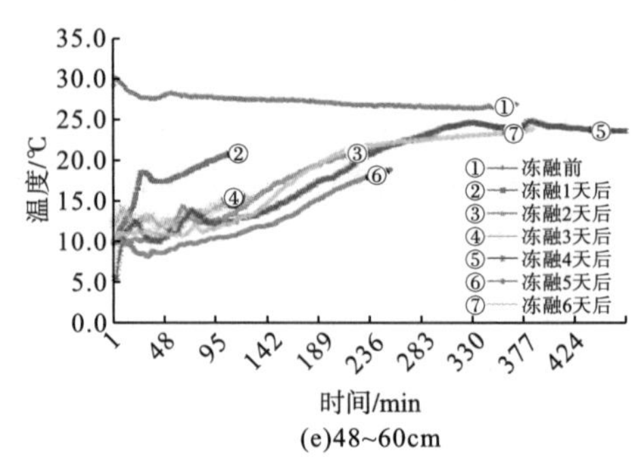

(e)48~60cm

图 4-10　连续反复冻融后沙化草地实测温度随时间迁移变化

随着入渗的进行，冻融前后沙化草地各层土壤温度随深度变化趋势差异明显，冻融前土壤温度呈现缓慢降低的趋势，而冻融后土壤温度呈现波动上升的趋势。温度由高到低的顺序大体为①>⑤>⑦>②>③>④>⑥，说明入渗水流影响着各层土壤的温度。

2. 天然草地

冻融 6 天后，天然草地 0～60cm 各层土壤的温度随时间变化曲线如图 4-11 所示。

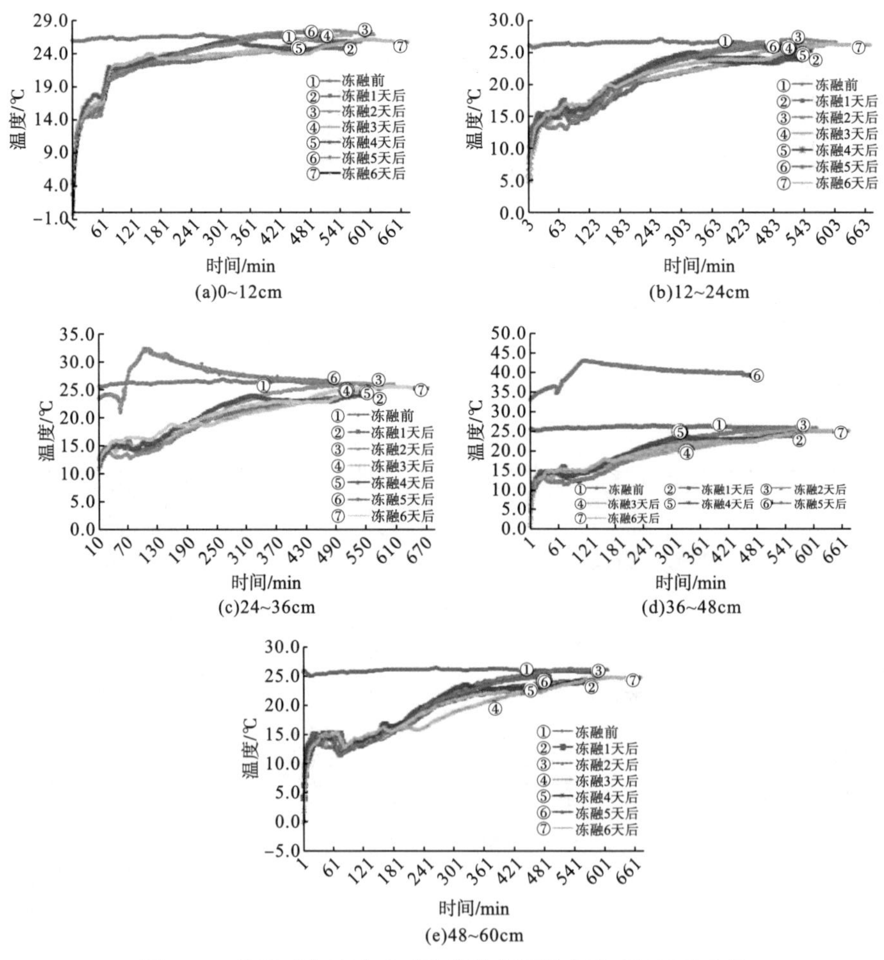

图 4-11　连续反复冻融后天然草地实测温度随时间迁移变化

随着入渗的进行，冻融前 0～12cm、12～24cm 和 48～60cm 土层温度呈现缓慢升高趋势，而冻融后温度呈波动上升趋势；24～36cm 和 36～48cm 土层温度冻融前、冻融 1 天后、冻融 2 天后、冻融 3 天后、冻融 4 天后和冻融 6 天后的变化趋势与同期的 0～12cm、12～24cm 和 48～60cm 土层相一致，冻融 5 天后 24～36cm 和 36～48cm 土层温度呈骤升后缓降的趋势，说明入渗水流的温度随水流逐渐影响各层土壤的温度。0～12cm、12～24cm 和 48～60cm 土层温度由高到低的顺序大体上分别为③＞⑥＞④＞①＞⑦＞⑤＞⑥＞②、③＞①＞⑥＞④＞⑦＞⑤＞②和③＞①＞⑥＞⑦＞②＞④＞⑤；24～36cm 和 36～48cm 土层温度由高到低的顺序大体上为⑥＞①＞③＞⑦＞④＞⑤＞②和⑥＞①＞③＞④＞⑦＞⑤＞②。

4.1.3.3　季节冻融后土壤温度运移规律

土壤的冻融循环必然会伴随着土壤的水热传递过程。将装有沙化草地和天然草地的土柱放置于冰箱中冷冻 3 个月，再取出融化 1 个月后，土柱在恒定水头 2cm 的情况下开始入渗，并通过数据采集器自动记录土壤温度传感器探头处土壤温度随时间的变化情况，明确中长期连续冻融循环对沙化草地和天然草地土壤热量分布的影响。

1. 沙化草地

冻融 90 天后，沙化草地 0～60cm 各层土壤的温度随时间变化曲线如图 4-12 所示。

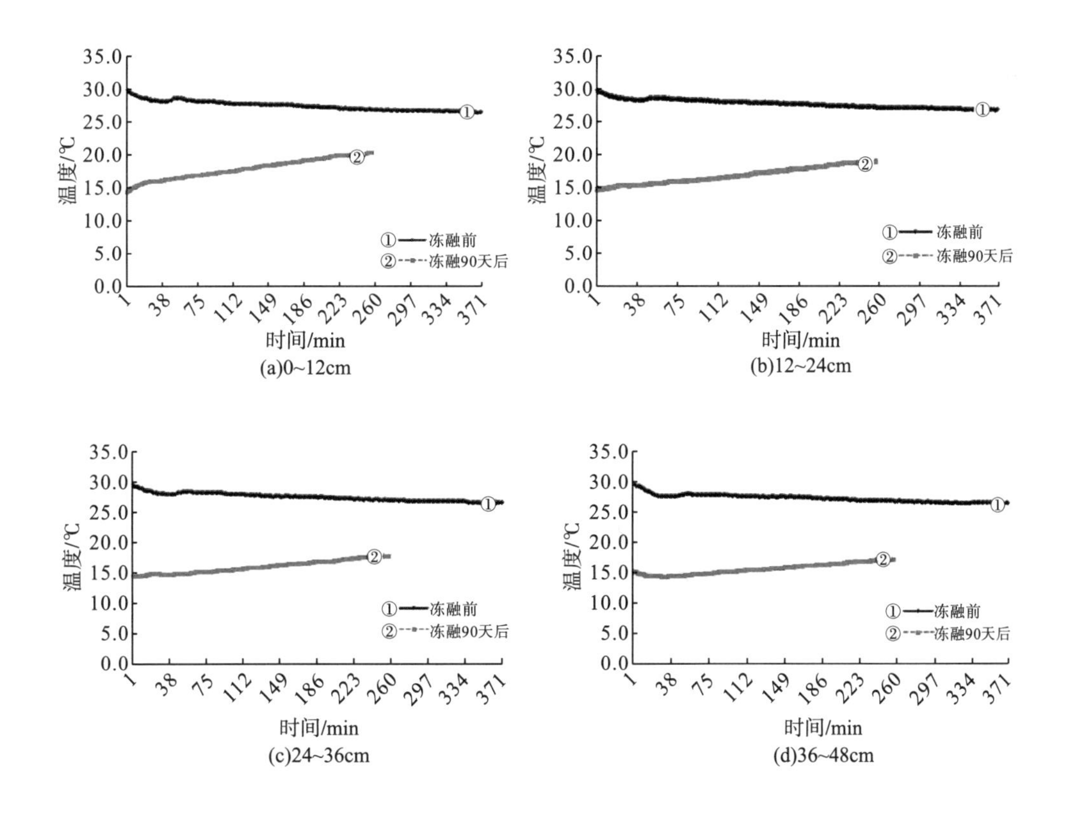

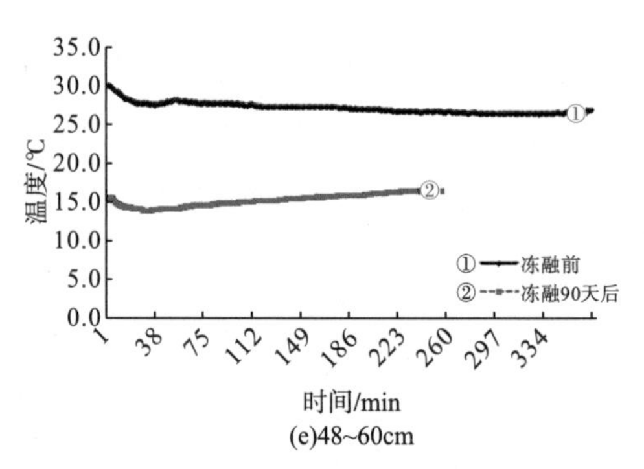

(e)48~60cm

图 4-12　沙化草地季节性冻融后实测温度随时间迁移变化

沙化草地各层土壤冻融前后温度变化趋势基本一致，冻融 90 天后的土壤温度随着环境温度的升高呈不断增加的趋势，季节性冻融土壤中的液态含水率对土壤温度的变化也有一定的影响。

2. 天然草地

冻融 90 天后，天然草地 0～60cm 各层土壤的温度随时间变化曲线如图 4-13 所示。

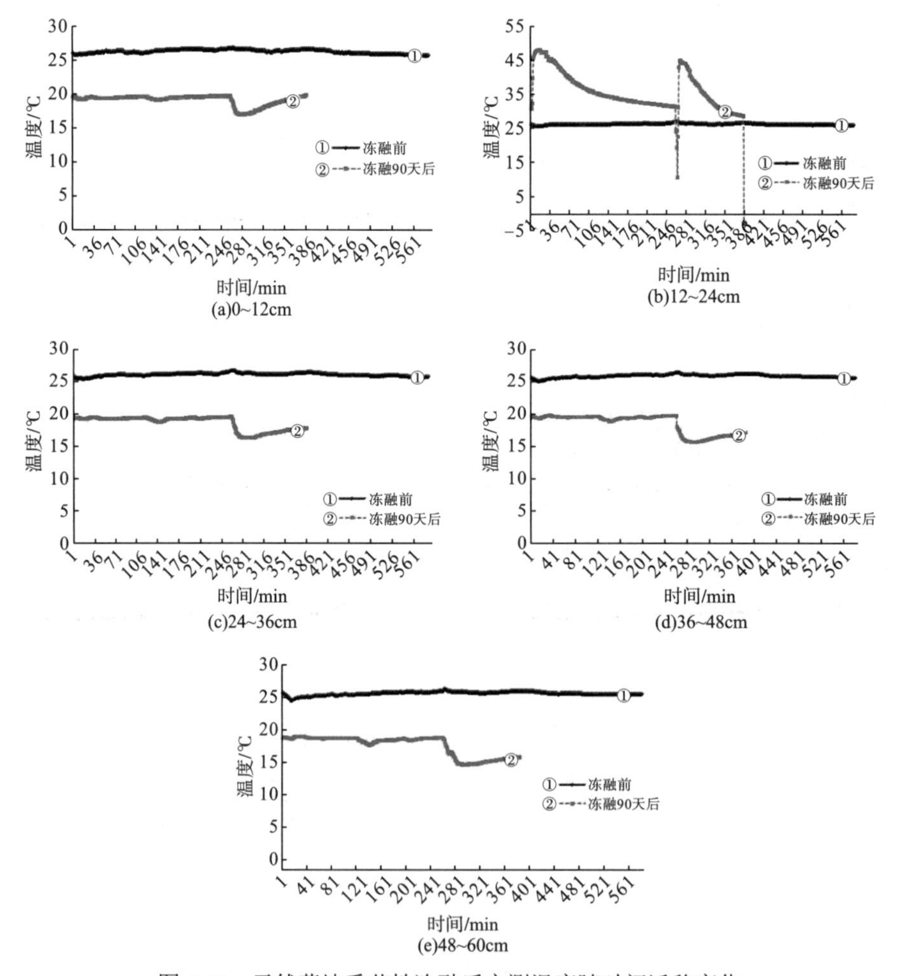

图 4-13　天然草地季节性冻融后实测温度随时间迁移变化

天然草地各层土壤冻融前后温度变化趋势基本一致，冻融 90 天后的土壤温度随着环境温度的升高呈波动降低的趋势，季节性冻融土壤中的液态含水率对土壤温度的变化也有一定的影响。

4.1.4　冻融交替下土壤电导率运移规律

电导率(EC 值)是表示土壤含盐量的指标，在土壤分析中，含盐量是一个重要的综合指标，而测定土壤中的电导率可以直接反映出混合盐的含量。因此，对土壤中电导率进行监测，掌握其盐分在冻融交替作用下的运移状况，对深入研究冻融对沙化土壤的影响是十分必要的。

4.1.4.1　冻融前土壤电导率运移规律

为了探明冻融循环开始前，沙化草地和天然草地 0～60cm 各层土壤的电导率变化特征，将采集的沙化草地和天然草地土壤装填在土柱中，进行土柱薄层积水入渗试验，用土壤水分传感器测试土柱内部探头处土壤电导率随时间变化特征如图 4-14 所示。

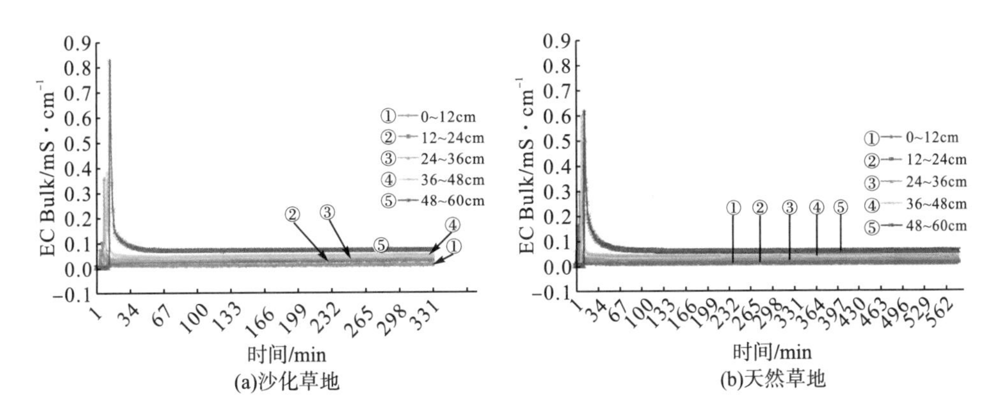

图 4-14　沙化草地和天然草地冻融前实测土壤电导率随时间迁移变化

沙化草地和天然草地各层土壤的电导率(EC)在入渗过程中表现出基本一致的变化趋势，均呈短时间内骤升后骤降再趋于稳定的趋势，这主要是由于天然草地和沙化草地土壤有机碳、有效氮、总氮、有效磷和全磷含量均随深度增加呈递减趋势，再加上土壤的湿度和温度变化，土壤电导率也有一定的波动。沙化草地和天然草地土壤剖面电导率由大到小依次是：⑤>④>③>②>①，这是土壤中的溶质受水流和温度的影响，在土柱中自上而下均匀运移的结果。入渗运移开始时，天然草地的 EC 值高于沙化草地，随着运移时间的推移，沙化草地和天然草地中的溶解性盐类含量基本相同，这主要是由于天然草地的土壤从表层到深层有机碳、有效氮、总氮、有效磷和全磷含量均高于沙化草地。

4.1.4.2　昼夜冻融后土壤电导率运移规律

1. 沙化草地

冻融 6 天后，沙化草地 0～60cm 各层土壤的电导率随时间变化曲线如图 4-15 所示。沙化草地各层土壤的电导率(EC)在入渗过程中表现出短时间内骤升后骤降再趋于稳定的趋势，0～12cm 和 12～24cm 土层(17min)出现骤升的时间早于 24～36cm、36～48cm 和 48～60cm 土层，与冻融前相比，冻融 1 天后的土壤 EC 值略高于冻融前，冻融 2～6 天后的土壤 EC 值显著低于冻融前。

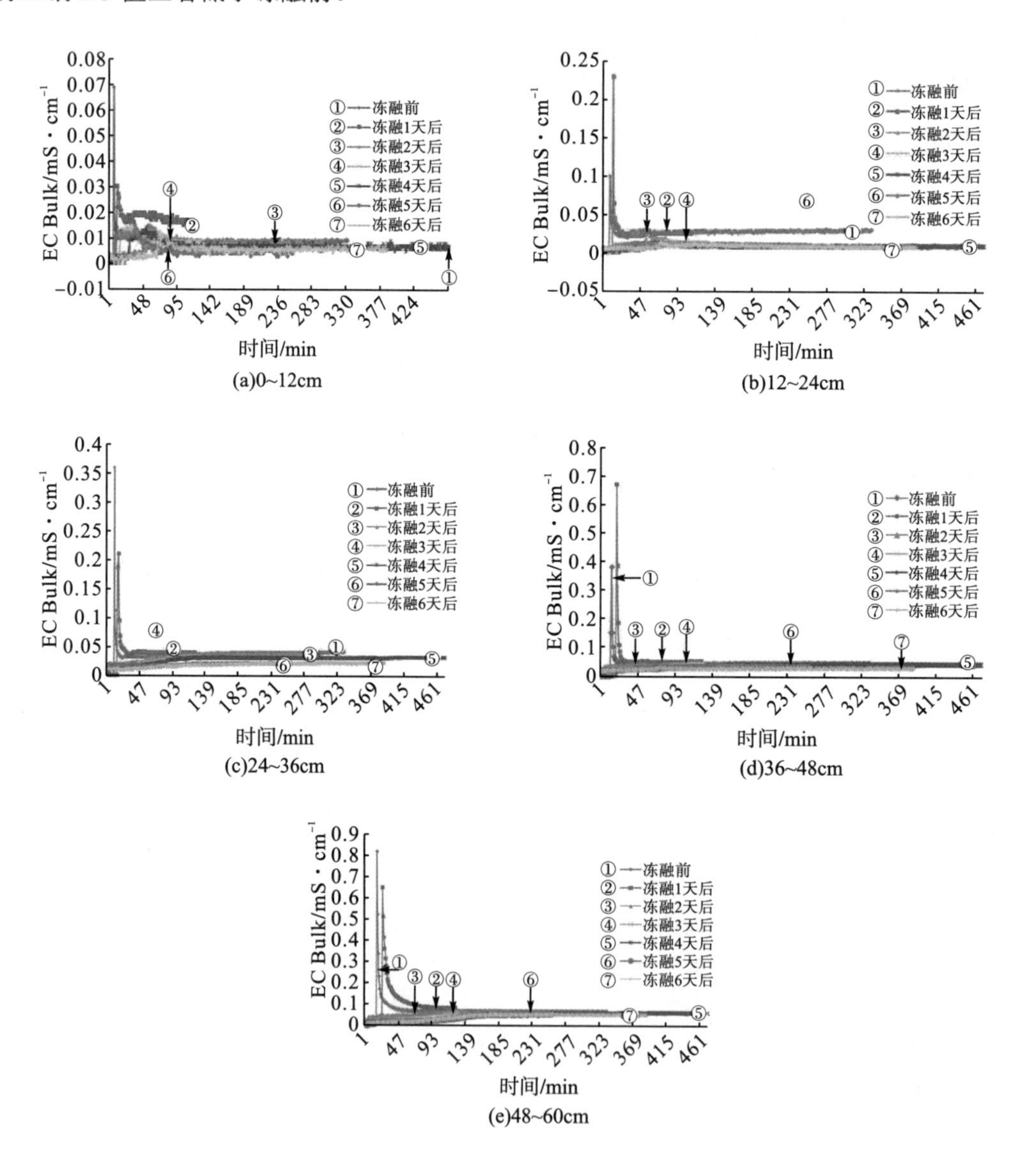

图 4-15　连续反复冻融后实测沙化草地土壤电导率随时间迁移变化

2. 天然草地

冻融 6 天后，天然草地 0～60cm 各层土壤的电导率随时间变化曲线如图 4-16 所示。天然草地各层土壤的电导率(EC)在入渗过程中也表现出短时间内骤升后骤降再趋于稳定的趋势，出现骤升的时间依次为 48～60cm(14min)>36～48cm(9min)>24～36cm(7min)>12～24cm(4min)>0～12cm(2min)，与冻融前相比，冻融 1～6 天后的土壤 EC 值显著低于冻融前。综上所述，电导率(EC)均随着冻融天数的增加而逐渐降低，土壤电导率的变化并不随剖面深度的增加而增加，而表现为 48～60cm 土层的电导率最大，其次是 24～36cm 土层，最低的是 0～12cm 土层。

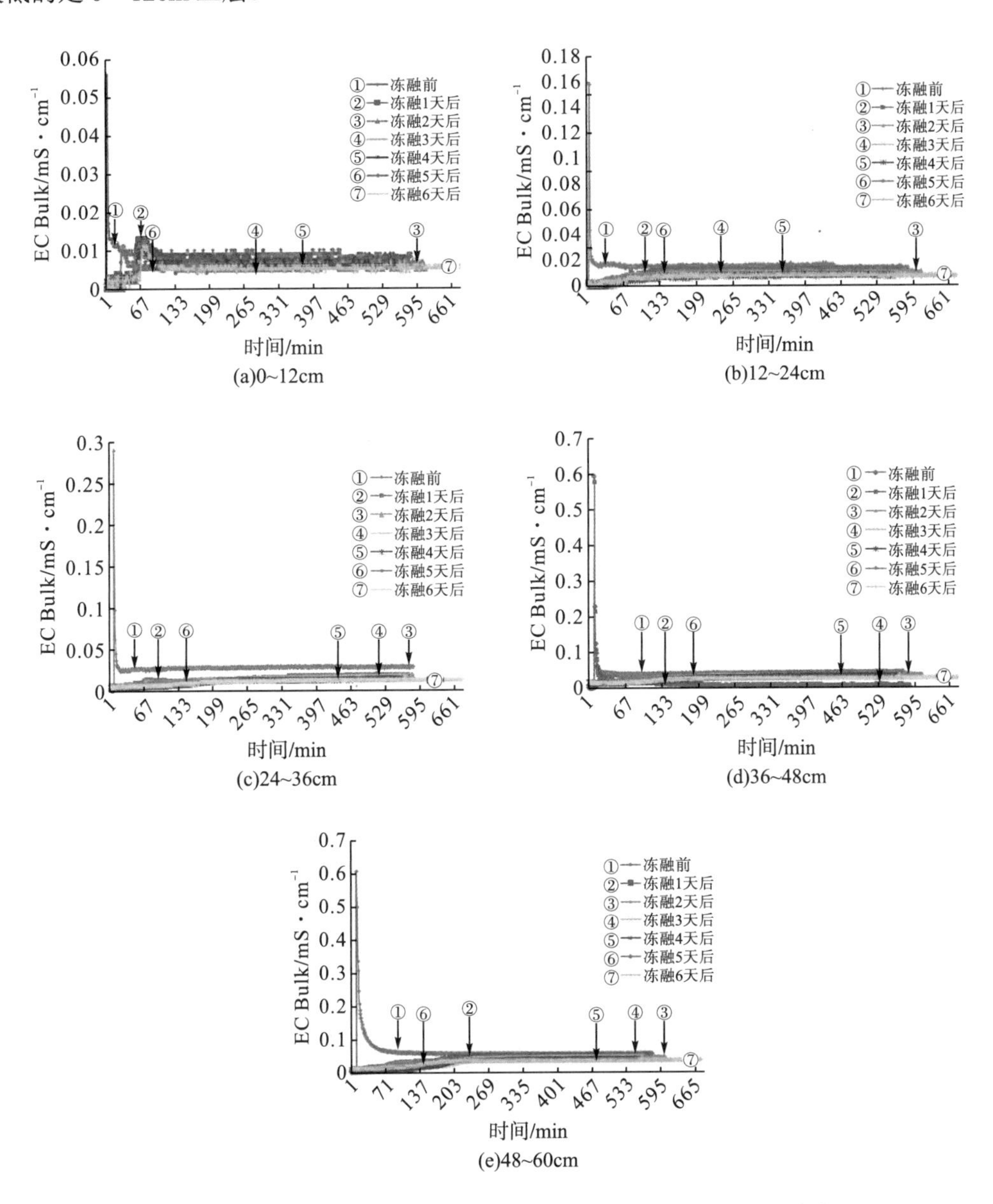

(a)0~12cm　(b)12~24cm　(c)24~36cm　(d)36~48cm　(e)48~60cm

图 4-16　连续反复冻融后实测天然草地土壤电导率随时间迁移变化

4.1.4.3 季节冻融后土壤电导率运移规律

1. 沙化草地

冻融 90 天后，沙化草地 0～60cm 各层土壤的电导率(EC)随时间变化曲线如图 4-17 所示。与连续反复冻融处理类似，长期冻融后沙化草地各层土壤的电导率(EC)在入渗过程中也表现出短时间内骤升后骤降再趋于稳定的趋势，0～12cm 和 12～24cm 土层(4min)出现骤升的时间早于 24～36cm(8min)、36～48cm(10min)和 48～60cm 土层(13min)。长期冻融后，0～12cm 和 12～24cm 土层土壤电导率(EC)高于冻融前，24～36cm、36～48cm 和 48～60cm 土层则相反。

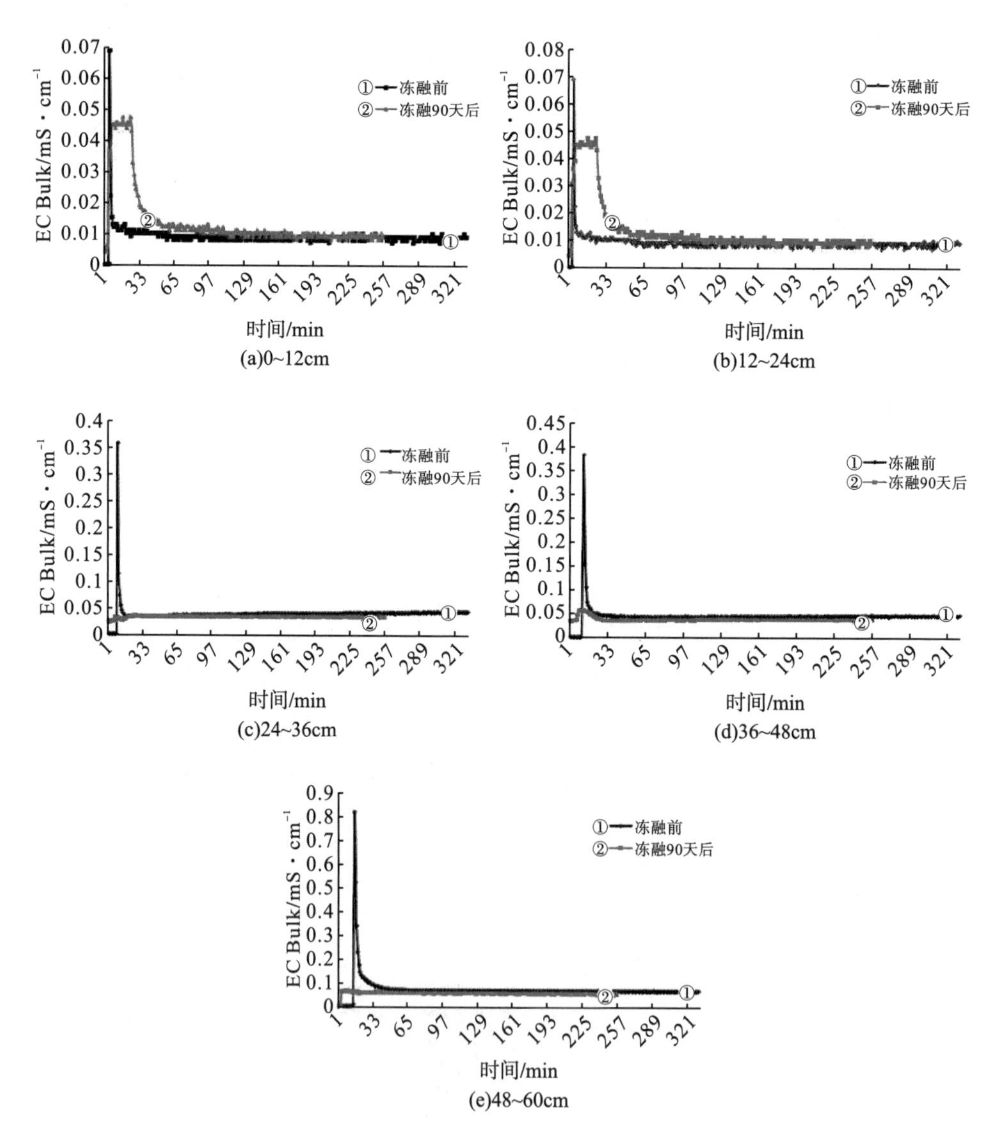

图 4-17 长期冻融后实测沙化草地土壤电导率随时间迁移变化

2. 天然草地

冻融 90 天后，天然草地 0～60cm 各层土壤的电导率(EC)随时间变化曲线如图 4-18 所示。24～36cm、36～48cm 和 48～60cm 土层土壤的电导率(EC)在入渗过程中也表现出短时间内骤升后骤降再趋于稳定的趋势，与连续反复冻融处理的变化特征类似，0～12cm 和 12～24cm 土层土壤的电导率(EC)在入渗过程中表现出骤升后骤降-再骤升后骤降-趋于稳定的趋势，0～12cm 和 12～24cm 土层(4min)出现骤升的时间早于 24～36cm(8min)、36～48cm(10min)和 48～60cm 土层(13min)。长期冻融后，天然草地各层土壤电导率(EC)高于冻融前，36～48cm 和 48～60cm 土层平均电导率高于 12～24cm 和 24～36cm 土层，0～12cm 土层电导率最低，主要原因是天然草地随土层深度增加，土壤养分含量有明显差异，地表植物对养分的生物表聚作用使土壤表层养分含量高于下层，随着水分的入渗下移，各种盐分随之下移，且在冻结和融化的过程中，有机质及矿物崩解使土壤电导率增加。

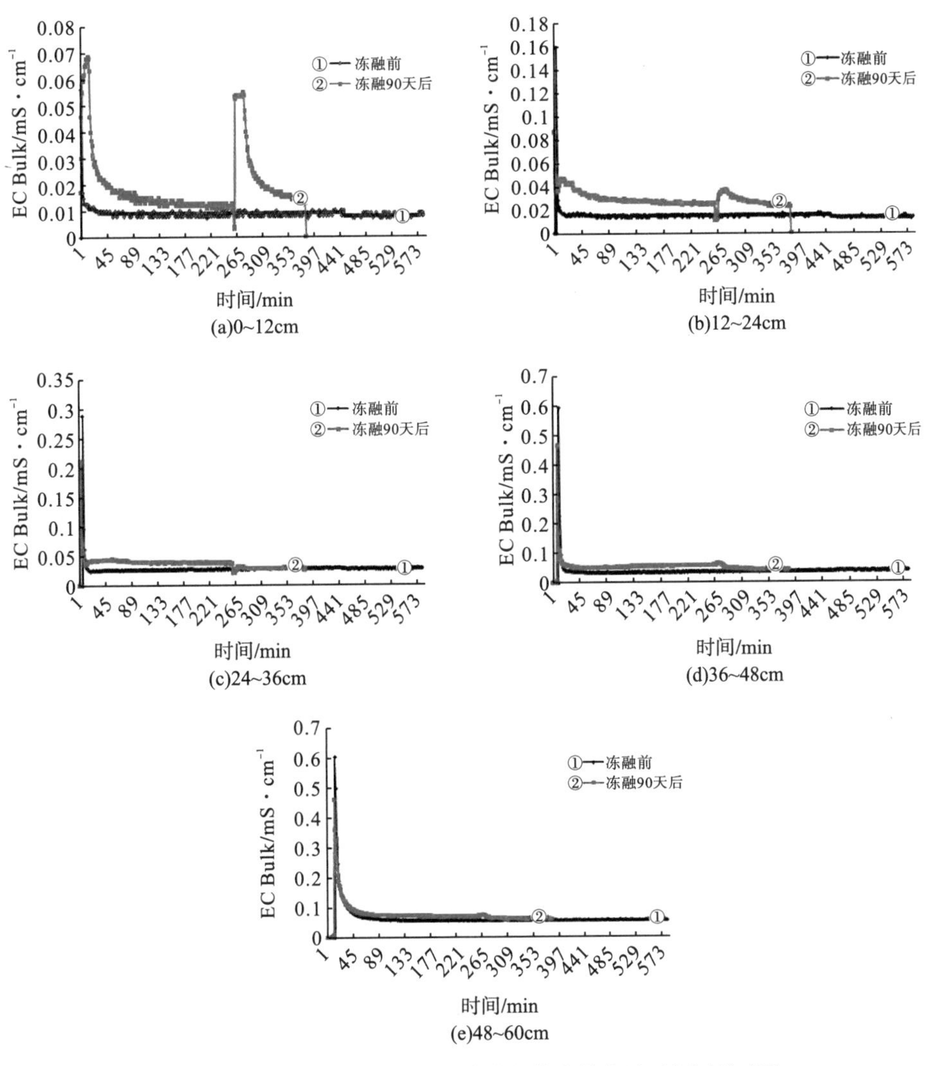

图 4-18　长期冻融后实测天然草地土壤电导率随时间迁移变化

4.2 沙化土壤改良技术实施方案

4.2.1 沙化土壤改良技术分类

沙化土壤改良的重点在于控制土壤流失量和增加土壤有机质及养分含量。添加土壤改良剂能有效地改善土壤养分状况及其理化性质，对土壤问题起到积极的修复作用，是主要的沙化土壤修复技术(董晓菲等，2019)。土壤改良剂可分为四类，包括天然改良剂、人工合成改良剂、天然-合成共聚物改良剂和生物改良剂。

天然改良剂包括无机物料和有机物料两种，其中无机物料含有天然矿物和无机固体废物，而有机物料则包括有机固体废弃物、天然提取高分子化合物和有机质物料(肖良，2012)。天然改良剂能够改良土壤，其改良效果包括改善土壤结构、改良盐碱地、缓冲土壤 pH、提高土壤的保水能力、提高土壤保肥能力和增加土壤肥力。其中，沸石就是一种天然矿物，能够改善土壤肥力和提高保水能力。沸石可以吸附铵离子和磷，但大部分铵离子和磷又可以解吸；沸石也可以吸附土壤中的 Na^+、Cl^-，使土壤中 Na^+、Cl^-含量降低，碱化度降低，对土壤酸碱性起到缓冲作用(张凌云，2013)。但是天然矿物在实际应用时，由于缺乏理论支持和储量有限，限制了其大面积的推广应用。此外，生物炭是动植物残体在缺氧的状况下，以小于 700℃的温度热解炭化而产生的一种产物，具有良好的理化性质。施用此改良剂，不仅可以提高土壤 pH、降低土壤养分流失、促进作物生长，还可通过对土壤理化性状及微生物数量的影响，减少 N_2O 的排放。除此之外，生物炭钝化重金属的效果也会随着受重金属污染的土壤性质发生一定的变化(武岩等，2018)。

合成改良剂是以天然改良剂为原型，通过人工合成的高分子有机聚合物。其中聚丙烯酰胺(PAM)是最受关注的人工合成土壤改良剂。较低施用量的阴离子型 PAM 能够对土壤板结起到改良的作用，并且可以改善土壤的物理性质。用阳离子型 PAM 处理土壤也可以提高土壤对肥料的吸附和释放作用。土壤中施用 PAM 还可以增加土壤对 NH_4^+、NO_3^- 等离子的吸附量，减少离子损失量。PAM 的作用随着用量增加而增加，研究发现：土壤中的细菌和微生物的数量会随着大分子量的阴离子型线性 PAM 进入土壤而增加。但 PAM 在应用中尚有不足之处，如增加了土壤改良的成本；PAM 的吸水性可能会受到土壤溶液和可溶性盐的影响，与土壤中黏土矿物作用机理尚不清楚等。

由于起作用的时间短或量少的限制，天然改良剂的改良效果有限(熊又升和袁家富，2013)。高成本以及潜在的环境污染风险限制了人工合成的高分子化合物的广泛应用(王琳琳，2014)。因此，许多研究者考虑通过一定的化学方法，研制出天然-合成共聚物改良剂，弥补天然高分子化合物和合成高分子化合物的不足之处(张义田，2013)。为了弥补单一土壤改良剂的不足之处，可以采用多种改良剂混合使用的办法。

4.2.2　川西北沙化土壤改良技术方案

综上所述，以川西北(红原县)沙化土壤水热盐运移规律为依据，以农牧废弃物资源化利用为切入点，建立农林生物质、牛羊粪便资源改良沙化土壤的技术方案(图 4-19)。

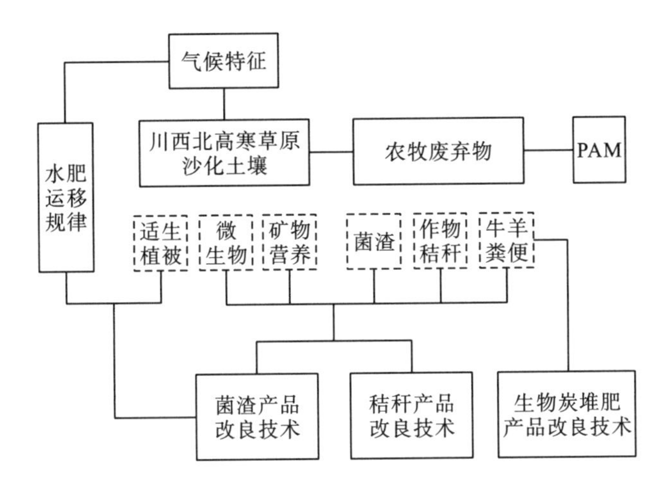

图 4-19　川西北沙化土壤改良技术方案

第5章　秸秆产品改良沙化土壤效应

川西北高寒土壤具有较高的碳储量，由于管理不合理，土壤中的碳大量流失。此外，随着农业生产水平的提高，周边地区包括秸秆等农业废弃物剩余量越来越多，因此，将这些农牧废弃物作为土壤改良产品施入土壤，可有效改善土壤理化性质，提升土壤肥力，增加土壤微生物活性，最终达到土壤培肥、抗旱保水、增产增收的效果。这不仅可以避免直接废弃或焚烧造成的环境污染，还可为资源的可持续利用做出贡献，对促进川西北生态环境可持续发展意义重大。本章以农业废弃秸秆为主要原料，按照秸秆颗粒产品配方和生产工艺，生产秸秆颗粒产品用于沙化土壤改良，以改善土壤理化特性，促进地上植被生长。

5.1　秸秆产品生产工艺与配方设计

将秸秆等原料收集风干后，粉碎至长度/粒径≤2mm 备用。按表 5-1 的材料配方(每1kg 改良剂中的组分含量)将各组分混合均匀，通过造粒机加工成颗粒化土壤改良剂，并进行打包。秸秆颗粒长 2～3cm，直径 6～8mm。

供试秸秆为玉米秸秆，供试生物菌(枯草芽孢肝菌、侧孢短芽孢杆菌，按 1∶1 的比例添加)、尿素(含氮量 46%)、硫酸钾(K_2O 含量 50%)、过磷酸钙(P_2O_5 含量 12%)由成都盖尔盖司生物科技有限公司提供，供试聚丙烯酰胺(阴离子型，分子量 2600 万)由山东宝莫生物化工股份有限公司提供。

表 5-1　秸秆产品配方　(单位：g)

秸秆	生物菌	聚丙烯酰胺	尿素	过磷酸钙	硫酸钾
908	2	3	13	50	24

5.2　田 间 试 验

采用随机区组试验设计，供试材料为秸秆改良剂(JG)，设 4 个施用量处理($6t·hm^{-2}$、$12t·hm^{-2}$、$18t·hm^{-2}$、$24t·hm^{-2}$)，设 3 个对照试验：空白对照(CK0)、常规化肥处理(CK1)、常规施牛粪处理(CK2)；共 7 个处理(CK0、CK1、CK2、JG6、JG12、JG18、JG24)，每个处理重复 3 次，共设 21 个小区。小区间用 PVC 板隔断，隔断深度 40cm，小区面积 $6m^2$(长 3m、宽 2m)。牦牛粪由当地牧民提供，风干后过 2mm 筛备用。于 2017 年、2018 年 5 月中旬播种，小区内条播种植黑麦草，行距 20cm，用种量 75kg·hm^{-2}。改良剂于 2017 年 5 月一次基施，2018 年不再施用，CK1 的氮、磷、钾肥施用量按黑麦草生长所需养分施用，其中 N180kg·hm^{-2}，P_2O_5 82.8kg·hm^{-2}，K_2O 252kg·hm^{-2}；CK2 采用当地常规施用量 20t·hm^{-2}，各处理施用后与 0～10cm 土层混合均匀，田间栽培管理措施一致。秸秆改良剂和牦牛粪养分含量如表 5-2 所示。

表 5-2　改良剂养分含量(%)

供试材料	全氮	全磷	全钾	有机碳
秸秆改良剂	1.69	0.54	1.08	26.30
牦牛粪	1.45	0.48	1.47	21.94

5.2.1　土壤理化性质

5.2.1.1　含水量

如图 5-1 所示，CK1、CK2 和 JG 改良剂均有效增加了沙化土壤 0～20cm 表层土壤的含水量。随土层深度增加，各处理于 2017 年 7 月、2017 年 9 月和 2018 年 9 月的含水量呈增加趋势，而 2018 年 5 月含水量则呈逐渐降低的趋势。不同时期各处理下的土壤含水量存在差异。2017 年 7 月，0～10cm、10～20cm 土层土壤含水量表现为：CK2 和 JG 改良剂处理的含水量均高于 CK1，当 JG 改良剂施用量为 12t·hm^{-2} 及以上时，改良剂处理的含水量超过 CK2。2017 年 9 月，CK1 处理 0～20cm 土层土壤含水量最高，与 JG24 差异不显著，CK2 处理的含水量介于 JG12 和 JG18 之间，这可能是 2017 年 CK1 处理的黑麦草长势最佳，受黑麦草根系生长影响的缘故，CK1 处理对 0～20cm 土层土壤含水量的保持效果最好。2018 年，各处理的含水量均表现为 CK0＜CK1＜CK2＜JG。以 2018 年 9 月为例，与 CK0 相比，CK1 和 CK2 处理 0～10cm、10～20cm 土层土壤含水量分别增加了 1.4%、5.8%和 9.4%、8.9%，JG 改良剂处理 0～10cm、10～20cm 土层土壤含水量分别平均增加了 42.9%、38.9%，处理间差异达显著水平(p＜0.05)。

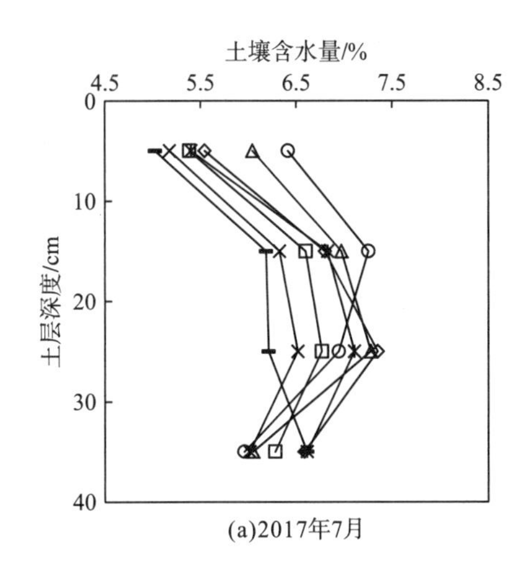

(a)2017年7月

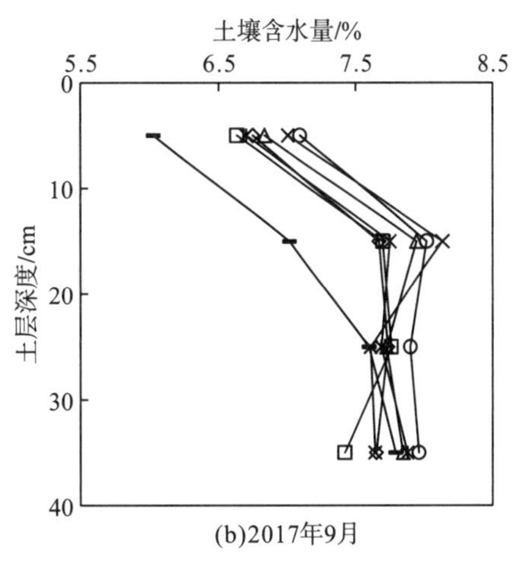

(b)2017年9月

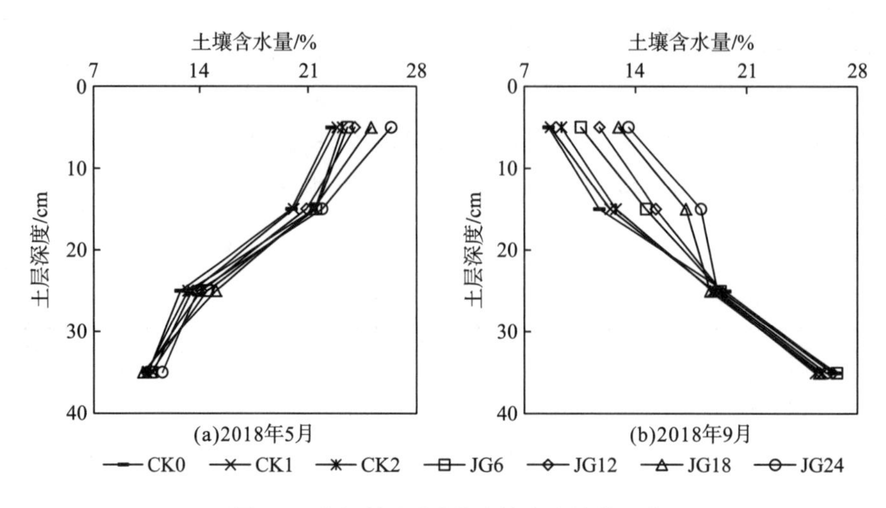

图 5-1 秸秆利用对沙化土壤含水量的影响

5.2.1.2 容重

如图 5-2 所示，CK1、CK2 和 JG 改良剂处理均能在一定程度上降低 0～10cm、10～20cm 土层土壤容重。施用第 1 年降幅差异不显著，施用第 2 年降幅差异达显著水平($p<0.05$)，其中 0～10cm 土层土壤降幅最大。与 CK0 相比，2018 年 CK1 和 CK2 处理 0～10cm、10～20cm 土层土壤容重分别降低了 0.6%、0.3%和 0.7%、1.8%；JG 改良剂处理 0～10cm、10～20cm 土层土壤的容重分别平均降低了 2.3%、1.8%。当 JG 改良剂施用量为 $12t{\cdot}hm^{-2}$ 及以上时，2018 年改良剂处理 0～10cm、10～20cm 土层土壤容重均显著低于 CK0 和 CK1 处理。与 CK2 相比，当 JG 改良剂施用量为 $12t{\cdot}hm^{-2}$ 及以上时，2018 年改良剂处理 0～10cm 土层土壤容重显著($p<0.05$)低于 CK2，10～20cm 土层土壤差异不显著。

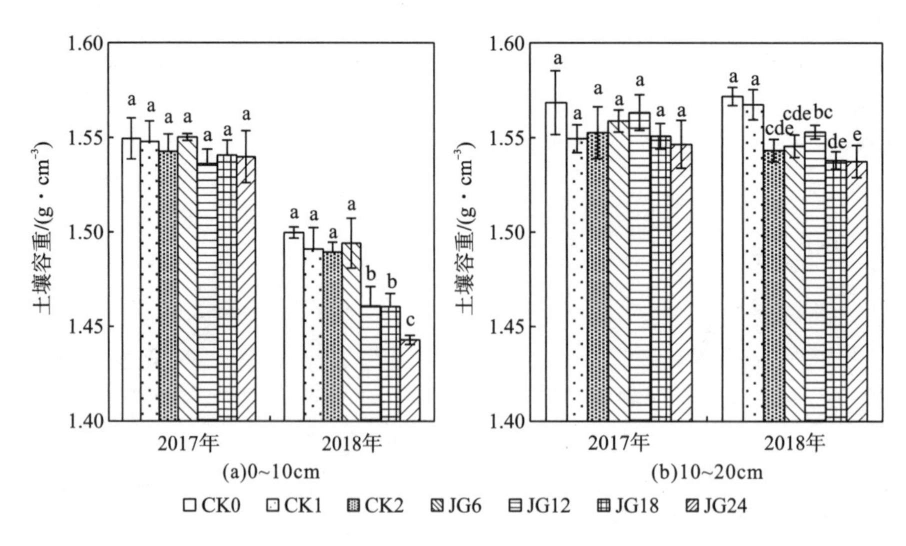

图 5-2 秸秆利用对沙化土壤容重的影响

5.2.1.3　孔隙度和田间持水量

表 5-3 结果表明，CK1、CK2 和 JG 改良剂均能在一定程度上增加 0～10cm、10～20cm 土层土壤毛管孔隙度、总孔隙度、田间持水量和饱和含水量，各指标随改良剂施用量增加呈增加的趋势。施用第 1 年，仅 JG24 处理毛管孔隙度和田间持水量与 CK0 处理存在显著差异，其余处理增幅差异均未达显著水平。施用第 2 年，CK1、CK2 和 JG 改良剂均对土壤毛管孔隙度、总孔隙度、田间持水量和饱和含水量影响显著，整体表现为 JG＞CK2＞CK1＞CK0。与 CK0 相比，2018 年 CK1 和 CK2 处理 0～10cm 土层土壤的毛管孔隙度、总孔隙度、田间持水量、饱和含水量分别增加了 10.0%、8.1%、6.9%、8.2%和 11.7%、10.4%、14.2%、10.9%，10～20cm 土层土壤分别增加了 2.6%、3.3%、4.0%、3.9%和 5.2%、4.1%、7.6%、6.4%，CK1 与 CK2 处理间差异不显著；2018 年 JG 改良剂处理 0～10cm 土层土壤的毛管孔隙度、总孔隙度、田间持水量、饱和含水量分别较 CK0 平均增加了 19.4%、14.9%、21.0%、17.6%，10～20cm 土层土壤分别较 CK0 平均增加了 9.8%、11.4%、13.0%、13.7%。当 JG 改良剂施用量为 $12t \cdot hm^{-2}$ 及以上时，改良剂对土壤毛管孔隙度、总孔隙度、田间持水量和饱和含水量的提升效果显著($p<0.05$)，且优于 CK1、CK2 处理。

表 5-3　秸秆利用对沙化土壤孔隙度和田间持水量的影响

年份	处理	毛管孔隙度		总孔隙度		田间持水量		饱和含水量	
		0～10cm	10～20cm	0～10cm	10～20cm	0～10cm	10～20cm	0～10cm	10～20cm
2017	CK0	34.8b	34.1a	38.1a	36.1a	19.1a	18.7a	24.6a	23.0a
	CK1	35.4ab	34.7a	38.4a	36.2a	19.3a	18.8a	24.7a	23.3a
	CK2	35.4ab	34.9a	38.8a	36.7a	19.7a	19.1a	25.2a	23.6a
	JG6	36.1ab	35.4a	39.4a	37.0a	20.7a	19.6a	25.6a	23.7a
	JG12	35.8ab	35.3a	39.2a	36.8a	20.1a	19.3a	25.3a	23.6a
	JG18	36.5ab	35.6a	40.0a	37.1a	21.2a	20.1a	25.9a	23.9a
	JG24	36.9a	36.0a	40.3a	37.6a	21.8a	20.7a	26.2a	24.3a
2018	CK0	35.1d	34.8e	38.3d	36.7f	23.3e	22.3d	25.6d	23.3f
	CK1	38.6c	35.7de	41.4c	37.9ef	24.9d	23.2cd	27.7c	24.2ef
	CK2	39.2c	36.6cd	42.3c	38.2de	26.6c	24.0bc	28.4c	24.8de
	JG6	40.3bc	36.6cd	42.6bc	39.3cd	26.3c	24.4bc	28.5c	25.5cd
	JG12	42.3ab	38.5bc	44.3ab	41.3bc	28.6b	25.3b	30.3b	26.8bc
	JG18	41.5a	37.4b	43.9ab	40.7ab	27.9b	24.9ab	30.1ab	26.2ab
	JG24	43.4a	40.4a	45.3a	42.3a	30.1a	26.3a	31.4a	27.5a

5.2.1.4　土壤团聚体

如表 5-4 所示，各处理土壤以＜0.25mm 粒级的微团聚体为主，CK1、CK2 和 JG 改良剂均能在一定程度上增加 0～10cm、10～20cm 土层土壤大团聚体的组分含量，随着改良剂施用量增加，土壤大团聚体含量呈增加趋势。随着施用年限增加，0～10cm、10～20cm 土层土壤大团聚体含量显著增加($p<0.05$)，其中 0.25～0.5mm 粒级团聚体的增幅最大。

施用第 1 年，仅 0.25～0.5mm 粒级团聚体的增幅差异达显著水平(p<0.05)；施用第 2 年，0.25～0.5mm、0.5～1mm 和>1mm 粒级团聚体的增幅差异均达到显著水平(p<0.05)，整体表现为 JG>CK2>CK1>CK0，其中 CK2 和 JG 改良剂处理均显著(p<0.05)高于 CK1。

表 5-4 秸秆利用对沙化土壤团聚体的影响

年份	处理	<0.25mm		0.25～0.5mm		0.5～1mm		>1mm	
		0～10cm	10～20cm	0～10cm	10～20cm	0～10cm	10～20cm	0～10cm	10～20cm
2017	CK0	99.57a	99.58a	0.20b	0.22e	0.14b	0.09a	0.09a	0.12a
	CK1	99.38a	98.52c	0.36a	1.24b	0.16a	0.10a	0.10a	0.13a
	CK2	99.45a	99.23ab	0.38a	0.49d	0.15a	0.15a	0.11a	0.13a
	JG6	99.43a	99.31ab	0.31ab	0.42d	0.15a	0.15a	0.11a	0.12a
	JG12	99.39a	99.21ab	0.35ab	0.52d	0.15a	0.15a	0.11a	0.13a
	JG18	99.35a	98.64bc	0.39a	1.09c	0.15a	0.15a	0.11a	0.12a
	JG24	99.26a	98.24c	0.47a	1.48a	0.16a	0.16a	0.12a	0.12a
2018	CK0	99.35a	99.49a	0.34d	0.22c	0.19c	0.18c	0.12b	0.11b
	CK1	99.18a	98.69ab	0.49cd	0.96bc	0.21c	0.23c	0.12b	0.12b
	CK2	97.04b	97.55abc	2.40abc	2.08abc	0.41abc	0.23c	0.15ab	0.14b
	JG6	97.22b	97.53abc	2.27bcd	1.95abc	0.36bc	0.36bc	0.15ab	0.17ab
	JG12	96.04bc	97.09abc	3.24ab	2.28abc	0.51abc	0.45abc	0.21ab	0.18ab
	JG18	94.89c	95.35bc	3.92ab	3.59ab	0.98ab	0.81a	0.21ab	0.25a
	JG24	94.22c	95.06c	4.38a	3.96a	1.12a	0.77ab	0.29a	0.21ab

2017 年 CK1 和 CK2 处理 0～10cm、10～20cm 土壤 0.25～0.5mm 粒级团聚体分别较 CK0 增加了 80.0%、463.6%和 90.0%、122.7%，JG 改良剂处理 0～10cm、10～20cm 土层土壤 0.25～0.5mm 粒级团聚体含量分别较 CK0 平均增加了 90.0%、300.0%。2018 年 CK1 和 CK2 处理 0～10cm 土层土壤 0.25～0.5mm、0.5～1mm 粒级团聚体分别较 CK0 增加了 44.1%、10.5%和 605.9%、115.8%，10～20cm 土层土壤 0.25～0.5mm、0.5～1mm 粒级团聚体分别较 CK0 增加了 336.4%、27.8%和 845.5%、27.8%，CK1 和 CK2 处理 0～20cm 土层土壤>1mm 粒级团聚体含量与 CK0 差异不显著。JG 改良剂处理 0～10cm、10～20cm 土层土壤 0.25～0.5mm 粒级团聚体含量分别较 CK0 平均增加了 914.7%、1240.9%，0.5～1mm 粒级团聚体分别平均增加了 289.5%、233.3%，>1mm 粒级团聚体分别平均增加了 83.3%、81.8%。当 JG 改良剂施用量为 $12t \cdot hm^{-2}$ 及以上时，改良剂处理的大团聚体含量将显著高于 CK2(p<0.05)。

5.2.1.5 土壤全氮

图 5-3 结果表明，CK1、CK2 和 JG 改良剂均显著(p<0.05)增加了沙化 0～40cm 土层土壤的全氮含量。随土层深度增加，2017 年 9 月和 2018 年 9 月 CK1、CK2 和 JG 改良剂处理的全氮含量均呈先降低后增加的趋势，2018 年 5 月的全氮含量则表现为先降低后增加再降低的变化趋势，在 20～30cm 土层土壤处形成全氮含量累积峰，增施 JG 改良剂，0～40cm 土层土壤全氮含量显著增加(p<0.05)。各处理在 0～40cm 土层土壤全氮整体表现为 JG>CK2>CK1>CK0。

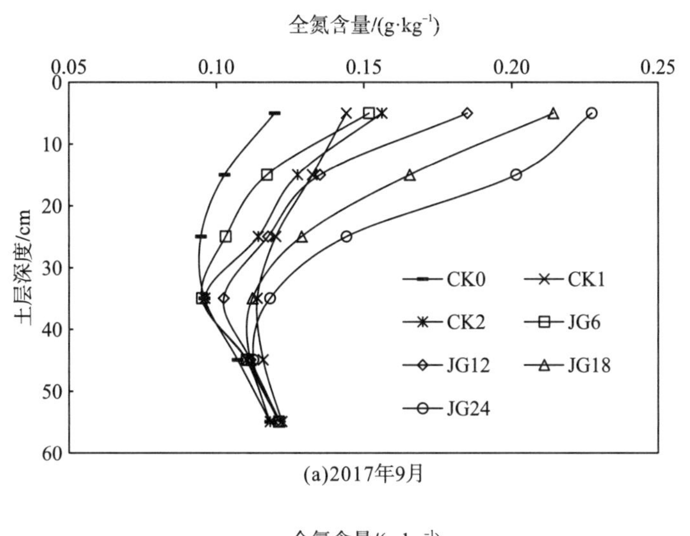

(a)2017年9月

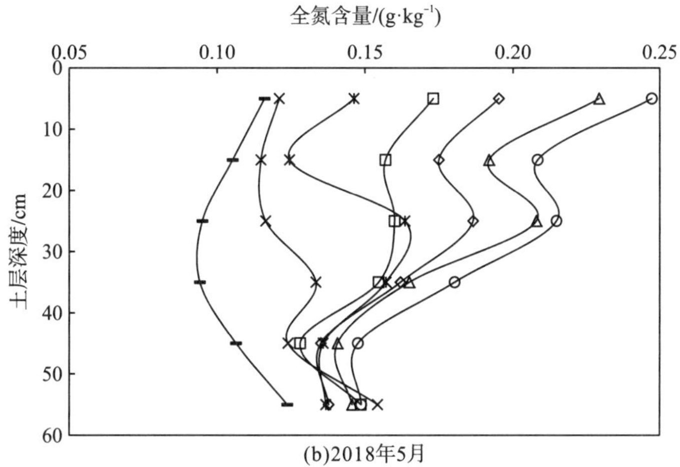

(b)2018年5月

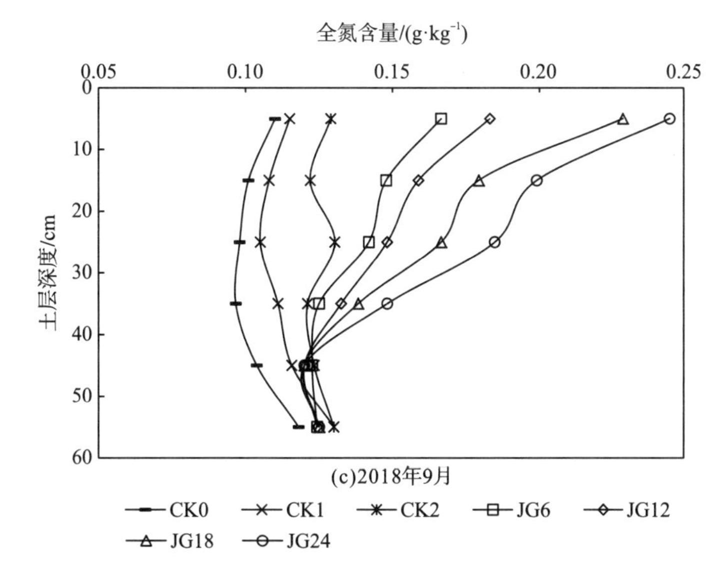

(c)2018年9月

图 5-3　秸秆利用对沙化土壤全氮含量的影响

2017 年 9 月，CK1、CK2 和 JG 改良剂处理 0～40cm 土层土壤全氮含量的均值分别较 CK0 增加了 23.8%、19.7%和 40.6%，CK1 和 CK2 处理差异不显著，当施用量为 $12t·hm^{-2}$ 及以上时，JG 改良剂处理的全氮含量显著($p<0.05$)高于 CK1 和 CK2。2018 年 5 月，各处理在 20～30cm 土层土壤形成全氮含量累积峰，且全氮含量随施用年限增加有向深层土壤迁移的趋势。这可能与试验地降雪和土壤冻融有关，冻融条件下土壤及改良剂中的养分进一步被释放，伴随雪水融化向深层土壤迁移。到 2018 年 9 月，各处理土壤的全氮含量均有所降低。CK1、CK2 和 JG 改良剂处理在 2018 年 5 月和 9 月的大小规律一致，以 2018 年 9 月为例，CK1 和 CK2 处理 0～40cm 土层土壤全氮含量的均值分别较 CK0 增加了 6.6% 和 21.9%，其中，CK2 处理的全氮含量显著($p<0.05$)高于 CK1；JG 改良剂处理 0～40cm 土层土壤全氮含量较 CK0 平均增加了 63.6%，当 JG 改良剂施用量为 $6t·hm^{-2}$ 及以上时，改良剂处理的全氮含量显著($p<0.05$)高于 CK2。

5.2.1.6 土壤全氮储量

如图 5-4 所示，CK1、CK2 和 JG 改良剂均显著($p<0.05$)增加了沙化土壤 0～10cm、10～20cm 土层土壤全氮储量。增施 JG 改良剂，0～10cm、10～20cm 土层土壤全氮储量显著增加($p<0.05$)；随施用年限增加，CK1 和 CK2 处理 0～10cm、10～20cm 土层土壤全氮储量呈降低趋势，JG 改良剂处理呈增加趋势。整体来看，各处理在 0～20cm 土层土壤全氮储量表现为 JG＞CK2＞CK1＞CK0。2017 年，CK1 和 CK2 处理 0～10cm、10～20cm 土层土壤全氮储量分别较 CK0 增加了 18.2%、20.0%和 27.3%、20.0%，CK2 在 0～10cm 土层土壤全氮储量显著高于 CK1；JG 改良剂处理在 0～10cm、10～20cm 土层土壤全氮储量分别平均较 CK0 增加了 63.6%、40.0%，当 JG 改良剂的施用量为 $12t·hm^{-2}$ 及土层以上时，改良剂处理的全氮储量高于 CK2。2018 年 CK1 和 CK2 处理 0～10cm、10～20cm 土层土壤全氮储量均低于 JG 改良剂，CK1 与 CK0 处理间差异不显著，CK2 在 0～10cm 土层土壤全氮储量显著高于 CK1。与 CK0 相比，CK2 处理 0～10cm 和 10～20cm 土层土壤全氮储量分别增加了 20.0%和 10.0%，JG 改良剂处理在 0～10cm、10～20cm 土层土壤全氮储量分别平均增加了 80.0%、60.0%。

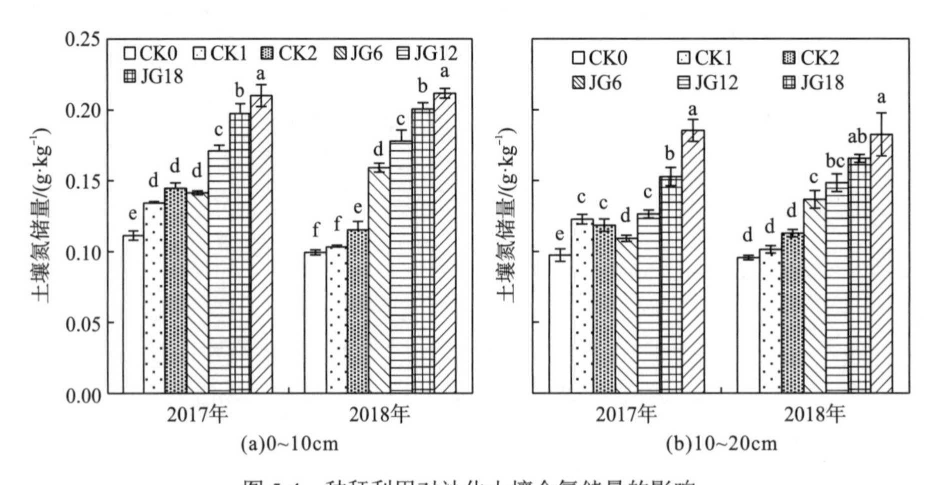

图 5-4 秸秆利用对沙化土壤全氮储量的影响

5.2.2 土壤有机碳库

5.2.2.1 土壤总有机碳含量

图 5-5 结果表明，CK1、CK2 和 JG 改良剂均显著($p<0.05$)增加了沙化土 0～30cm 土层土壤的总有机碳含量，各土壤有机碳含量随土层深度增加而降低，随改良剂施用量增加而增加。随着时间的延长，CK1、CK2 和 JG 改良剂处理 0～10cm、10～20cm、20～30cm 土层土壤的总有机碳含量呈增加的趋势。与 2017 年相比，2018 年 CK1 和 CK2 处理 0～10cm、10～20cm、20～30cm 土层土壤的总有机碳含量分别增加了 10.3%、2.1%、1.9%和 18.8%、19.8%、-8.3%，JG 改良剂处理 0～10cm、10～20cm、20～30cm 土层土壤总有机碳含量分别平均增加了 41.4%、17.9%、10.0%。整体来看，CK1 和 CK2 处理 0～10cm、10～20cm、20～30cm 土层土壤的总有机碳含量均值分别较 CK0 平均增加了 8.2%、7.6%、7.4%和 65.4%、63.6%、63.8%；JG 改良剂处理 0～10cm、10～20cm、20～30cm 土层土壤总有机碳含量分别较 CK0 平均增加了 90.9%、73.2%、63.7%。其中，CK1 处理的总有机碳含量显著($p<0.05$)低于 CK2 和 JG 改良剂处理。与 CK2 相比，当 JG 改良剂施用量为 $12t\cdot hm^{-2}$ 及以上时，JG 改良剂处理的总有机碳含量显著($p<0.05$)高于 CK2 处理。

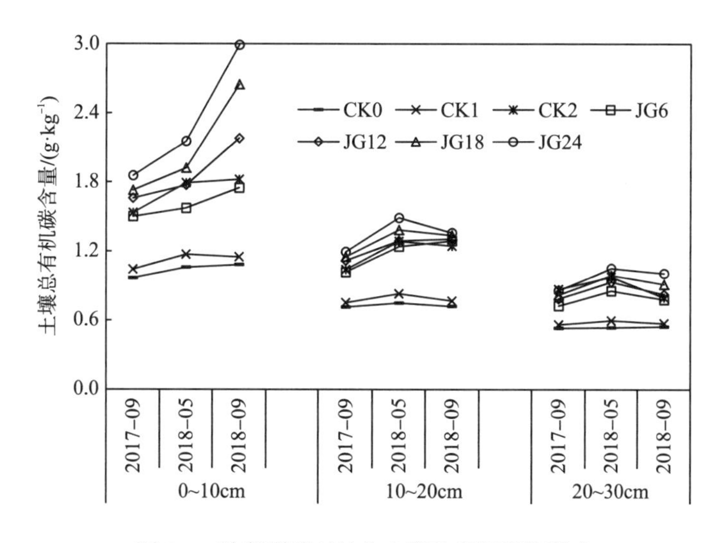

图 5-5　秸秆利用对沙化土壤总有机碳的影响

5.2.2.2 土壤有机碳储量

如图 5-6 所示，CK1、CK2 和 JG 改良剂处理均显著增加了沙化土壤 0～10cm、10～20cm 土层土壤有机碳储量，CK2 和 JG 改良剂处理的增幅显著高于 CK1($p<0.05$)，增施改良剂也显著增加了 0～10cm、10～20cm 土层土壤有机碳储量($p<0.05$)，各土层有机碳储量随时间的延长呈增加的趋势。与 2017 年相比，2018 年 CK1 和 CK2 处理 0～10cm、10～20cm 土层土壤有机碳储量分别增加了 5.9%、3.3%和 14.6%、19.0%；JG 改良剂处理 0～

10cm、10～20cm 土层土壤有机碳储量分别平均增加了 34.5%、17.2%。整体来看，CK1 和 CK2 处理 0～10cm、10～20cm 土层土壤有机碳储量分别较 CK0 平均增加了 6.7%、5.2% 和 62.6%、57.2%；JG 改良剂处理 0～10cm、10～20cm 土层土壤的有机碳储量分别较 CK0 平均增加了 95.0%、68.1%。当 JG 改良剂施用量为 $12t \cdot hm^{-2}$ 及以上时，JG 改良剂处理的有机碳储量高于 CK2 处理。

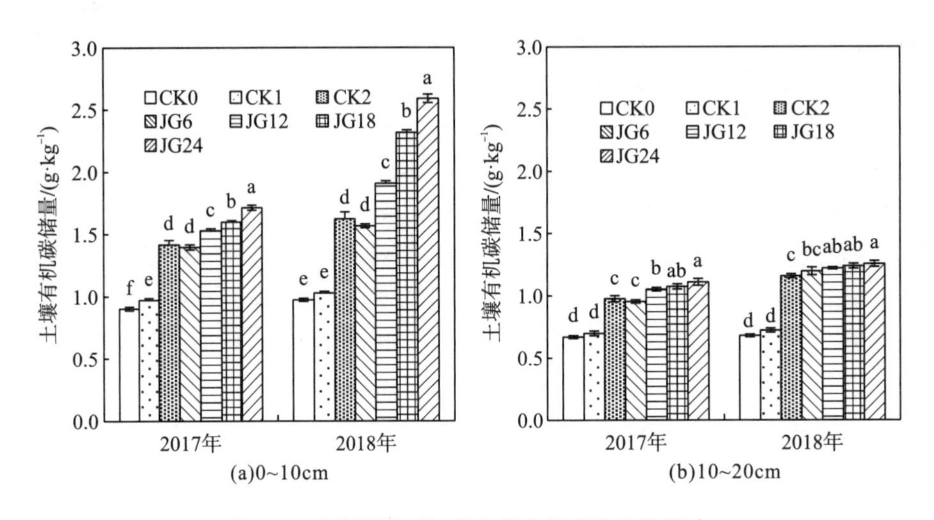

图 5-6　秸秆利用对沙化土壤有机碳储量的影响

5.2.2.3　土壤活性有机碳

如图 5-7 所示，CK1、CK2 和 JG 改良剂处理均显著增加了沙化土壤 0～10cm、10～20cm、20～30cm 土层土壤活性有机碳含量($p<0.05$)。各处理土壤活性有机碳含量随土层深度增加而降低；随着改良剂施用量的增加，0～10cm、10～20cm 土层土壤活性有机碳含量显著增加($p<0.05$)；随着时间的延长，CK0、CK1 和 CK2 处理 0～10cm、10～20cm、20～30cm 土层土壤活性有机碳含量均呈降低趋势，低施用量 JG 改良剂处理 0～30cm 土层土壤活性有机碳含量也随时间的延长呈降低趋势，当 JG 改良剂施用量为 $18t \cdot hm^{-2}$ 及以上时，土壤活性有机碳含量随时间的延长呈现增加的趋势。

2017 年 CK1 和 CK2 处理 0～10cm、10～20cm、20～30cm 土层土壤活性有机碳含量分别较 CK0 增加了 44.3%、43.3%、62.3%和 78.9%、50.0%、92.7%，CK2 处理显著($p<0.05$)优于 CK1；JG 改良剂处理 0～10cm、10～20cm、20～30cm 土层土壤活性有机碳含量分别较 CK0 平均增加了 117.4%、88.2%、120.0%，当 JG 改良剂施用量为 $6t \cdot hm^{-2}$ 及以上时，JG 改良剂处理土壤活性有机碳含量显著高于 CK2 处理。2018 年与 2017 年的表现规律一致，2018 年 CK1 和 CK2 处理 0～10cm、10～20cm、20～30cm 土层土壤活性有机碳含量分别较 CK0 增加了 46.4%、33.5%、17.2%和 69.8%、43.2%、27.5%；JG 改良剂处理 0～10cm、10～20cm、20～30cm 土层土壤活性有机碳含量分别较 CK0 平均增加了 225.0%、137.5%、90.0%。

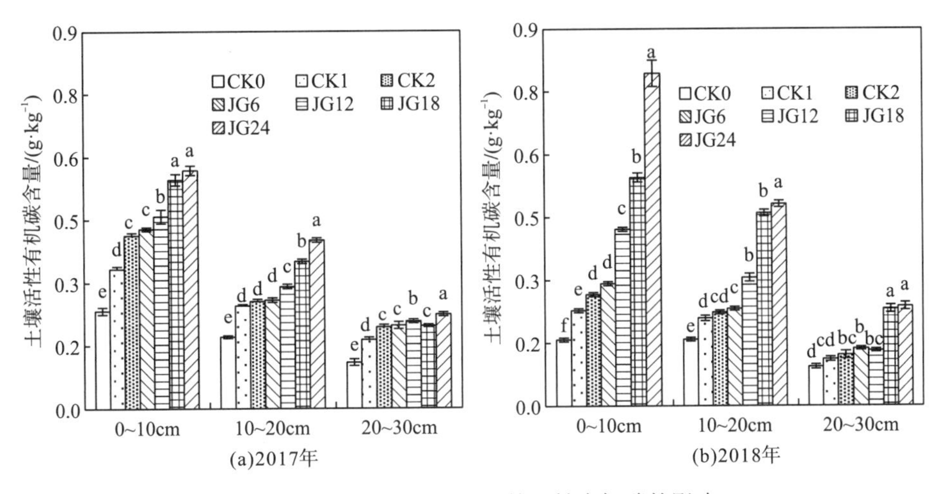

图 5-7　秸秆利用对沙化土壤活性有机碳的影响

5.2.2.4　土壤微生物量碳

图 5-8 结果表明，CK1、CK2 和 JG 改良剂处理均显著($p<0.05$)增加了沙化土壤 0～10cm、10～20cm 土层土壤微生物量碳含量，且随着改良剂施用量的增加而显著增加($p<0.05$)。0～20cm 土层土壤微生物量碳含量随施用年限增加而显著($p<0.05$)增加，各处理微生物量碳含量随土层深度增加而降低。2017 年 CK1 和 CK2 处理 0～10cm、10～20cm 土层土壤微生物量碳含量较 CK0 增加了 151.8%、21.8%和 204.5%、125.4%，CK2 处理微生物量碳含量显著高于 CK1；JG 改良剂处理 0～10cm、10～20cm 土层土壤微生物量碳含量分别较 CK0 平均增加了 278.5%、206.8%，当 JG 改良剂施用量为 $12t·hm^{-2}$ 及以上时，JG 改良剂处理微生物量碳含量显著($p<0.05$)高于 CK2 处理。2018 年 JG 处理 0～10cm、10～20cm 土层土壤微生物量碳含量均显著($p<0.05$)优于 CK1 和 CK2 处理，表现为 JG>CK2>CK1，处理间差异显著($p<0.05$)。与 CK0 相比，CK1 和 CK2 处理 0～10cm、10～20cm 土层土壤微生物量碳含量分别增加了 75.0%、9.2%和 581.7%、495.1%；JG 改良剂处理 0～10cm、10～20cm 土层土壤微生物量碳含量分别平均增加了 853.9%、615.0%。

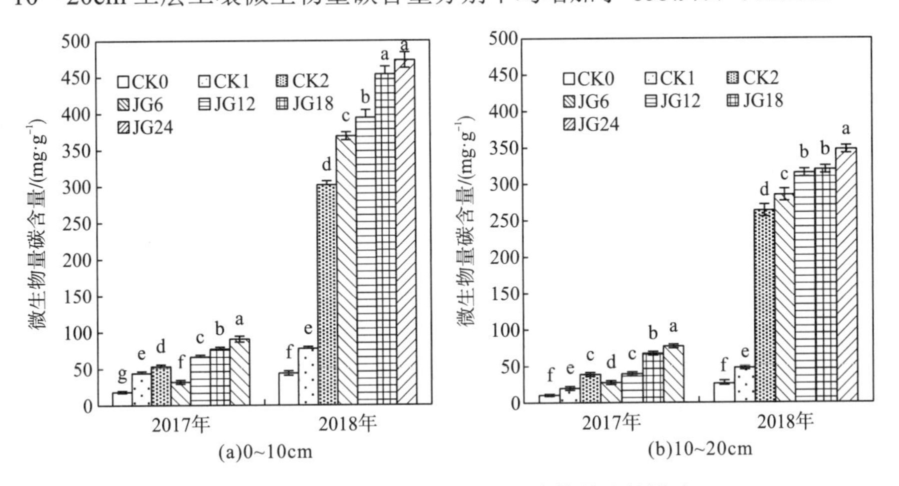

图 5-8　秸秆利用对沙化土壤微生物量碳的影响

5.2.2.5 土壤碳库管理指数

表 5-5 结果表明，CK1、CK2 和 JG 改良剂处理均显著（$p<0.05$）增加了沙化土壤 0～30cm 土层土壤碳库管理指数，且随着 JG 改良剂施加量的增加，各土层碳库管理指数显著（$p<0.05$）增加。随时间的延长，CK1、CK2 处理 0～10cm、10～20cm、20～30cm 土层土壤碳库管理指数呈降低趋势，JG 改良剂处理 0～10cm、10～20cm 土层土壤碳库管理指数随时间的延长而增加，20～30cm 土层土壤除 JG18、JG24 随时间延长而增加外，其余则随时间的延长而降低。2017 年，CK1 和 CK2 处理 0～10cm、10～20cm、20～30cm 土层土壤碳库管理指数分别较 CK0 增加了 58.9%、62.9%、67.7%和 83.4%、52.1%、97.4%，CK2 在 0～10cm、20～30cm 土层土壤碳库管理指数显著高于 CK1；JG 改良剂处理 0～10cm、10～20cm、20～30cm 土层土壤碳库管理指数分别较 CK0 平均增加了 131.9%、107.1%、121.4%，当 JG 改良剂施用量为 $6t\cdot hm^{-2}$ 及以上时，改良剂处理碳库管理指数高于 CK2 处理。2018 年，当 JG 改良剂施用量为 $12t\cdot hm^{-2}$ 及以上时，改良剂处理碳库管理指数显著（$p<0.05$）高于 CK2 处理；CK1 和 CK2 处理 0～10cm、10～20cm、20～30cm 土层土壤碳库管理指数分别较 CK0 增加了 52.5%、39.9%、22.1%和 65.7%、32.6%、26.0%，CK2 在 0～10cm 土层土壤碳库管理指数显著高于 CK1；JG 改良剂处理 0～10cm、10～20cm、20～30cm 土层土壤碳库管理指数分别较 CK0 平均增加了 246.1%、156.7%、105.5%。

表 5-5　秸秆利用对沙化土壤碳库管理指数的影响

处理	0～10cm		10～20cm		20～30cm	
	2017 年 9 月	2018 年 9 月	2017 年 9 月	2018 年 9 月	2017 年 9 月	2018 年 9 月
CK0	100.0e	100.0e	100.0e	100.0e	100.0f	100.0d
CK1	158.9d	152.5d	162.9cd	139.9d	167.7e	122.1c
CK2	183.4c	165.7d	152.1d	132.6d	197.4d	126.0c
JG6	194.9bc	186.2d	155.5d	137.0d	205.9c	136.0bc
JG12	206.2b	274.8c	176.0c	194.3c	213.7c	142.2b
JG18	259.4a	358.9b	226.1b	336.9b	224.3b	272.1a
JG24	267.1a	564.6a	270.7a	358.5a	241.5a	271.6a

5.2.3 土壤保水保肥特性

5.2.3.1 土壤硝态氮含量

由图 5-9 可知，CK1、CK2 和 JG 改良剂均有效增加了沙化土壤 0～60cm 土层土壤硝态氮含量，随 JG 改良剂施用量增加，0～60cm 土层土壤硝态氮含量呈增加趋势；随着时间的延长，0～10cm 土壤硝态氮含量呈降低趋势，10～60cm 土层土壤硝态氮含量呈先降低后增加再降低的趋势。其中，当 JG 改良剂施用量为 $18t\cdot hm^{-2}$ 及以上时，0～20cm 土层土壤的硝态氮含量随施用时间延长而降低，在 2017 年 9 月 20～30cm 土层土壤有硝态氮累积峰。JG18 和 JG24 在 2017 年 9 月 20～30cm 土层土壤提前出现累积峰，这与 JG 改良剂具有较高的养分含量有关，较高的氮素含量也增加了硝态氮淋溶的风险。

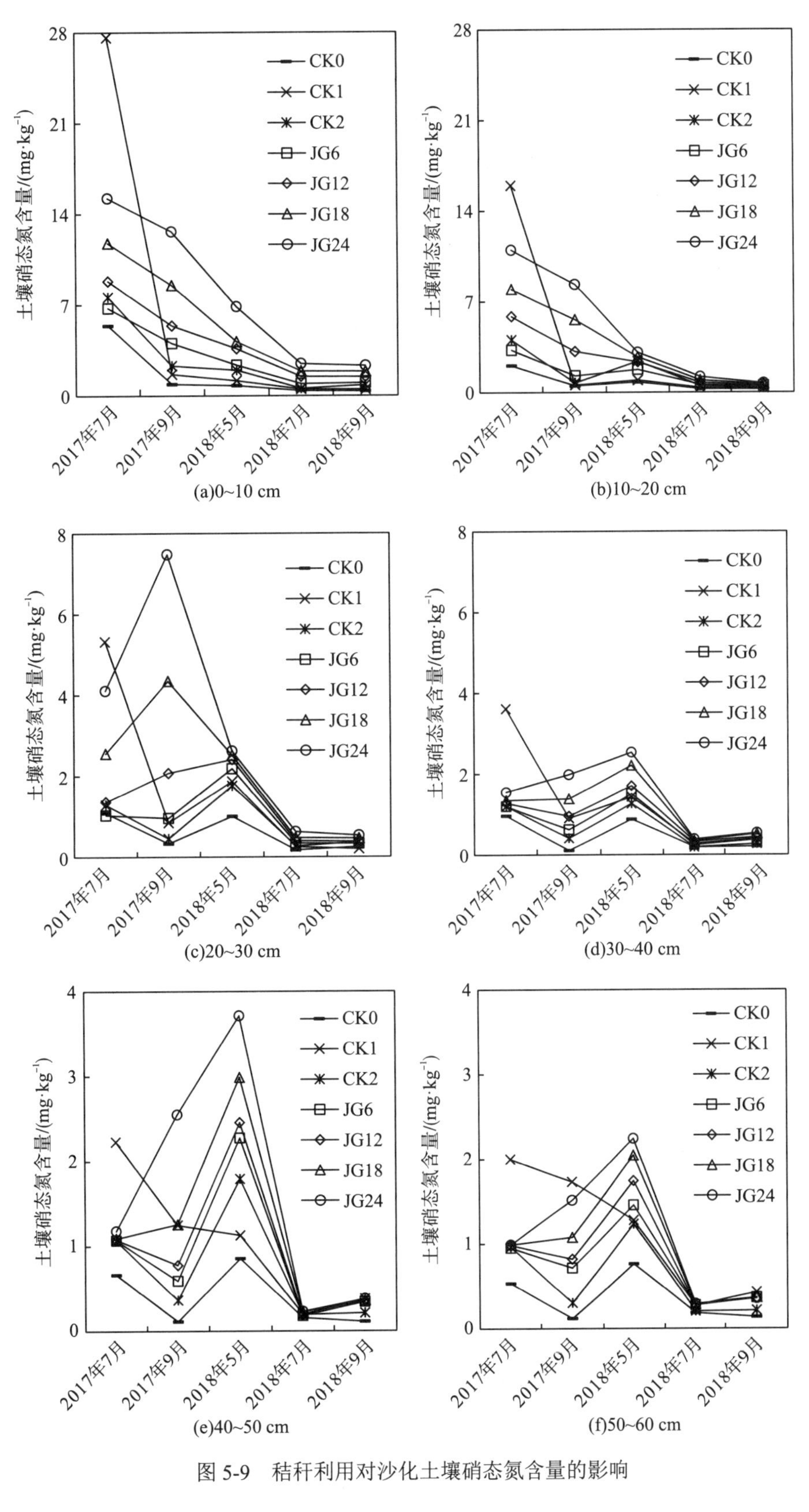

图 5-9　秸秆利用对沙化土壤硝态氮含量的影响

在增加沙化土壤硝态氮含量方面，以 2017 年 7 月各处理在 0～30cm 土层土壤硝态氮含量的变化为例。与 CK0 相比，CK1 和 CK2 处理 0～10cm、10～20cm、20～30cm 土层土壤硝态氮含量分别增加了 412.2%、682.1%、388.6%和 40.9%、97.5%、18.1%；JG 改良剂处理 0～10cm、10～20cm、20～30cm 土层土壤硝态氮含量分别平均增加了 97.3%、243.4%、107.6%，其中 CK1 处理的硝态氮含量最高，整体表现为 CK1＞JG＞CK2。可见，纯化肥处理能在短期内快速增加 0～30cm 土层土壤硝态氮含量，实现快速培肥的效果，但伴随试验地季节性的强降雨，硝态氮含量过高易增加氮元素淋溶风险。

5.2.3.2 外源养分淋溶率

由表 5-6 可知，各处理在不同时期对外源养分的保持情况不同，外源养分淋溶率整体表现为 CK1＞JG＞CK2，外源养分淋溶率随 JG 改良剂施用量增加而降低。与 CK1 相比，CK2 和 JG 改良剂处理在各时期外源养分淋溶率的均值分别较 CK1 的均值降低了 81.6%和 80.7%。其中，CK2、JG 改良剂处理除 2017 年 7 月的淋溶率大于 CK1 外，其余各时期的淋溶率均小于 CK1。可见，有机物料改良剂可有效降低沙化土壤外源养分淋溶率，有效保持了沙化土壤 0～30cm 土层土壤的硝态氮含量，减少了氮元素淋溶损失。

表 5-6 秸秆利用对沙化土壤外源养分淋溶率的影响

处理	2017 年 7 月	2017 年 9 月	2018 年 5 月	2018 年 7 月	2018 年 9 月	平均值
CK1	14.1	267.8	96.7	72.3	412.6	172.7
CK2	24.1	41.9	50.6	12.7	29.9	31.8
JG6	42.2	35.0	73.9	16.6	63.5	46.2
JG12	15.6	24.9	58.9	14.4	43.9	31.5
JG18	9.2	20.2	69.7	13.7	36.7	29.9
JG24	7.1	21.4	60.2	11.0	29.8	25.9
JG 平均	18.5	25.4	65.6	13.9	43.5	33.4

5.2.4 植被生长与恢复

5.2.4.1 基本苗

图 5-10 结果表明，CK1、CK2 和 JG 改良剂处理均有效增加了黑麦草的基本苗。施用第 1 年整体表现为 JG＞CK1＞CK2＞CK0，CK1 处理基本苗显著高于 CK2 和 CK0；施用第 2 年表现为 JG＞CK2＞CK1＞CK0，CK2 处理基本苗显著高于 CK1，CK1 与 CK0 差异不显著。增施 JG 改良剂显著增加了黑麦草基本苗（$p<0.05$），黑麦草基本苗随时间呈降低趋势，其中 CK0、CK1 和 CK2 处理的降幅大于 JG 改良剂。与 CK0 相比，CK1 和 CK2 处理 2017 年、2018 年的基本苗分别增加了 23.0%、5.4%和 13.7%、19.9%；JG 改良剂处理 2017 年、2018 年的基本苗分别较 CK0 平均增加了 18.8%、43.1%，当 JG 改良剂施用量为 $12t{\cdot}hm^{-2}$ 及以上时，改良剂处理的基本苗均高于 CK2。

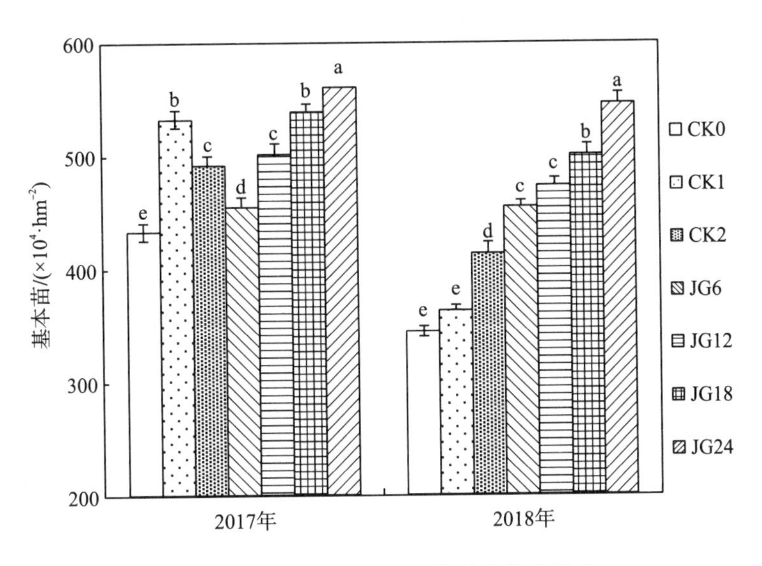

图 5-10　秸秆利用对黑麦草基本苗的影响

5.2.4.2　株高

如图 5-11 所示，CK1、CK2 和 JG 改良剂处理均显著($p<0.05$)增加了黑麦草的株高，且株高随 JG 改良剂施用量增加而显著增加($p<0.05$)；CK0、CK1、CK2 处理的株高随施用年限增加而降低，JG 改良剂处理的株高随施用年限增加则升高。2017 年 CK1、CK2 处理的株高分别较 CK0 增加了 97.2%、38.6%；JG 改良剂处理的株高较 CK0 平均增加了 71.2%。其中，CK1 处理的株高显著高于 CK2；CK1 与 JG24 处理的株高差异不显著；CK2 与 JG6 处理差异不显著。2018 年 JG 改良剂处理的株高均显著($p<0.05$)高于 CK1 和 CK2，CK2 较 CK1 显著。2018 年 CK1、CK2 处理株高分别较 CK0 增加了 25.6%、41.9%；JG 改良剂处理株高较 CK0 平均增加了 122.6%。

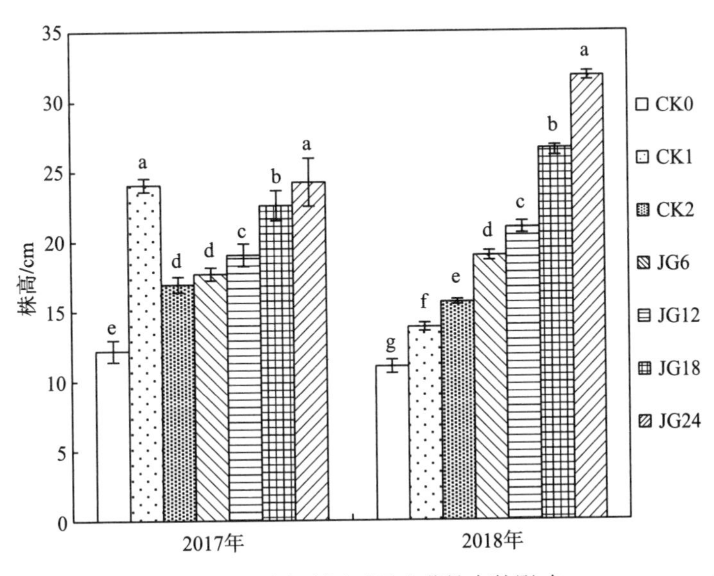

图 5-11　秸秆利用对黑麦草株高的影响

5.2.4.3 根系形态

如表 5-7 所示，CK1、CK2 和 JG 改良剂处理均显著($p<0.05$)增加了黑麦草的总根长、总根表面积、平均根系直径和总根体积。随着改良剂施用量的增加，黑麦草根系形态指标均呈增加的趋势；随着施用年限的增加，CK0、CK1、CK2 处理黑麦草根系形态指标呈降低趋势，而 JG 处理呈增加趋势。2017 年 CK1 和 CK2 处理的总根长、总根表面积、平均根系直径、总根体积分别较 CK0 增加了 155.6%、26.7%、23.8%、177.1%和 58.7%、15.6%、4.8%、20.5%；JG 改良剂处理分别较 CK0 平均增加了 89.3%、11.7%、34.5%、165.1%。2018 年 CK1 和 CK2 处理的总根长、总根表面积、平均根系直径、总根体积分别较 CK0 增加了 18.6%、9.6%、13.0%、33.3%和 37.0%、18.7%、0.0%、100.0%，除平均根系直径外，CK2 处理的其余形态指标数值均显著($p<0.05$)高于 CK1；JG 改良剂处理分别较 CK0 处理平均增加了 117.0%、18.2%、26.1%、345.2%。短期内化学肥料对黑麦草根系生长的促进效果较好，但因养分淋溶损失，促进效果随时间迅速降低，从长期来看，改良剂和牦牛粪对黑麦草根系生长的促进效果更好。

表 5-7 秸秆利用对黑麦草根系形态的影响

处理	总根长/cm		总根表面积/cm^2		平均根系直径/mm		总根体积/cm^3	
	2017 年	2018 年	2017 年	2018 年	2017 年	2018 年	2017 年	2018 年
CK0	82.8e	80.7g	4.5d	4.4e	0.21e	0.23cd	0.08f	0.06g
CK1	211.6a	95.7f	5.7a	4.9cd	0.26c	0.26bc	0.23b	0.08f
CK2	131.4c	110.6e	5.2abc	5.3b	0.22d	0.23d	0.10e	0.12e
JG6	114.3d	133.0d	4.7cd	4.7d	0.26c	0.28b	0.17d	0.14d
JG12	140.9c	165.3c	4.8bcd	5.0c	0.28b	0.28b	0.21c	0.25c
JG18	168.8b	188.7b	5.2abc	5.4a	0.29ab	0.28b	0.24b	0.26b
JG24	203.0a	213.8a	5.4ab	5.6a	0.30a	0.32a	0.26a	0.44a

5.2.4.4 叶绿素含量

如图 5-12 所示，CK1、CK2 和 JG 改良剂处理均显著($p<0.05$)增加了黑麦草叶绿素 a 和叶绿素 b 的含量。随 JG 改良剂施用量增加，黑麦草叶绿素 a 和叶绿素 b 含量显著($p<0.05$)增加；随时间的延长，CK0、CK1 和 CK2 处理的叶绿素含量呈降低趋势，而 JG 改良剂处理的叶绿素含量呈增加趋势。与 CK0 相比，2017 年 CK1 和 CK2 处理的叶绿素 a、叶绿素 b 含量分别增加了 91.6%、61.1%和 35.5%、13.7%；JG 改良剂处理分别较 CK0 平均增加了 104.4%、76.9%。其中，CK1 和 JG 改良剂处理的叶绿素含量显著($p<0.05$)高于 CK2，当 JG 改良剂施用量为 $12t·hm^{-2}$ 及以上时，改良剂处理的叶绿素含量高于 CK1 处理。2018 年 JG 改良剂处理下叶绿素 a、叶绿素 b 含量均显著高于 CK0、CK1 和 CK2。与 CK0 相比，CK1 和 CK2 处理叶绿素 a 分别增加了 39.5%和 61.5%；JG 改良剂处理叶绿素 a、叶绿素 b 含量分别平均增加了 262.7%、278.3%。其中，CK0、CK1 和 CK2 处理的叶绿素 b 含量差异不显著，叶绿素含量整体表现为 JG＞CK2＞CK1＞CK0。可见，化学肥料对黑麦草叶绿素含量的提升效果仅限于施用当年，JG 改良剂处理对黑麦草叶绿素含量的提升效果显著优于 CK2，从长期来看，JG 改良剂对黑麦草叶绿素含量的提升效果更持久稳定。

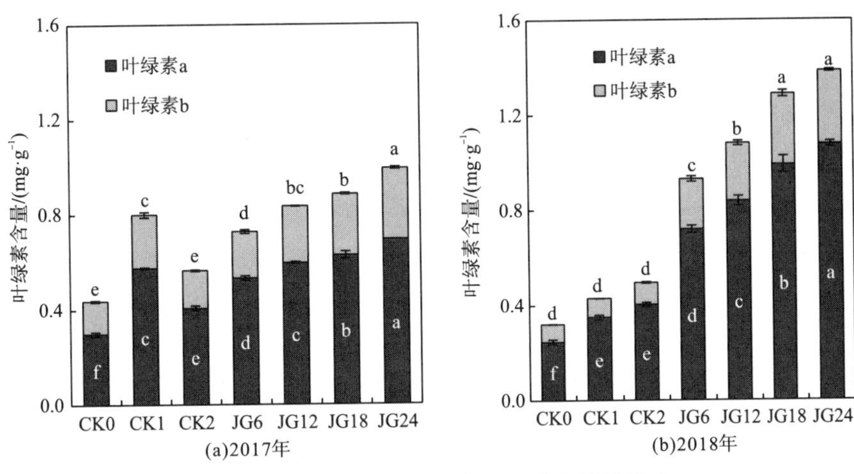

图 5-12　秸秆利用对黑麦草叶绿素含量的影响

5.2.4.5　地上单株干物质量和群体干物质量

如图 5-13 所示，CK1、CK2 和 JG 改良剂处理均显著增加了黑麦草地上单株干物质量和群体干物质量。随时间的延长，CK1、CK2 处理的单株干物质量和群体干物质量均呈下降趋势，而 JG 改良剂处理则随时间的延长而显著($p<0.05$)增加。其中，施用第 1 年，各处理黑麦草地上单株干物质量和群体干物质量均较 CK0 显著($p<0.05$)增加，CK1 处理的单株干物质量和群体干物质量最大；而施用第 2 年，CK1 处理与 CK0 处理差异不显著，JG 改良剂处理的单株干物质量和群体干物质量均显著($p<0.05$)高于 CK1、CK2 处理，CK2 又显著高于 CK1。2017 年 CK1 和 CK2 处理的地上单株干物质量、群体干物质量分别较 CK0 增加了 274.1%、337.3% 和 77.7%、91.7%；JG 改良剂处理的单株干物质量和群体干物质量分别较 CK0 平均增加了 151.9%、188.8%。到了 2018 年，CK1 和 CK2 处理的地上单株干物质量、群体干物质量分别较 CK0 增加了 13.3%、33.7%和 95.8%、153.3%；JG 改良剂处理的单株干物质量和群体干物质量分别较 CK0 平均增加了 365.9%、604.0%。可见，短期内化学肥料对黑麦草地上单株干物质量和群体干物质量的促进效果最好，但长期效果欠佳。而有机物料改良剂更适宜于沙化土壤的长期改良。

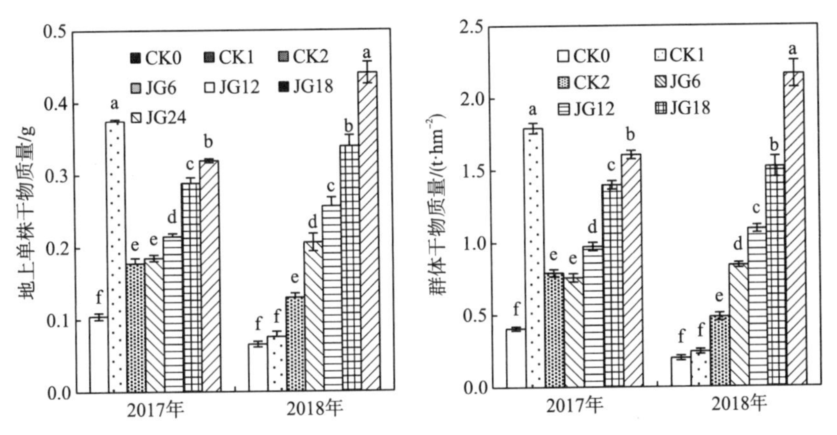

图 5-13　秸秆利用对黑麦草单株干物质量和群体干物质量的影响

5.3 本 章 小 结

土壤含水量、容重、孔隙度、田间持水量和团聚体等是土壤重要的物理性状指标，改善沙化土壤物理性状是提高土壤质量、促进地上植被恢复的关键措施之一。施用秸秆颗粒产品可有效增加 0～20cm 土层沙化土壤含水量、土壤大团聚体组分、土壤孔隙度、田间持水量和饱和含水量，同时可降低土壤容重，且随施用量和年限的增加改善效果越明显。

川西北高寒沙地土壤贫瘠，氮素含量较未沙化草地显著降低，氮素供应能力差，提高土壤氮素含量是实现高寒沙地土壤快速培肥的重要手段。秸秆颗粒产品含有丰富的无机养分，无机养分腐解后会缓慢地释放，因此将秸秆颗粒产品施用于沙化土壤可显著提高土壤全氮、速效氮含量，且随着施用量的增加，土壤全氮、速效氮含量也显著增加。秸秆颗粒产品腐解后产生疏松多孔结构和产品中添加的 PAM 可有效增加土壤对氮素的保持能力，降低外源养分淋溶损失，保肥效果突出。

川西北高寒沙地土壤有机碳含量低，土壤肥力贫瘠，快速增加土壤中的有机碳含量、提高土壤碳库管理指数，是长期有效培肥沙化土壤的主要措施。秸秆作为农业生产的废弃物，含有丰富的有机碳，具有天然的培肥土壤作用。施用秸秆颗粒产品显著增加了沙化土壤总有机碳、碳储量、活性有机碳、微生物量碳和碳库管理指数，且施用量越大效果越明显。施用较高剂量的秸秆颗粒产品后，沙化土壤的总有机碳、碳储量、活性有机碳、微生物量碳和碳库管理指数均高于施用当地常规的牦牛粪后的沙化土壤。在施用第 1 年，牦牛粪对沙化土壤活性有机碳、微生物量碳的提升效果优于低施用量下的秸秆颗粒产品，而在施用第 2 年，除秸秆颗粒产品低施用量下 0～10cm 土层土壤活性有机碳、微生物量碳和碳库管理指数小于牦牛粪外，其余处理均高于牦牛粪。可见，秸秆颗粒产品对土壤碳库的改善时间越长效果越好。

沙化土壤地上植被生长情况是反映土壤改良效果最直观的评价措施。施用秸秆颗粒产品改善了土壤理化特性，增加土壤有机碳含量和保水保肥能力，显著促进了地上植被的生长。与施用当地常规的牦牛粪相比，施用中高量的秸秆颗粒产品在第 1 年显著地提高了黑麦草的基本苗、株高、叶绿素含量、地上单株干物质量和群体干物质量，有效促进了黑麦草的生长发育，到第 2 年，各施用量下的秸秆颗粒产品对地上植被黑麦草的生长促进效果均优于牦牛粪。可见，秸秆颗粒产品具有改善土壤理化特性，提高土壤保水保肥能力，进而促进地上植被生长的作用，且具有长期效应。综合考虑秸秆颗粒产品改良土壤的效果及成本后，本书认为在川西北高寒地区秸秆颗粒产品的施用量在 $12t\cdot hm^{-2}$ 左右较适宜。

第6章　菌渣产品改良沙化土壤效应

近年来，随着川西北地区食用菌产业的发展，食用菌菌渣的资源化利用成为产业可持续发展亟须解决的问题。菌渣是食用菌产业的固体废弃物，含有丰富的营养物质，具有生态高值化利用的潜力。菌渣资源化利用既可以提高经济效益，保护生态环境，又可以增加对生物资源的多层次利用，提高生态效益，实现废物循环利用和农业可持续发展。本章以农业食用菌生产废弃物菌渣为主要原料，按照菌渣颗粒产品科学配方和生产工艺，生产出菌渣颗粒产品，并结合土柱试验和野外田间试验，探讨其对川西北高寒草地沙化土壤改良的综合效应，为菌渣施用技术应用于川西北沙化土壤改良提供依据。

6.1　菌渣产品生产工艺与配方设计

将菌渣风干后，粉碎至长度/粒径≤2mm 备用。按表 6-1 的材料配方(每 1kg 改良剂中的组分含量)，将各组分混合均匀，通过小型造粒机加工成颗粒化土壤改良剂。供试菌渣(食用菌菌渣)、生物菌(枯草芽孢肝菌、侧孢短芽孢杆菌，按 1∶1 的比例添加)、尿素(含氮量 46%)、硫酸钾(K_2O 含量 50%)、过磷酸钙(P_2O_5 含量 12%)由成都盖尔盖司生物科技有限公司提供，供试聚丙烯酰胺(阴离子型，分子量 2600 万)由山东宝莫生物化工股份有限公司提供。

表 6-1　菌渣产品配方　　(单位：g)

菌渣	生物菌	聚丙烯酰胺	尿素	过磷酸钙	硫酸钾
908	2	3	13	50	24

6.2　田 间 试 验

采用随机区组试验设计，供试材料为菌渣改良剂(JZ)，设 4 个施用量处理($6t{\cdot}hm^{-2}$、$12t{\cdot}hm^{-2}$、$18t{\cdot}hm^{-2}$、$24t{\cdot}hm^{-2}$)，设 3 个对照试验，空白对照(CK0)、常规化肥处理(CK1)、常规施牛粪处理(CK2)；共 7 个处理(CK0、CK1、CK2、JZ6、JZ12、JZ18、JZ24)，重复 3 次，21 个小区。小区间用 PVC 板隔断，隔断深度 40cm，小区面积 $6m^2$(长 3m、宽 2m)。牦牛粪由当地牧民提供，风干后过 2mm 筛备用。于 2017 年 5 月、2018 年 5 月中旬播种，小区内条播种植黑麦草，行距 20cm，用种量 $75kg{\cdot}hm^{-2}$。改良剂于 2017 年 5 月一次基施，

2018 年不再施用，CK1 的氮、磷、钾肥施用量按黑麦草生长所需养分施用，其中 N $180kg \cdot hm^{-2}$、P_2O_5 $82.8kg \cdot hm^{-2}$、K_2O $252kg \cdot hm^{-2}$；CK2 采用当地常规施用量 $20t \cdot hm^{-2}$，各处理施用后与 0～10cm 土层混合均匀，田间栽培管理措施一致。秸秆改良剂和牦牛粪养分含量如表 6-2 所示。

表 6-2　改良剂养分含量(%)

供试材料	全氮	全磷	全钾	有机碳
菌渣改良剂	1.39	0.59	1.19	16.81
牦牛粪	1.45	0.48	1.47	21.94

6.2.1　土壤理化性质

6.2.1.1　土壤含水量

如图 6-1 所示，CK1、CK2 和 JZ 改良剂能有效增加沙化土壤 0～10cm、10～20cm 土层土壤含水量。随着 JZ 改良剂施用量的增加，0～20cm 土层土壤含水量呈增加的趋势。随着土层深度的增加，各处理于 2017 年 7 月、2017 年 9 月和 2018 年 9 月的含水量呈增加趋势，而 2018 年 5 月含水量则呈逐渐降低的趋势。不同时期各处理土壤含水量之间存在差异。2017 年 7 月，0～10cm、10～20cm 土层土壤含水量表现为 CK2 和 JZ 改良剂处理的含水量均高于 CK1，而 2017 年 9 月，CK1 处理 0～20cm 土层土壤含水量最高。这可能是由于 2017 年 CK1 处理的黑麦草长势最佳，受黑麦草根系生长的影响，CK1 处理对 0～20cm 土层土壤含水量的保持效果最好。2018 年，各处理的含水量均表现为 CK0＜CK1＜CK2＜JZ。以 2018 年 9 月为例，与 CK0 相比，CK1 和 CK2 处理 0～10cm、10～20cm 土层土壤含水量分别增加了 1.4%、5.8%和 9.4%、8.9%，JZ 改良剂处理 0～10cm、10～20cm 土层土壤含水量分别平均增加了 31.8%、28.6%，处理间差异达显著水平(p＜0.05)。

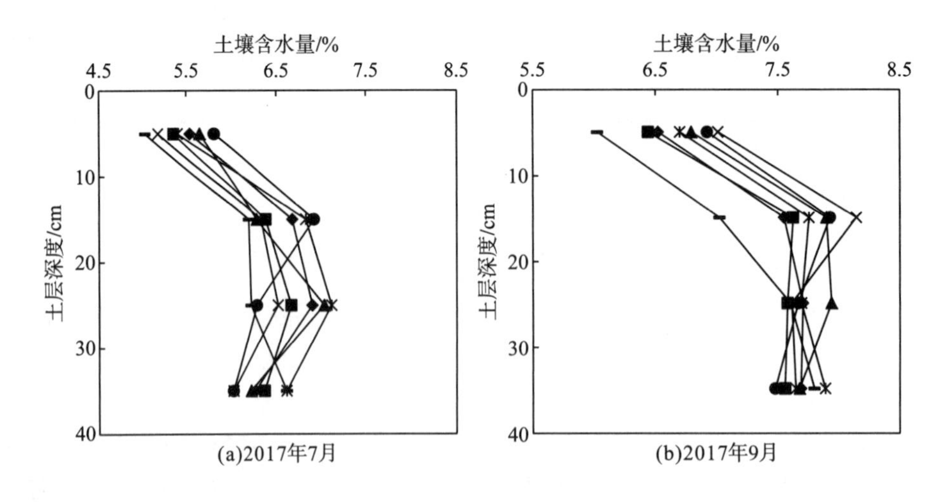

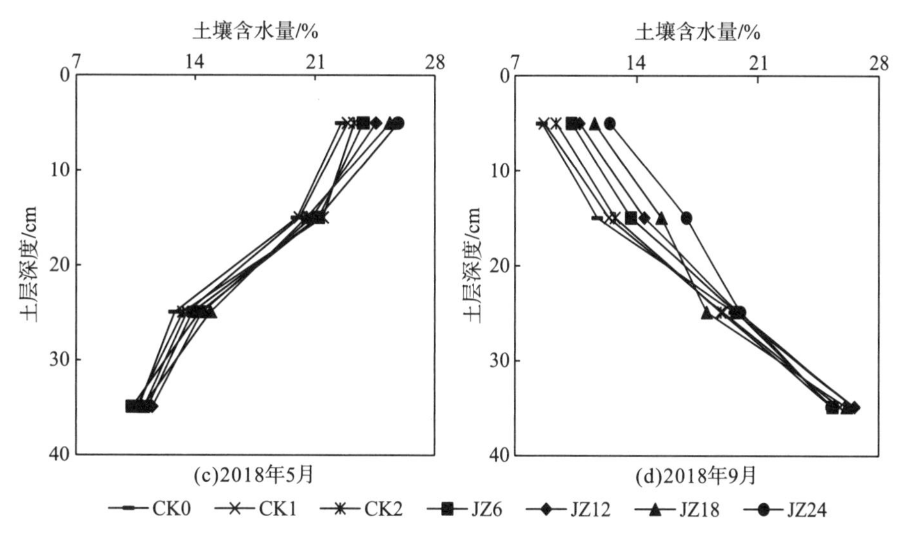

图 6-1 菌渣利用对沙化土壤含水量的影响

6.2.1.2 土壤容重

如图 6-2 所示，CK1、CK2 和 JZ 改良剂处理均能在一定程度上降低 0～10cm、10～20cm 土层土壤容重。其中 0～10cm 土层土壤容重施用第 2 年降幅差异达显著水平($p<0.05$)，增施 JZ 改良剂，0～10cm、10～20cm 土层土壤容重均呈降低趋势。与 CK0 相比，2018 年 CK1 和 CK2 处理 0～10cm、10～20cm 土层土壤容重分别降低了 0.6%、0.3%和 0.7%、1.8%；JZ 改良剂处理 0～10cm、10～20cm 土层土壤的容重分别平均降低了 1.1%、1.3%。当 JZ 改良剂施用量为 $18t·hm^{-2}$ 及以上时，改良剂处理 0～10cm、10～20cm 土层土壤容重均显著低于 CK0 和 CK1 处理。与 CK2 相比，当 JZ 改良剂施用量为 $18t·hm^{-2}$ 及以上时，改良剂处理 0～10cm 土层土壤容重显著($p<0.05$)低于 CK2，10～20cm 土层土壤差异不显著。

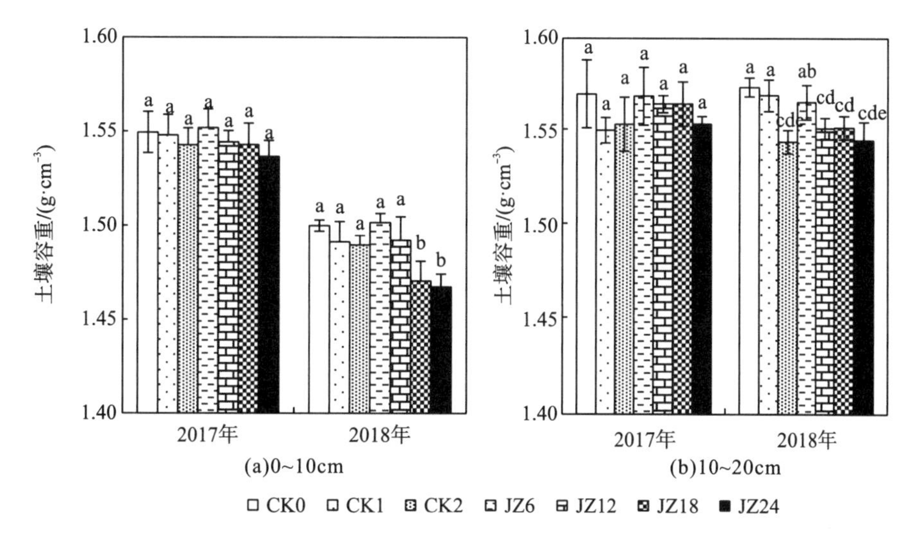

图 6-2 菌渣利用对沙化土壤容重的影响

6.2.1.3 孔隙度和田间持水量

表 6-3 结果表明，CK1、CK2 和 JZ 改良剂均能在一定程度上增加 0～10cm、10～20cm 土层土壤毛管孔隙度、总孔隙度、田间持水量和饱和含水量，各指标随 JZ 改良剂施用量增加呈增加的趋势。施用第 1 年，仅 JZ24 处理土壤毛管孔隙度与 CK0 处理存在显著差异，JZ 改良剂与 CK1、CK2 处理间差异不显著。施用第 2 年，CK1、CK2 和 JZ 改良剂处理 0～10cm、10～20cm 土层土壤毛管孔隙度、总孔隙度、田间持水量和饱和含水量均较 CK0 显著增加，整体表现为 JZ＞CK2＞CK1＞CK0。与 CK0 相比，2018 年 CK1 和 CK2 处理 0～10cm 土层土壤的毛管孔隙度、总孔隙度、田间持水量、饱和含水量分别增加了 10.0%、8.1%、6.9%、8.2%和 11.7%、10.4%、8.2%、2.5%，10～20cm 土层土壤分别增加了 2.6%、3.3%、4.0%、3.9%和 5.2%、4.1%、7.6%、6.4%，CK1 与 CK2 处理间差异不显著；2018 年 JZ 改良剂处理 0～10cm 土层土壤的毛管孔隙度、总孔隙度、田间持水量、饱和含水量分别较 CK0 平均增加了 14.0%、10.2%、13.3%、11.3%，10～20cm 土层土壤分别较 CK0 平均增加了 7.2%、8.7%、7.6%、10.3%。当 JZ 改良剂施用量为 $18t \cdot hm^{-2}$ 时，改良剂对土壤毛管孔隙度、总孔隙度、田间持水量和饱和含水量的提升效果显著($p<0.05$)，且优于 CK1、CK2 处理。

表 6-3 菌渣利用对沙化土壤孔隙度和田间持水量的影响

年份	处理	毛管孔隙度		总孔隙度		田间持水量		饱和含水量	
		0～10cm	10～20cm	0～10cm	10～20cm	0～10cm	10～20cm	0～10cm	10～20cm
2017	CK0	34.8b	34.1b	38.1a	36.1a	19.1a	18.7a	24.6a	23.0a
	CK1	35.4ab	34.7ab	38.4a	36.2a	19.3a	18.8a	24.7a	23.3a
	CK2	35.4ab	34.9ab	38.8a	36.7a	19.7a	19.1a	25.2a	23.6a
	JZ6	35.7ab	34.8ab	38.9a	36.5a	19.9a	19.1a	25.1a	23.3a
	JZ12	35.8ab	35.1ab	39.1a	36.7a	20.2a	19.3a	25.3a	23.4a
	JZ18	35.9ab	35.4ab	39.4a	37.0a	20.8a	19.6a	25.6a	23.7a
	JZ24	36.4a	35.8a	39.7a	37.1a	21.0a	20.3a	25.8a	23.9a
2018	CK0	35.1c	34.8e	38.3d	36.7c	23.3e	22.3c	25.6e	23.3d
	CK1	38.6b	35.7d	41.4bc	37.9bc	24.9d	23.2bc	27.7cd	24.2cd
	CK2	39.2b	36.6c	42.3b	38.2b	26.6abc	24.0ab	28.4bc	24.8bc
	JZ6	39.0b	36.2cd	40.4c	38.3b	25.2cd	23.3abc	26.9d	24.5bc
	JZ12	39.4b	36.6c	41.7bc	39.0b	26.0bcd	23.8ab	28.0cd	25.2b
	JZ18	40.3ab	37.7b	42.8ab	40.8a	26.9ab	24.2ab	29.1ab	26.3a
	JZ24	41.4a	38.7a	43.9a	41.4a	27.6a	24.6a	29.9a	26.8a

6.2.1.4 土壤团聚体

土壤团聚体是土壤肥力的物质基础，根据团聚体胶结剂的类型，可将团聚体分为大团聚体(＞0.25mm)和微团聚体(＜0.25mm)，大团聚体是土壤养分含量和作物生长最重要的组成部分。如表 6-4 所示，两年试验结果表明：各处理土壤以＜0.25mm 粒级的微团聚体为主，CK1、CK2 和 JZ 改良剂均能在一定程度上增加 0～10cm、10～20cm 土层土壤大团聚体的组分含量。随着改良剂施用量的增加，土壤大团聚体含量呈增加趋势。随着施用年限的增加，0～10cm、10～20cm 土层土壤大团聚体含量显著增加(p＜0.05)，其中 0.25～0.5mm 粒级团聚体的增幅最大。

表 6-4　菌渣利用对沙化土壤团聚体的影响

年份	处理	＜0.25mm		0.25～0.5mm		0.5～1mm		＞1mm	
		0～10cm	10～20cm	0～10cm	10～20cm	0～10cm	10～20cm	0～10cm	10～20cm
2017	CK0	99.57a	99.58a	0.20b	0.22e	0.14a	0.09a	0.09a	0.12a
	CK1	99.38a	98.52c	0.36ab	1.24a	0.16a	0.10a	0.10a	0.13a
	CK2	99.45a	99.23ab	0.38a	0.49c	0.15a	0.15a	0.11a	0.13a
	JZ6	99.45a	99.38c	0.30ab	0.36d	0.14a	0.14a	0.11a	0.12a
	JZ12	99.41a	99.27ab	0.33ab	0.45cd	0.15a	0.15a	0.11a	0.12a
	JZ18	99.38a	98.89bc	0.36ab	0.83b	0.15a	0.14a	0.12a	0.14a
	JZ24	99.32a	98.45c	0.42a	1.26a	0.14a	0.14a	0.12a	0.14a
2018	CK0	99.35a	99.49a	0.34c	0.22c	0.19c	0.18b	0.12c	0.11b
	CK1	99.18ab	98.69ab	0.49c	0.96bc	0.21c	0.23b	0.12c	0.12b
	CK2	97.04c	97.55bc	2.40b	2.08ab	0.41abc	0.23b	0.15c	0.14b
	JZ6	97.34abc	98.32ab	2.19b	1.21bc	0.34c	0.33b	0.13c	0.14b
	JZ12	97.18bc	97.53bc	2.29b	1.90ab	0.38bc	0.42ab	0.15c	0.14b
	JZ18	95.85c	96.24cd	3.15a	2.99a	0.76a	0.63a	0.23ab	0.15b
	JZ24	95.57c	95.83d	3.45a	3.30a	0.73ab	0.70a	0.25a	0.17ab

2017 年，CK1 和 CK2 处理 0～10cm、10～20cm 土层土壤中的 0.25～0.5mm 粒级团聚体分别较 CK0 增加了 80.0%、463.6%和 90.0%、122.7%，其中 CK1 处理 10～20cm 土层土壤中的 0.25～0.5mm 粒级团聚体含量显著(p＜0.05)高于 CK2；JZ 改良剂处理 0～10cm、10～20cm 土层土壤中的 0.25～0.5mm 粒级团聚体含量分别较 CK0 平均增加了 76.3%、229.5%。2018 年 CK1 和 CK2 处理 0～10cm 土层土壤中的 0.25～0.5mm、0.5～1mm 粒级团聚体分别较 CK0 增加了 44.1%、10.5%和 605.9%、115.8%，10～20cm 土层土壤中的 0.25～0.5mm、0.5～1mm 粒级团聚体分别较 CK0 增加了 336.4%、27.8%和 845.5%、27.8%，CK1 和 CK2 处理 0～20cm 土层土壤中的＞1mm 粒级团聚体含量与 CK0 差异不显著。JZ 改良剂处理 0～10cm、10～20cm 土层土壤中的 0.25～0.5mm 粒级团聚体含量分别较 CK0 平均增加了 714.7%、968.2%，0.5～1mm 粒级团聚体分别平均增加了 189.5%、188.9%，＞1mm 粒级团聚体分别平均增加了 58.3%、36.4%。当 JZ 改良剂施用量为 18t·hm^{-2} 及以上时，改良剂处理的大团聚体含量将显著高于 CK2(p＜0.05)。

6.2.1.5 土壤全氮

图 6-3 结果表明，CK1、CK2 和 JZ 改良剂均显著($p<0.05$)增加了沙化土壤 0～40cm 土层的全氮含量。随着土层深度的增加，2017 年 9 月和 2018 年 9 月 CK1、CK2 和 JZ 改良剂处理的全氮含量均呈先降低后增加的趋势，2018 年 5 月的全氮含量表现为先降低后增加再降低的变化趋势，在 20～30cm 土层土壤有全氮含量累积峰，增施 JZ 改良剂，0～40cm 土层土壤全氮含量显著增加($p<0.05$)。随着施用年限的增加，各处理全氮含量有向深层土壤迁移的趋势，0～40cm 土层土壤全氮整体表现为 JZ＞CK2＞CK1＞CK0。

2017 年 9 月，CK1、CK2 和 JZ 改良剂处理 0～40cm 土层土壤全氮含量的均值分别较 CK0 增加了 23.8%、19.7%和 28.5%，CK1 和 CK2 处理差异不显著，当改良剂施用量为 $18t\cdot hm^{-2}$ 及以上时，改良剂处理的全氮含量显著($p<0.05$)高于 CK1 和 CK2。CK1、CK2 和 JZ 改良剂处理在 2018 年 5 月和 9 月的大小规律表现一致，以 2018 年 9 月为例，CK1 和 CK2 处理 0～40cm 土层土壤全氮含量的均值分别较 CK0 增加了 6.6%和 21.9%，其中，CK2 处理的全氮含量显著($p<0.05$)高于 CK1；JZ 改良剂处理 0～40cm 土层土壤全氮含量较 CK0 平均增加了 40.9%，当 JZ 改良剂施用量为 $12t\cdot hm^{-2}$ 及以上时，改良剂处理的全氮含量显著($p<0.05$)高于 CK2。

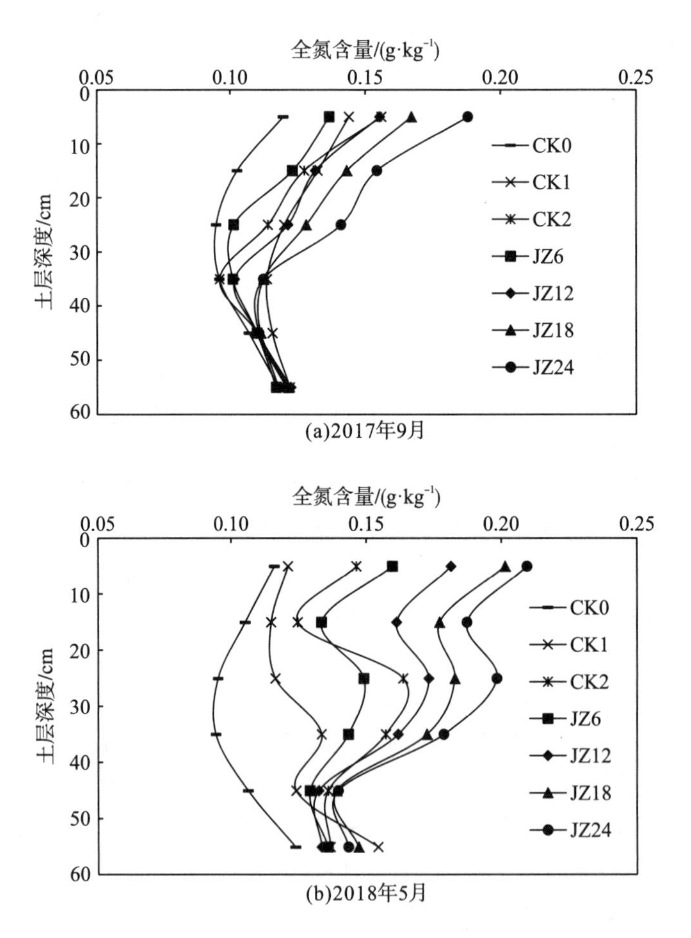

(a)2017年9月

(b)2018年5月

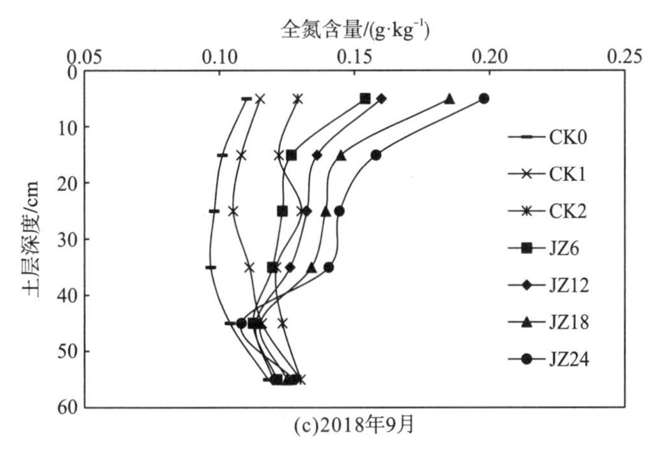

图 6-3　菌渣利用对沙化土壤全氮含量的影响

6.2.1.6　土壤全氮储量

如图 6-4 所示，CK1、CK2 和 JZ 改良剂均显著($p<0.05$)增加了沙化土壤 0～10cm、10～20cm 土层土壤全氮储量。增施 JZ 改良剂后，0～10cm、10～20cm 土层土壤全氮储量均显著增加($p<0.05$)；随着施用年限的增加，CK1 和 CK2 处理 0～20cm 土层的全氮储量呈降低趋势，JZ 改良剂处理无明显变化。整体来看，各处理在 0～20cm 土层土壤全氮储量表现为 JZ＞CK2＞CK1＞CK0。2017 年，CK1 和 CK2 处理 0～10cm、10～20cm 土层土壤全氮储量分别较 CK0 增加了 18.2%、20.0%和 27.3%、20.0%，CK2 处理 0～10cm 土层土壤的全氮储量显著高于 CK1；JZ 改良剂处理 0～10cm、10～20cm 土层土壤全氮储量分别较 CK0 平均增加了 36.4%、30.0%，当 JZ 改良剂的施用量为 12t·hm^{-2} 及以上时，改良剂处理的土壤全氮储量高于 CK2。2018 年 CK1 和 CK2 处理 0～10cm、10～20cm 土层土壤全氮储量均低于 JZ 改良剂，CK1 与 CK0 处理之间差异不显著，CK2 显著高于 CK1。与 CK0 相比，CK2 处理 0～10cm 土层和 10～20cm 土层土壤全氮储量分别增加了 20.0%和 10.0%，JZ 改良剂处理 0～10cm、10～20cm 土层土壤全氮储量分别平均增加了 50.0%、30.0%。

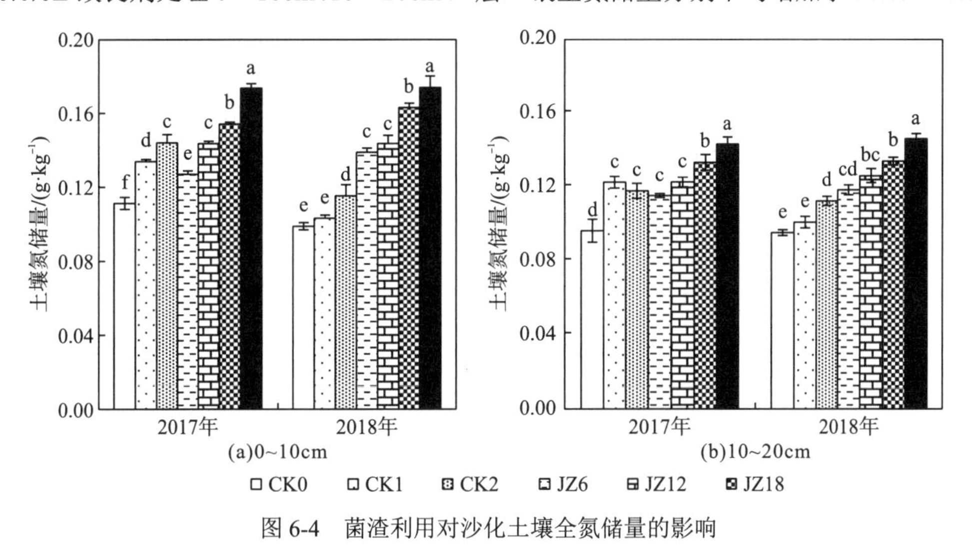

图 6-4　菌渣利用对沙化土壤全氮储量的影响

6.2.2 土壤有机碳库

6.2.2.1 土壤总有机碳含量

图 6-5 结果表明，CK1、CK2 和 JZ 改良剂均显著($p<0.05$)增加了沙化土壤 0～30cm 土层的土壤总有机碳含量，各处理的土壤总有机碳含量随土层深度增加而降低，随改良剂施用量增加而增加。与 2017 年相比，2018 年 CK1 和 CK2 处理 0～10cm、10～20cm、20～30cm 土层土壤总有机碳含量分别增加了 10.3%、2.1%、1.9%和 18.8%、19.8%、-8.3%。JZ 改良剂处理 0～10cm、10～20cm、20～30cm 土层土壤总有机碳含量分别平均增加了 15.8%、24.2%、5.8%。整体来看，CK1 和 CK2 处理 0～10cm、10～20cm、20～30cm 土层土壤总有机碳含量均值分别较 CK0 平均增加了 8.2%、7.6%、7.4%和 65.4%、63.6%、63.8%；JZ 改良剂处理 0～10cm、10～20cm、20～30cm 土层土壤的总有机碳含量分别较 CK0 平均增加了 66.8%、55.3%、69.2%。CK1 处理的土壤总有机碳含量显著($p<0.05$)低于 CK2 和 JZ 改良剂处理。与 CK2 相比，当 JZ 改良剂施用量为 $18t \cdot hm^{-2}$ 及以上时，改良剂处理的土壤总有机碳含量显著($p<0.05$)高于 CK2 处理。

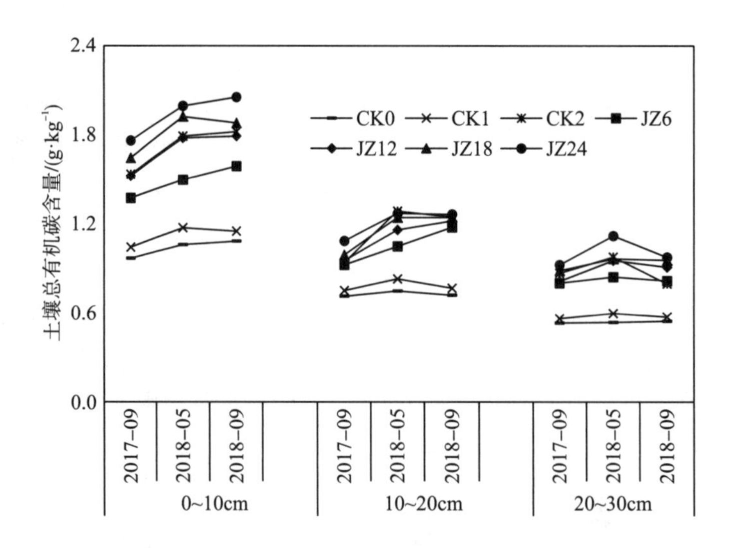

图 6-5 菌渣利用对沙化土壤总有机碳含量的影响

6.2.2.2 土壤有机碳储量

如图 6-6 所示，CK1、CK2 和 JZ 改良剂处理均显著增加了沙化土壤 0～10cm、10～20cm 土层土壤有机碳储量，增施改良剂显著增加了 0～20cm 土层土壤有机碳储量($p<0.05$)，各土层有机碳储量随时间的延长呈现增加的趋势。与 2017 年相比，2018 年 CK1 和 CK2 处理 0～10cm、10～20cm 土层土壤有机碳储量分别增加了 5.9%、3.3%和 14.6%、19.0%；JZ 改良剂处理 0～10cm、10～20cm 土层土壤有机碳储量分别平均增加了 11.4%、23.4%。整体来看，CK1 和 CK2 处理 0～10cm、10～20cm 土层土壤有机碳储量分别较 CK0

平均增加了 6.7%、5.2%和 62.6%、57.2%；JZ 改良剂处理 0～10cm、10～20cm 土层土壤有机碳储量分别较 CK0 平均增加了 64.6%、53.0%。与 CK2 相比，当 JZ 改良剂施用量为 18t·hm^{-2} 及以上时，JZ 改良剂处理的有机碳储量高于 CK2 处理。

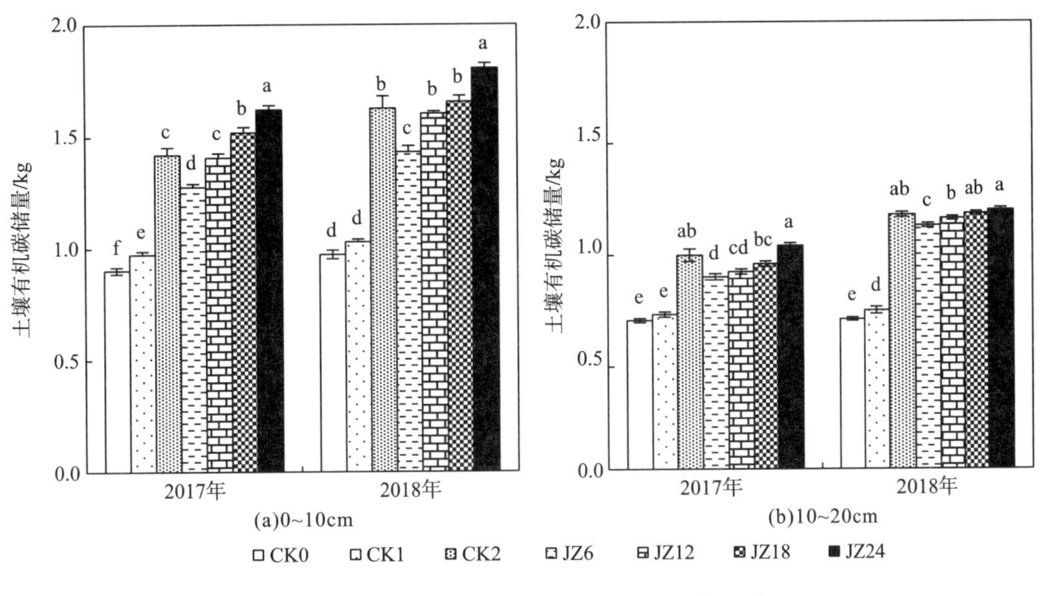

图 6-6　菌渣利用对沙化土壤有机碳储量的影响

6.2.2.3　土壤活性有机碳含量

如图 6-7 所示，CK1、CK2 和 JZ 改良剂处理均显著增加了沙化土壤 0～10cm、10～20cm、20～30cm 土层土壤活性有机碳含量($p<0.05$)。各处理土壤活性有机碳含量随土层深度增加而降低；随着改良剂施用量的增加，0～10cm、10～20cm 土层土壤活性有机碳含量显著增加($p<0.05$)；随着时间的延长，CK0、CK1 和 CK2 处理 0～10cm、10～20cm、20～30cm 土层土壤活性有机碳含量均呈降低趋势，JZ 改良剂处理在低施用量下也呈降低趋势，当 JZ 改良剂施用量为 24t·hm^{-2} 时，土壤活性有机碳随时间的延长呈增加的趋势。

2017 年 CK1 和 CK2 处理 0～10cm、10～20cm、20～30cm 土层土壤活性有机碳含量分别较 CK0 增加了 44.3%、43.3%、62.3%和 78.9%、50.0%、92.7%，CK2 处理显著($p<0.05$)优于 CK1；JZ 改良剂处理 0～10cm、10～20cm、20～30cm 土层土壤活性有机碳含量分别较 CK0 平均增加了 69.6%、58.8%、120.0%，当施用量为 12t·hm^{-2} 及以上时，JZ 改良剂处理土壤活性有机碳含量显著高于 CK2 处理。2018 年与 2017 年的表现规律一致，2018 年 CK1 和 CK2 处理 0～10cm、10～20cm、20～30cm 土层土壤活性有机碳含量分别较 CK0 增加了 46.4%、33.5%、17.2%和 69.8%、43.2%、27.5%；JZ 改良剂处理 0～10cm、10～20cm、20～30cm 土层土壤活性有机碳含量分别较 CK0 平均增加了 112.5%、68.8%、60.0%。

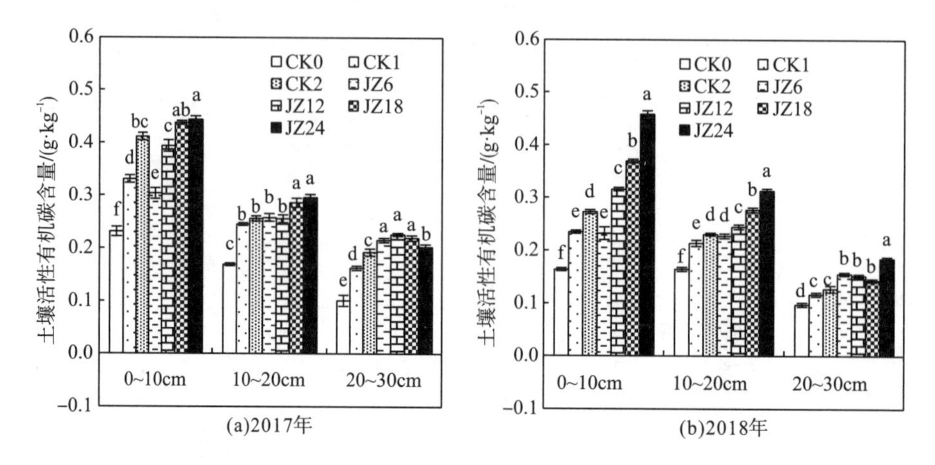

图 6-7 菌渣利用对沙化土壤活性有机碳含量的影响

6.2.2.4 土壤微生物量碳

图 6-8 结果表明，0～10cm、10～20cm 土层土壤微生物量碳含量随施用年限增加而显著(p<0.05)增加，各处理微生物量碳含量随土层深度增加而降低。CK1、CK2 和 JZ 改良剂处理均显著(p<0.05)增加了沙化土 0～10cm、10～20cm 土层土壤微生物量碳含量，且随改良剂施用量增加而显著增加(p<0.05)。2017 年 CK1 和 CK2 处理 0～10cm、10～20cm 土层土壤微生物量碳含量较 CK0 增加了 151.8%、21.8%和 204.5%、125.4%，CK2 处理微生物量碳含量显著高于 CK1；JZ 改良剂处理 0～10cm、10～20cm 土层土壤微生物量碳含量分别较 CK0 平均增加了 325.0%、230.9%，当施用量为 12t·hm^{-2} 及以上时，JZ 改良剂处理微生物量碳含量显著(p<0.05)高于 CK2 处理。2018 年 JZ 改良剂处理 0～10cm、10～20cm 土层土壤微生物量碳含量均显著(p<0.05)高于 CK1 和 CK2 处理，表现为 JZ>CK2>CK1，处理间差异显著(p<0.05)。与 CK0 相比，CK1 和 CK2 处理 0～10cm、10～20cm 土层土壤微生物量碳含量分别增加了 75.0%、9.2%和 581.7%、495.1%；JZ 改良剂处理 0～10cm、10～20cm 土层土壤微生物量碳含量分别平均增加了 793.6%、711.2%。

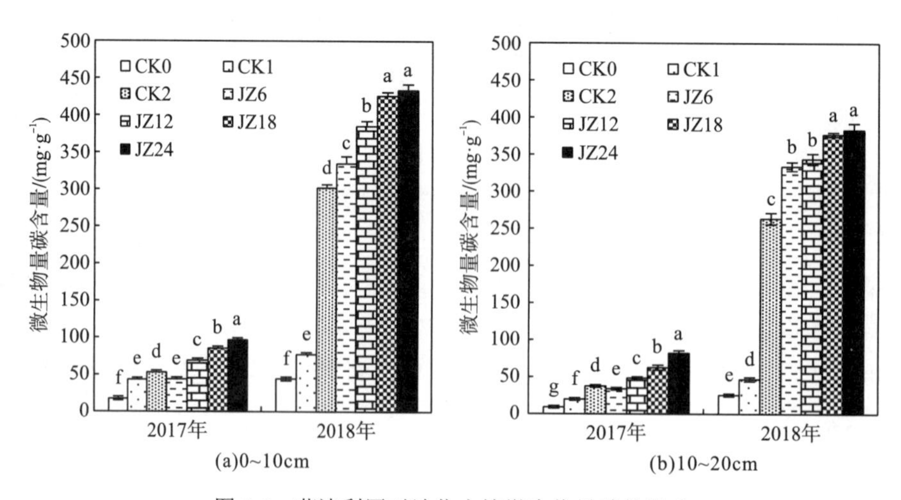

图 6-8 菌渣利用对沙化土壤微生物量碳的影响

6.2.2.5　土壤碳库管理指数

表 6-5 结果表明，CK1、CK2 和 JZ 改良剂处理均显著($p<0.05$)增加了沙化土壤 0～10cm、10～20cm、20～30cm 土层土壤碳库管理指数，增施 JZ 改良剂后各土层碳库管理指数显著($p<0.05$)增加。随时间的延长，CK1、CK2 处理 0～30cm 土层土壤碳库管理指数呈降低趋势，JZ 改良剂处理 0～10cm、10～20cm 土层土壤碳库管理指数呈增加趋势，20～30cm 土层土壤则呈降低趋势。2017 年，CK1 和 CK2 处理 0～10cm、10～20cm、20～30cm 土层土壤碳库管理指数分别较 CK0 增加了 58.9%、62.9%、67.7%和 83.4%、52.1%、97.4%，CK2 在 0～10cm、20～30cm 土层土壤碳库管理指数显著高于 CK1；JZ 改良剂处理 0～10cm、10～20cm、20～30cm 土层土壤碳库管理指数分别较 CK0 平均增加了 71.8%、70.3%、119.0%，当 JZ 改良剂施用量为 $18t·hm^{-2}$ 及以上时，JZ 改良剂处理碳库管理指数高于 CK2 处理。2018 年，当 JZ 改良剂施用量为 $12t·hm^{-2}$ 及以上时，JZ 改良剂处理碳库管理指数显著($p<0.05$)高于 CK2 处理；CK1 和 CK2 处理 0～10cm、10～20cm、20～30cm 土层土壤碳库管理指数分别较 CK0 增加了 52.5%、39.9%、22.1%和 65.7%、32.6%、26.0%，CK2 在 0～10cm 土层土壤碳库管理指数显著高于 CK1；JZ 改良剂处理 0～10cm、10～20cm、20～30cm 土层土壤碳库管理指数分别较 CK0 平均增加了 120.6%、60.4%、64.1%。

表 6-5　菌渣利用对沙化土壤碳库管理指数的影响

处理	0～10cm		10～20cm		20～30cm	
	2017 年 9 月	2018 年 9 月	2017 年 9 月	2018 年 9 月	2017 年 9 月	2018 年 9 月
CK0	100.0e	100.0f	100.0c	100.0e	100.0f	100.0e
CK1	158.9c	152.5de	162.9b	139.9cd	167.7e	122.1d
CK2	183.4ab	165.7d	152.1b	132.6d	197.4d	126.0d
JZ6	127.0d	141.6e	161.1b	133.4d	201.8d	144.7c
JZ12	172.7bc	199.5c	157.7b	143.9c	210.5c	156.4bc
JZ18	194.4a	237.3b	180.4a	168.0b	228.8b	163.9b
JZ24	193.2a	304.1a	182.1a	196.4a	235.0a	191.5a

6.2.3　土壤保水保肥特性

6.2.3.1　土壤硝态氮含量

由图 6-9 可知，CK1、CK2 和 JZ 改良剂均有效增加了沙化土壤 0～60cm 各土层土壤硝态氮含量，随着 JZ 改良剂施用量的增加，0～60cm 各土层土壤硝态氮含量呈增加趋势；随时间的延长，0～10cm 土层土壤硝态氮含量呈降低趋势，10～60cm 各土层土壤硝态氮含量呈先降低后增加再降低的趋势。在增加沙化土壤硝态氮含量方面，以 2017 年 7 月各处理在 0～30cm 各土层土壤硝态氮含量的变化为例，CK1 和 CK2 处理 0～10cm、10～20cm、20～30cm 土层土壤硝态氮含量比 CK0 分别增加了 412.2%、682.1%、388.6%和 40.9%、97.5%、18.1%，JZ 改良剂处理在 0～10cm、10～20cm、20～30cm 土层土壤硝态氮含量比 CK0 分别平均增

加了 83.5%、234.6%、66.9%，其中 CK1 处理的硝态氮含量最高，整体表现为 CK1＞JZ＞CK2。

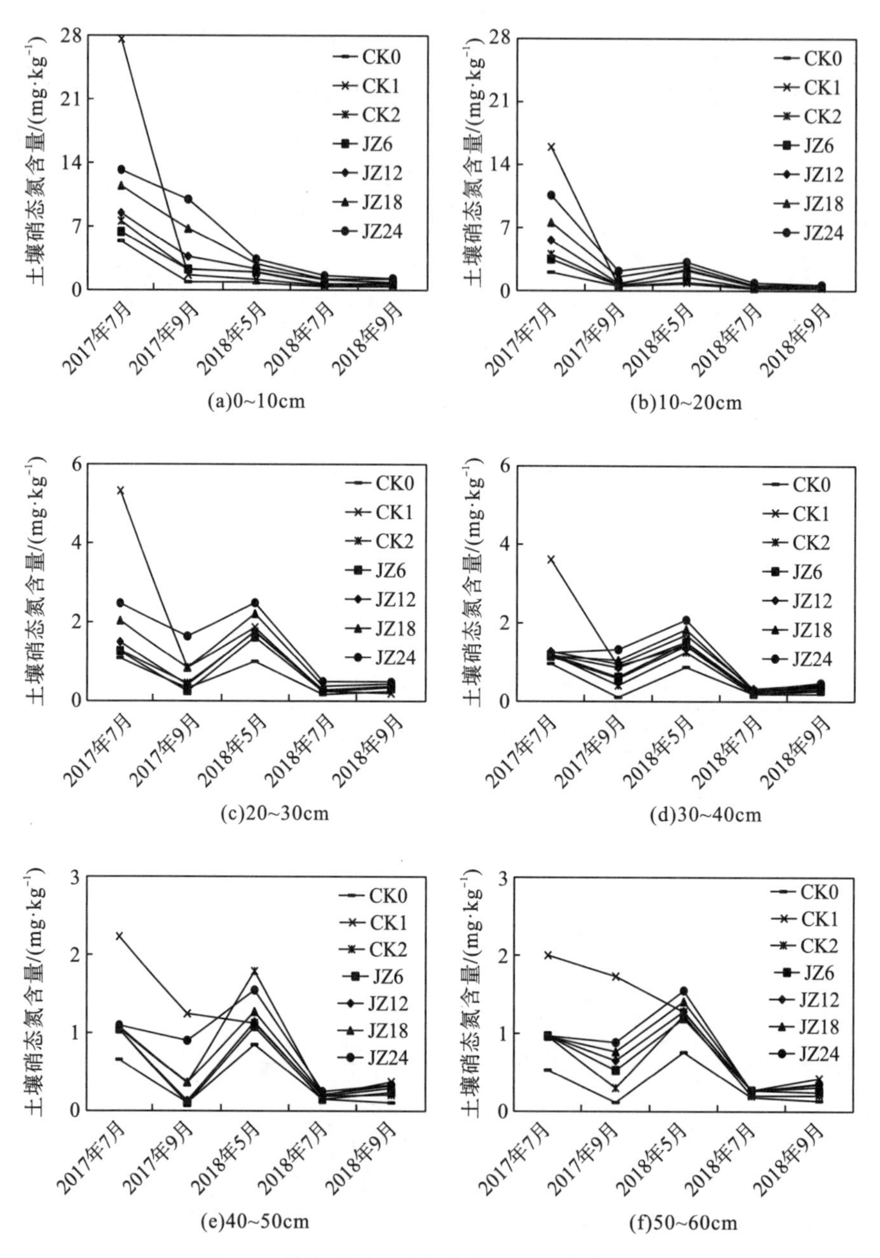

图 6-9 菌渣利用对沙化土壤硝态氮含量的影响

6.2.3.2 外源养分淋溶率

由表 6-6 可知，各处理在不同时期对外源养分的保持情况不同，外源养分淋溶率整体表现为 CK1＞JZ＞CK2，外源养分淋溶率随 JZ 改良剂施用量增加而降低。与 CK1 相比，CK2 和 JZ 改良剂处理在各时期外源养分淋溶率的均值分别较 CK1 降低了 81.6%和 80.9%。其中，CK2、JZ 处理除 2017 年 7 月的淋溶率大于 CK1 外，其余各时期的淋溶率均小于 CK1。

表 6-6　菌渣利用对沙化土壤外源养分淋溶率的影响

处理	2017 年 7 月	2017 年 9 月	2018 年 5 月	2018 年 7 月	2018 年 9 月	平均值
CK1	14.1	267.8	96.7	72.3	412.6	172.7
CK2	24.1	41.9	50.6	12.7	29.9	31.8
JZ6	38.1	63.4	47.3	24.4	58.2	46.3
JZ12	14.7	41.1	38.2	15.2	53.4	32.5
JZ18	8.3	24.9	38.1	17.4	46.2	27.0
JZ24	6.5	23.0	41.2	13.1	44.3	25.6
JZ-Average	16.9	38.1	41.2	17.5	50.5	32.9

6.2.4　植被生长与恢复

6.2.4.1　基本苗

图 6-10 结果表明，CK1、CK2 和 JZ 改良剂处理均有效增加了黑麦草的基本苗。施用第 1 年整体表现为 JZ≥CK1＞CK2＞CK0，CK1 处理基本苗显著高于 CK2 和 CK0；施用第 2 年表现为 JZ＞CK2＞CK1＞CK0，CK2 处理基本苗显著高于 CK1，CK1 与 CK0 差异不显著。增施 JZ 改良剂显著增加了黑麦草基本苗($p<0.05$)，黑麦草基本苗随外源物质施用年限增加呈降低趋势，其中 CK0、CK1 和 CK2 处理的降幅大于 JZ 改良剂。与 CK0 相比，CK1 和 CK2 处理 2017 年、2018 年的基本苗分别增加了 23.0%、5.4%和 13.7%、19.9%；JZ 改良剂处理 2017 年、2018 年的基本苗分别较 CK0 平均增加了 13.4%、33.7%。当 JZ 改良剂施用量为 $18t \cdot hm^{-2}$ 及以上时，改良剂处理的基本苗均高于 CK2。CK1 处理 2017 年的基本苗显著高于 CK2，这是由于 CK1 处理所含的速效养分含量高，有效保障了黑麦草生长前期的养分供应，提高了黑麦草的成活率，保证了较高的基本苗。到 2018 年，CK1 处理的土壤速效养分淋溶损失严重，表层土壤养分含量较低，故而基本苗数量显著低于 CK2 和 JZ 改良剂。可见，化学肥料对黑麦草基本苗的促进效果不具有长期效应。

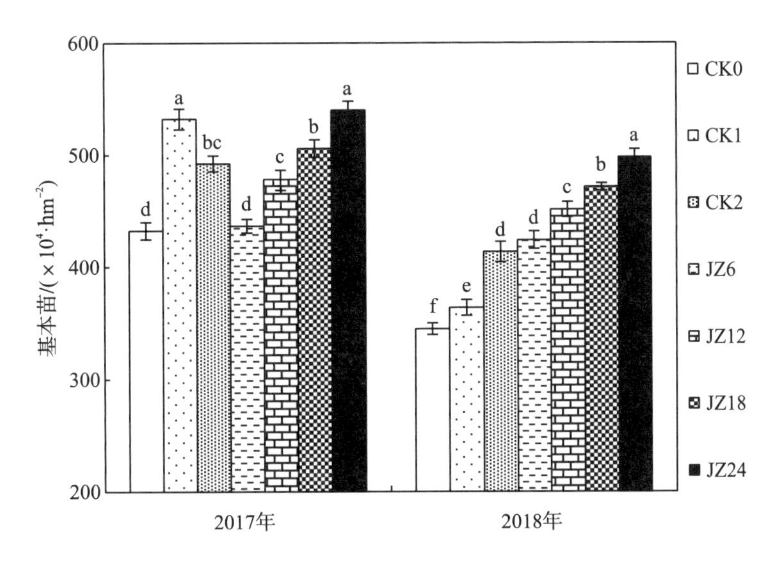

图 6-10　菌渣利用对黑麦草基本苗的影响

6.2.4.2 株高

如图 6-11 所示，CK1、CK2 和 JZ 改良剂处理均显著($p<0.05$)增加了黑麦草的株高，且株高随 JZ 改良剂施用量增加而显著增加($p<0.05$)；随施用年限的增加，CK0、CK1、CK2 处理的株高降低，而 JZ 改良剂处理的株高增加。2017 年 CK1、CK2 处理的株高分别较 CK0 增加了 97.2%、38.6%；JZ 改良剂处理的株高分别较 CK0 平均增加了 60.3%。其中，CK1 处理的株高显著高于 CK2；CK2 与 JZ6 处理的株高差异不显著。2018 年 JZ 改良剂处理的株高均显著($p<0.05$)高于 CK1 和 CK2，且 CK2 较 CK1 显著。2018 年 CK1、CK2 处理的株高分别较 CK0 增加了 25.6%、41.9%；JZ 改良剂处理的株高较 CK0 平均增加了 92.5%。

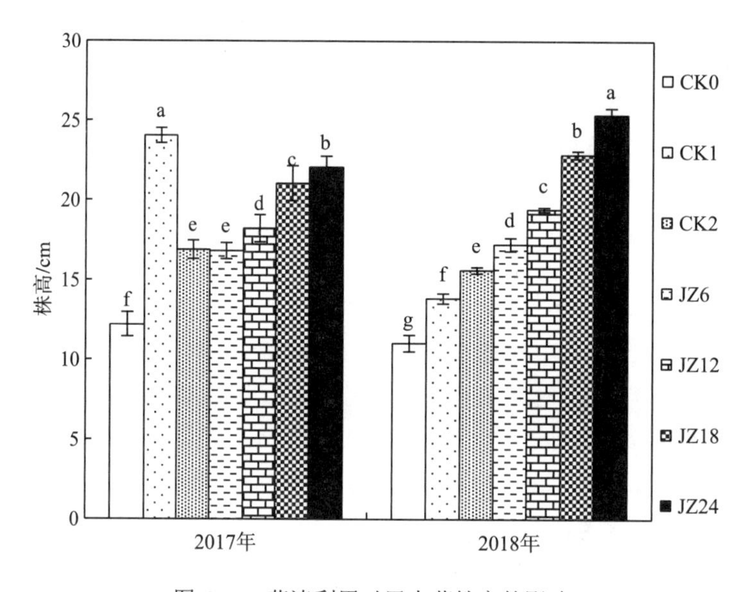

图 6-11 菌渣利用对黑麦草株高的影响

6.2.4.3 根系形态

如表 6-7 所示，CK1、CK2 和 JZ 改良剂处理均显著($p<0.05$)增加了黑麦草的总根长、总根表面积、平均根系直径和总根体积。随着改良剂施用量的增加，黑麦草根系形态指标均呈增加的趋势；随着施用年限的增加，CK0 和 CK1 处理黑麦草根系形态指标呈降低趋势，而 JZ 改良剂处理呈增加趋势。2017 年 CK1 和 CK2 处理的总根长、总根表面积、平均根系直径、总根体积分别较 CK0 增加了 155.6%、26.7%、23.8%、187.5%和 58.7%、15.6%、4.8%、25.0%，CK1 处理的各形态指标数值均显著($p<0.05$)高于 CK2；JZ 改良剂处理分别较 CK0 处理平均增加了 74.7%、8.3%、26.2%、147.0%，JZ 改良剂处理各形态指标数值均显著($p<0.05$)高于 CK2。2018 年 CK1 和 CK2 处理的总根长、总根表面积、平均根系直径、总根体积分别较 CK0 增加了 18.6%、11.4%、13.0%、33.3%和 37.0%、20.5%、0.0%、100.0%，除平均根系直径外，CK2 处理其余形态指标数值均显著($p<0.05$)高于 CK1；JZ 改良剂处理分别较 CK0 平均增加了 105.2%、13.6%、19.6%、250.0%。

表 6-7　菌渣利用对黑麦草根系形态的影响

处理	总根长/cm		总根表面积/cm^2		平均根系直径/mm		总根体积/cm^3	
	2017 年	2018 年	2017 年	2018 年	2017 年	2018 年	2017 年	2018 年
CK0	82.8f	80.7g	4.5d	4.4c	0.21e	0.23cd	0.08f	0.06g
CK1	211.6a	95.7f	5.7a	4.9b	0.26b	0.26b	0.23a	0.08f
CK2	131.4d	110.6e	5.2b	5.3a	0.22d	0.23d	0.10e	0.12e
JZ6	103.8e	128.1d	4.6d	4.5c	0.24c	0.26bc	0.16d	0.13d
JZ12	129.1d	155.2c	4.7cd	4.9b	0.27a	0.26b	0.21c	0.17c
JZ18	156.7c	177.9b	5.0bc	5.2a	0.27ab	0.30a	0.22b	0.22b
JZ24	189.1b	201.5a	5.2b	5.3a	0.28a	0.28ab	0.23ab	0.32a

6.2.4.4　叶绿素含量

如图 6-12 所示，CK1、CK2 和 JZ 改良剂处理均显著($p<0.05$)增加了黑麦草叶绿素 a 和叶绿素 b 的含量。随着 JZ 改良剂施用量的增加，黑麦草叶绿素 a 和叶绿素 b 含量显著($p<0.05$)增加；随着时间的延长，CK0、CK1 和 CK2 处理的叶绿素含量呈降低趋势，JZ 改良剂处理的叶绿素含量呈增加趋势。与 CK0 相比，2017 年 CK1 和 CK2 处理叶绿素 a、叶绿素 b 含量分别增加了 91.6%、61.1%和 35.5%、13.7%；JZ 改良剂处理分别较 CK0 平均增加了 95.7%、52.3%。其中，CK1 和 JZ 改良剂处理的叶绿素含量显著($p<0.05$)高于 CK2，当 JZ 改良剂施用量为 $18t \cdot hm^{-2}$ 及以上时，改良剂处理的叶绿素含量将高于 CK1 处理。2018 年 JZ 改良剂处理下叶绿素 a、叶绿素 b 含量均显著高于 CK0、CK1 和 CK2。与 CK0 相比，CK1 和 CK2 处理叶绿素 a 分别增加了 39.5%和 61.5%；JZ 改良剂处理叶绿素 a、叶绿素 b 含量分别平均增加了 184.4%、184.2%。其中，CK0、CK1 和 CK2 处理的叶绿素 b 含量差异不显著，叶绿素含量整体表现为 JZ＞CK2＞CK1＞CK0。

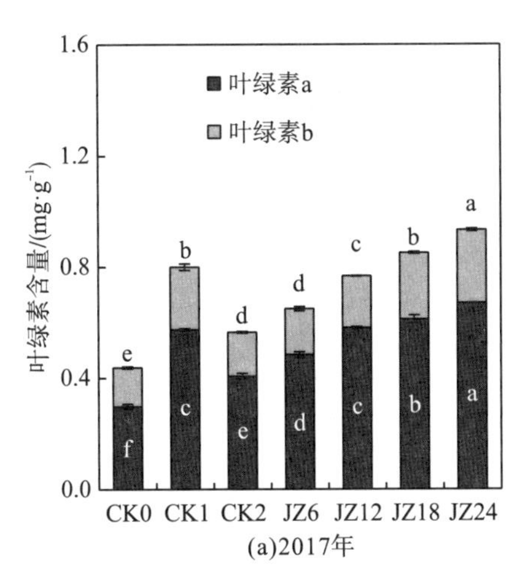

(a)2017年

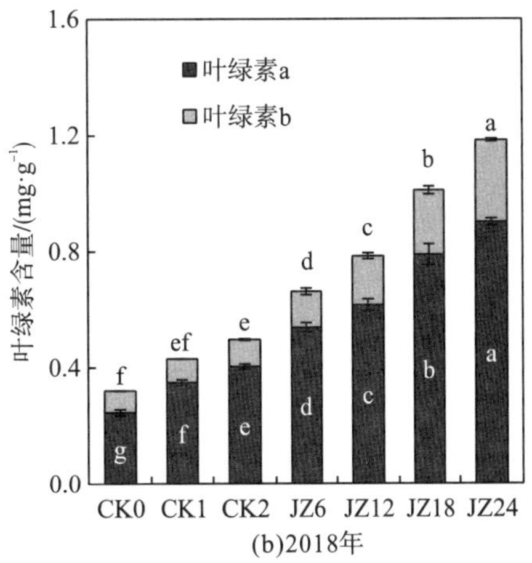

(b)2018年

图 6-12　菌渣利用对黑麦草叶绿素含量的影响

6.2.4.5 地上单株干物质量和群体干物质量

如图 6-13 所示，CK1、CK2 和 JZ 改良剂处理均显著增加了黑麦草地上单株干物质量和群体干物质量。随着时间的延长，CK1、CK2 处理的地上单株干物质量和群体干物质量均呈下降趋势，而 JZ 改良剂处理则呈升高趋势。其中，施用第 1 年，各处理黑麦草地上单株干物质量和群体干物质量均较 CK0 显著($p<0.05$)增加，CK1 处理的地上单株干物质量和群体干物质量最大；而施用第 2 年，CK1 处理与 CK0 差异不显著，JZ 改良剂处理的地上单株干物质量和群体干物质量均显著($p<0.05$)高于 CK1、CK2，CK2 较 CK1 显著增加。2017 年 CK1 和 CK2 处理的地上单株干物质量、群体干物质量分别较 CK0 增加了 274.1%、337.3%和 77.7%、91.7%；JZ 改良剂处理的地上单株干物质量和群体干物质量分别较 CK0 平均增加了 135.3%、157.2%。2017 年 CK1 处理的地上单株干物质量和群体干物质量最高，是因为 CK1 处理的速效养分含量高，黑麦草个体发育好、分蘖多，使地上单株干物质量和群体干物质量较高。到 2018 年，CK1 和 CK2 处理的地上单株干物质量、群体干物质量分别较 CK0 增加了 13.3%、33.7%和 95.8%、153.3%；JZ 改良剂处理的地上单株干物质量和群体干物质量分别较 CK0 平均增加了 290.1%、447.7%。

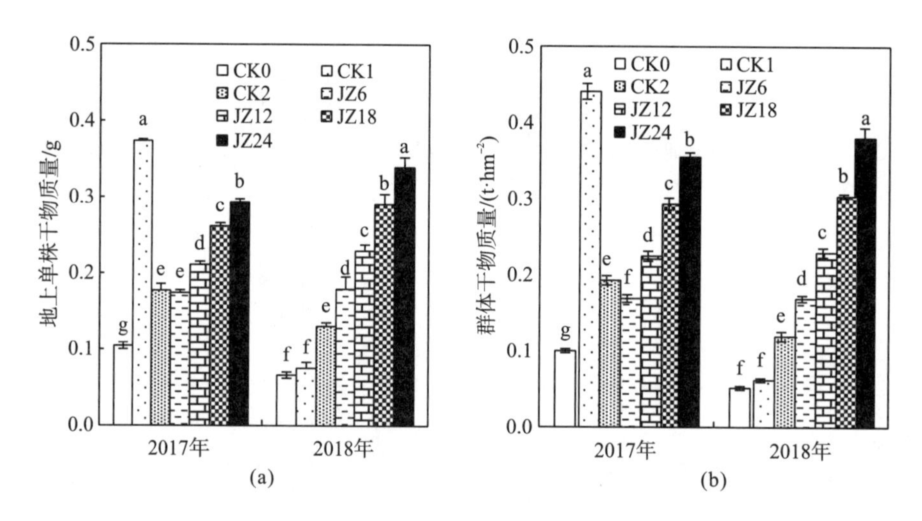

图 6-13 菌渣利用对黑麦草单株干物质量和群体干物质量的影响

6.3 本 章 小 结

施用菌渣颗粒产品可有效增加土壤含水量、毛管孔隙度和大团聚组分含量，同时降低土壤容重，改善土壤物理特性，且随施用量和年限的增加对土壤物理性状的改善越明显。菌渣颗粒产品含有丰富的氮、磷、钾等营养物质，可显著提高沙化土壤全氮、速效氮含量，同时降低外源养分淋溶损失，提高土壤保肥能力。另外，随着施用量的增加土壤全氮、速效氮含量也显著增加。

菌渣作为食用菌生产的废弃物，含有丰富的有机碳，对土壤有培肥作用。施用菌渣颗粒产品显著增加了沙化土壤总有机碳含量、有机碳储量、活性有机碳含量、微生物量碳含量和碳库管理指数，且施用量越大效果越好。施用 12t·hm^{-2} 菌渣颗粒产品对土壤有机碳提升的效果与当地施用 20t·hm^{-2} 牦牛粪的效果相当。施用菌渣颗粒产品显著提高了土壤活性有机碳含量和微生物量碳含量，且各施用量下土壤活性有机碳含量和微生物量碳含量均显著高于常规施用牦牛粪处理。

菌渣颗粒产品通过改善土壤理化特性，增加了土壤有机碳含量，提高了沙化土壤保水保肥能力，可显著促进地上植被的生长。施用菌渣颗粒产品可显著提高地上植被黑麦草基本苗、株高、叶绿素含量、地上单株干物质量和群体干物质量，有效地促进了黑麦草的生长发育。在施用量为 24t·hm^{-2} 的情况下，沙化土壤施用菌渣颗粒产品后的第 1 年里，其地上植被的生长状况与施用当地常规牦牛粪的沙化土壤差异不大。第 2 年里，各施用量下的菌渣颗粒产品处理后的沙化土壤地上植被生长状况均优于常规牦牛粪处理的沙化土壤。可见，菌渣颗粒产品在改良培肥沙化土壤和促进植被恢复方面优于常规施用牦牛粪处理，且具有长期效应。综合考虑菌渣颗粒产品改良土壤效果、成本和地上植被生长状况，本书认为在川西北高寒地区，菌渣颗粒产品改良重度沙化土壤的施用量在 18t·hm^{-2} 左右较适宜。

第7章　生物炭与堆肥产品改良沙化土壤效应

川西北地区畜牧养殖业较为发达，是当地牧民的主要经济来源。但是，随着养殖规模不断扩大，畜牧养殖业废弃物的处理成为了亟待解决的问题。本章以当地常见的牛羊粪便作为原材料，通过对牛羊粪便的热解炭化和厌氧发酵处理得到生物质炭和堆肥产品，按照碳肥混施配比工艺进行配比，并结合土柱试验、盆栽试验和野外田间试验，探讨其对川西北高寒草地沙化土壤改良的综合效应，为碳肥混施技术应用于川西北沙化土壤改良提供依据。

7.1　生物炭与堆肥产品生产工艺与配方设计

7.1.1　产品原料及制备工艺

以牛粪、羊粪为原材料，进行生物质炭的制备。原材料在600℃进行热解炭化制备。热解炭化炉升温前向炉内通入氮气（$1L·min^{-1}$），一直持续到炉内温度冷却至室温，以确保生物质原料在热解炭化过程中处于无氧或缺氧状态。当热解炭化炉内温度升高至目标温度时，将500g生物质原料通过进料管缓慢加入热解炭化炉内，热解1h后，关闭仪器，使炉内开始降温，直至炉内温度冷却至室温（20℃）。热解炭化炉如图7-1所示。

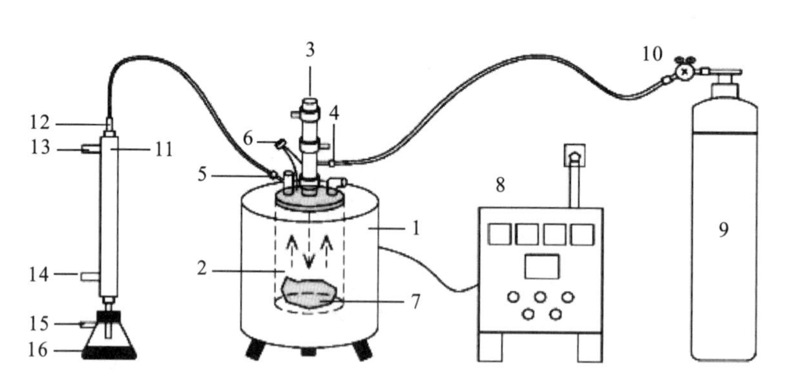

图7-1　热解炭化炉

1.热解炉；2.内部反应区；3.原料进料口；4.氮气进气口；5.焦油出油口；6.热电偶；7.固态产物；8.电阻箱；9.氮气瓶；10.压力阀；11.冷凝管；12.焦油进油口；13：出水口；14.进水口；15.气态产物；16.液态产物

牛羊粪堆肥则是将牛羊粪便堆在温室大棚内，呈圆锥形，锥高约 70cm，再加入一定量的发酵剂，并在牛羊粪上均匀喷洒一定量的水，水量不宜过多，刚好浸湿牛粪即可，不会出现水流出的现象，最后在外部再撒上一层碎秸秆。根据温度的变化进行翻堆，通常温度达到 50℃以上会翻堆一次，整个发酵时间持续近一个月。

7.1.2　产品基本理化性质

供试材料的基本理化性质显示：材料炭化后 pH 都有所提高，呈碱性，而有机质含量经过高温热解后含量显著降低。经过堆肥，氮含量显著提高，这与谢胜禹等（2019）的研究一致，说明堆肥可以提高氮含量，而高温裂解后，生物炭中的大量氮元素损失，使得氮含量降低。由表 7-1 可知，生物炭中有效磷含量显著提高，刘玉学等（2016）研究表明生物炭的热解炭化过程中，经过碳元素的挥发和有机磷化学键的断裂，磷的有效性能够得到极大的提高。

表 7-1　供试材料基本理化性质

原料	pH	有机质/%	总氮/(g/kg)	碱解氮/(mg/kg)	铵态氮/(mg/kg)	硝态氮/(mg/kg)	全磷/(g/kg)	有效磷/(g/kg)
牛粪炭	9.9	7.32	11.9	18.2	6.95	98.4	9.06	396
牛粪堆肥	7.1	12.8	33.8	465	315	43.9	7.97	177
羊粪炭	10.2	11.6	11.9	42.0	3.71	15.8	18.5	767
羊粪堆肥	7.8	21.8	23.7	733	20.1	116.4	13.4	374

7.1.3　FTIR 分析

由图 7-2 可以看出，相同处理下的供试材料含氧官能团的特征吸收峰的位置基本相同，表明其表面基团种类大致相同，但特征吸收峰的峰强存在差异，说明各处理下的供试材料含有的官能团的丰富程度不同。位于波数 3430cm^{-1} 左右的吸收峰是酚式羟基 O—H 伸缩振动产生的吸收峰，对比各处理的供试材料，牛粪材料酚式羟基 O—H 含量丰富，大量自由和相关的羟基以及结构性羟基分解，这与 Lu 等（2013）和 Hossain 等（2011）的研究结果相类似；而位于波数 1600cm^{-1} 左右的吸收峰代表着芳环 C═C、C═O 的伸缩振动（Chia et al.，2012），可以发现在此处，生物炭的吸收峰波动较小，表明生物炭的芳香化程度逐渐升高，吸附性能逐渐增强，可能是因为热解过程中生物质炭中的官能团与其他物质发生了络合反应（Lu et al.，2012）。位于波数 1440cm^{-1} 左右的吸收峰和位于波数 1040cm^{-1} 左右的吸收峰分别代表脂肪链和芳香环 C—O 的伸缩振动，有学者在对污泥炭的研究中发现，在该波段，代表芳香环 C—O 伸缩振动的吸收峰的强度几乎没有变化，即不受温度的影响（Jin et al.，2016）。除了上述两处吸收峰以外，其他各吸收峰峰强都呈现出牛粪供试材料高于羊粪材料，说明牛粪材料分解得更加充分，芳香化程度更高，吸附能力也得到了增强。

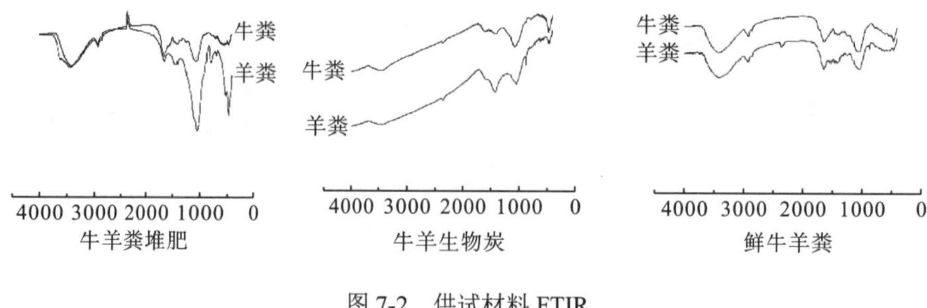

图 7-2　供试材料 FTIR

7.1.4　扫描电镜(SEM)分析

图 7-3 为供试材料的扫描电镜图。由图可以看出，鲜样和堆肥样品外形比较规整，表面相对光滑，而炭化后的材料表面粗糙，孔隙数量较多，成分大小不一，各不相同，比表面积增大，且多为不规则的絮状固体，也有少数的较小的边角锋利的块状固体，可能是由于粪便组织中含有大量的蛋白质、脂肪、有机酸、纤维素等。放大电镜倍数后可以清晰地看到炭化后材料颗粒间的团状结构呈现不规则的絮状，表面不光滑，并且间距紧密，表面有突起物，比表面积较大。因此，炭化后的材料拥有复杂的孔隙结构和巨大的比表面积，更利于吸收水分和养分，并且随着温度的升高，生物质炭的表面形态和孔隙结构得到了发育，这种炭化后孔隙结构发育的特性更加明显(Jin et al.，2017)。

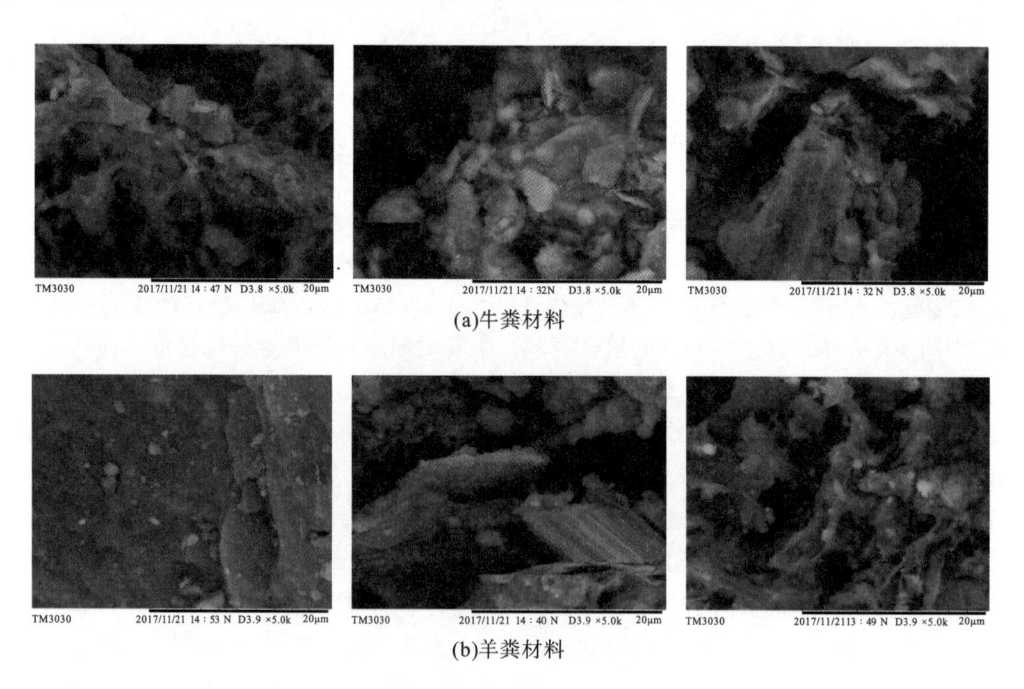

(a)牛粪材料

(b)羊粪材料

图 7-3　供试材料扫描电镜图

从左至右依次为鲜样、堆肥、生物炭，放大倍数为 5k 倍

7.1.5 XRD 分析

X 射线衍射(x-ray diffraction，XRD)主要用于分析和判断样品中晶体物质的微观结构，江泽慧等(2004)指出生物质炭的稳定性通常与炭微晶结构的发展程度相关。图 7-4 是各处理下供试材料的 X 射线衍射图谱，可以有效地表征生物质炭中所含晶体物质的微观结构，通过对材料的 X 射线衍射图谱分析并与 TADE 卡片对比分析可知，生物质炭表现出较强的晶型结构，矿物在 2θ=26.52°处出现一处峰强较大的主峰，在 2θ=28.14°和 2θ=29.32°处可以发现两处次峰，为石墨结构特征峰。此外，对比所有供试材料来看，生物质炭的 X 射线衍射图谱中杂峰较多，说明在高温热解时发生了石墨化，使生物质炭中的晶体碳增加，结构趋于稳定(Cohen-Ofri et al.，2007)。

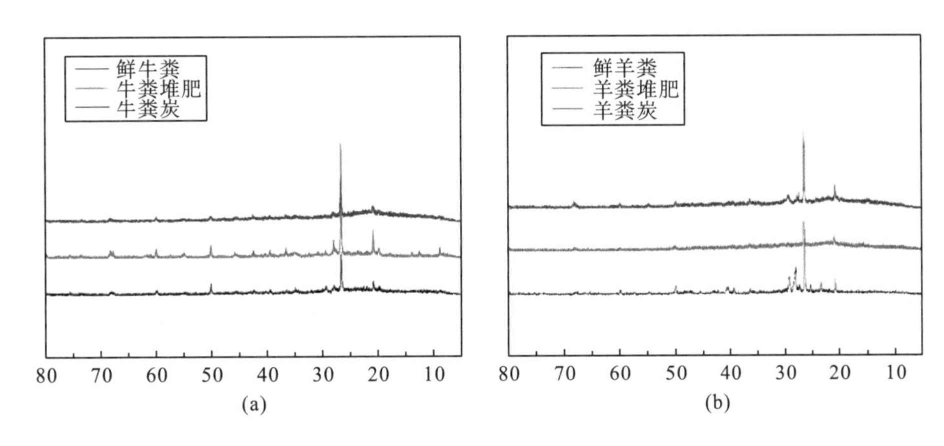

图 7-4 供试材料 XRD 图谱

7.1.6 元素分析

元素分析的结果显示(表 7-2)，相比于鲜样和堆肥，热解炭化后的 C 含量明显升高，H、N、S 含量都有所降低，这与许多之前的研究结果都类似，李飞跃等(2015)指出是由其他元素含量的变动引起，也可能因为随着温度的增加，灰分的含量也在增加。

表 7-2 材料元素含量表

样品	N/%	C/%	H/%	S/%	C/N	H/C
鲜牛粪	1.64	34.09	4.81	0.29	20.76	0.14
牛粪堆肥	2.62	8.52	1.65	0.31	13.78	0.19
牛粪炭	1.12	35.2	1.23	0.28	31.45	0.04
鲜羊粪	2.57	31.21	4.45	0.58	12.13	0.14
羊粪堆肥	3.31	31.48	4.84	0.55	9.51	0.15
羊粪炭	1.27	36.59	1.06	0.54	24.02	0.04

C/N 摩尔比是用来表示与 N 相关的官能团参数，Tan 等(2014)研究表明 C/N 摩尔比越大，与 N 相关的官能团的数量越少。与鲜样和堆肥相比，热解炭化后的材料 C/N 摩尔比显著增加，Yuan 等(2011)指出这可能是由于在热解过程中 N 的损失较大，并且可能温度越高损耗越多。

Keiluweit 等(2010)提出 H/C 摩尔比是用来表征炭化水平的参数，H/C 摩尔比的降低，可以表明产物芳香化水平的升高。与鲜样和堆肥相比，热解炭化后的牛羊粪材料 H/C 摩尔比显著降低，说明材料炭化后芳香化程度增加，较高的热解温度有助于脱氢反应的进行，在热解炭化过程中能够得到稳定的高聚合芳香烃结构(王晓洁等，2018)。

7.1.7 聚丙烯酰胺

聚丙烯酰胺(PAM)是一种易溶于水但不溶于大多数有机溶液的线状有机高分子聚合物(Yan and Zhang，2008)。Wang 等(2006)提出 PAM 长链上的烯胺基可亲和、吸附许多物质，产生氢键，从而吸附土壤颗粒，而其黏性的大小是由分子量的大小、PAM 分子在水溶液中的形态决定。PAM 分子在土壤颗粒间起着一种桥梁的作用，能够把表层土壤颗粒连接在一起，从而改善表层土壤的物理结构。并且它是一种无毒、无污染的土壤结构改良剂，相比于其他固沙保水剂更加环保(李元元和王占礼，2016)。

7.2 田间试验

7.2.1 生物炭堆肥产品对沙化土壤理化性质的影响

表 7-3 为田间试验的不同的处理，共设置 6 个处理，含 1 个对照处理。以探讨不同的生物炭及堆肥混施材料对沙化土壤养分含量的影响。

表 7-3　不同改良剂成分对照表

处理名称	生物炭/g	堆肥/g	PAM/g
C0	—	—	—
C1	15	15	—
C2	—	—	10
C3	15	15	10
C4	15	—	—
C5	—	15	—

7.2.1.1 生物炭堆肥产品对土壤氮素的影响

图 7-5、图 7-6 显示牛羊粪生物炭及堆肥对土壤氮素的影响。由两图可知，C2 和 C3 处理能显著增加土壤总氮含量，其他处理虽也能增加土壤总氮含量，但效果不显著（$p>0.05$）。

对于土壤硝态氮含量，牛粪产品处理中 C1、C2 和 C3 对比 C0 分别提高 112%、103.1%和 133.8%，而羊粪产品中仅 C3 处理显著高于对照处理。但两种产品的 C4 和 C5 处理后的硝态氮含量均低于对照处理。可知，生物炭+堆肥+PAM 的处理才能显著提高沙化土壤硝态氮含量（$p<0.05$）；对于土壤铵态氮，牛粪及羊粪各处理中铵态氮含量均低于 C0，差异性明显（$p<0.05$）。而除了 C0 外，C2 处理的铵态氮含量明显高于其余处理组。土壤碱解氮的变化趋势与全氮相同，C2 和 C3 处理明显增加了沙化土壤中碱解氮含量（$p<0.05$）。然而，C1、C4 和 C5 处理中碱解氮含量低于 C0。

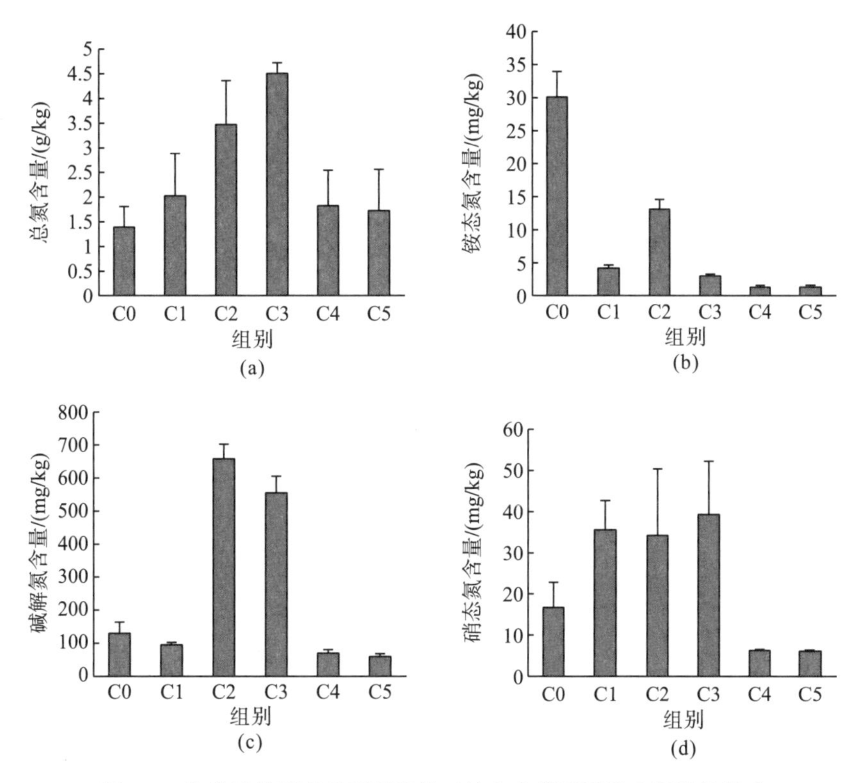

图 7-5　牛粪炭堆肥产品不同配施对沙化土壤不同形态氮素的影响

生物炭和堆肥都是良好的土壤改良产品，然而在沙化土壤中，单一施加一种产品均不能达到较好的效果，混施牦牛粪生物炭以及堆肥产品，并辅助以 PAM 才能有效改良土壤养分含量，降低沙化土壤养分淋溶。

从上述结果可知，只有 C2、C3 能够显著增加土壤的总氮和碱解氮的含量($p<0.05$)。这主要是因为 PAM 本身含有 19.7%的总氮量，使用 PAM 可以直接增加土壤全氮含量。另一方面 PAM 可以有效改善沙化土壤粒径组成，从而减少土壤总氮和碱解氮的淋溶流失，为作物生长提供必要的氮素。对于硝态氮来说，单施生物炭或者堆肥都不利于土壤硝态氮的留存，但混施碳肥产品及添加 PAM（C3 处理）能够明显增加硝态氮的含量（$p<0.05$）。这一方面是因为试验所用的牛羊粪生物炭含有较多的碱性元素，在提高土壤 pH 的同时，可以抑制硝化反应的进行(吴丹等，2015)，说明只添加生物炭不利于氮素进行硝化反应。另一方面，PAM 与水相互作用形成的黏聚作用力能有效地缓解水分的流失，减少硝态氮的淋溶。与 C0 相比，

所有处理铵态氮含量均有所下降，仅 C2 处理下的铵态氮含量明显高于除 C0 外的其他各处理(p<0.05)。张亚丽等(2004)研究指出铵态氮在一定条件下会发生硝化作用，以硝态氮的形式流失。张弘等(2017)研究表明，只施用生物炭对减少土壤铵态氮作用不明显。单施堆肥和单施生物炭的实验组铵态氮含量低于混施碳肥实验组，说明混施碳肥能有效阻止铵态氮流失。

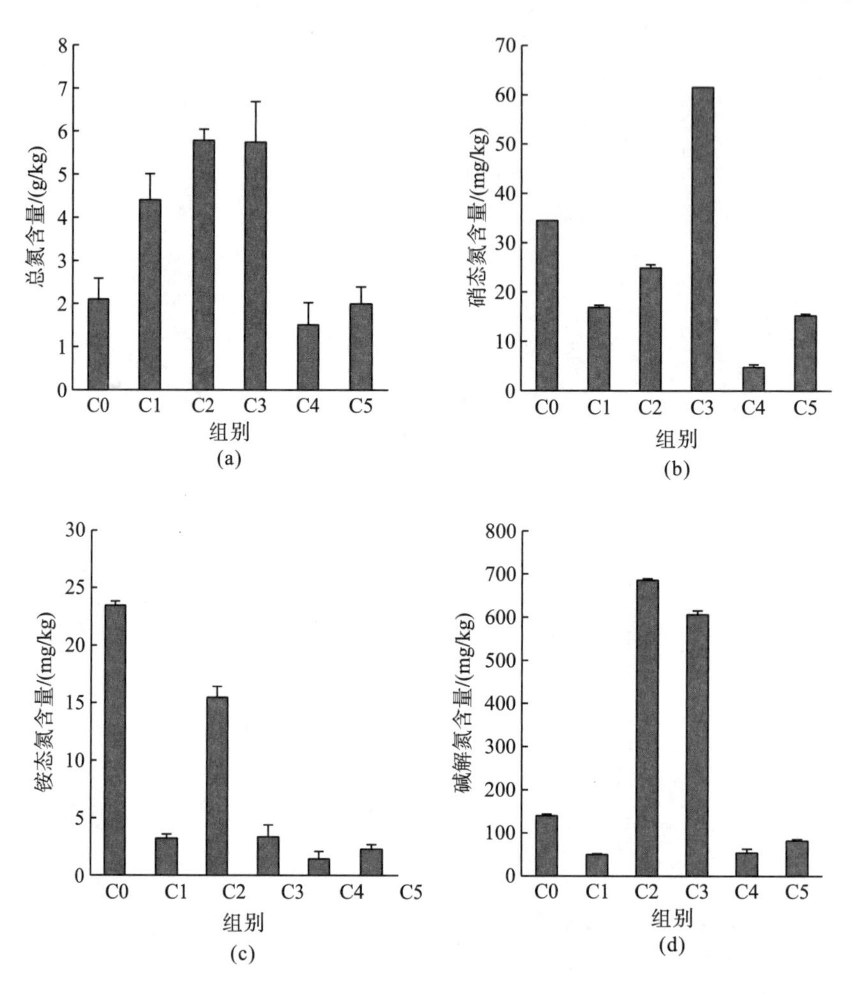

图 7-6　羊粪炭堆肥产品不同配施对沙化土壤不同形态氮素的影响

土壤中硝态氮和铵态氮的含量变化比较频繁，这是由于土壤中一直存在着硝化和反硝化的动态过程。对比图 7-6(b)和图 7-6(c)，各处理下的硝态氮含量明显高于铵态氮含量，说明此时以硝化反应为主，Gai 等(2014)和 Hollister 等(2013)认为：在研究过程中所用沙土沙粒含量高，具有较好的通气性能，使得土壤中的氮本身就是以硝态氮为主要存在形态，也可能是由于羊粪炭化和堆肥产品的加入滋生了土壤微生物的活力，尤其是提高了氨氧化细菌的丰度，从而促进了硝化反应的进行(潘逸凡等，2013)。

7.2.1.2　生物炭及堆肥对土壤磷素的影响

图 7-7、图 7-8 分别为牛粪和羊粪生物炭及堆肥对土壤磷素的影响。由两图可知，C1、

C2、C3 处理可增加土壤中总磷和有效磷的含量。但是 C4 和 C5 处理的土壤总磷和有效磷含量低于对照处理。张宝贵和李贵桐(1998)提出磷在土壤中易固定，施入土壤的可溶性磷肥大部分以无效态即难溶形式在土壤中累积，容易造成磷肥的当季利用率低，通常只有10%～25%。而生物炭作为一种外源输入的新型功能材料，直接或间接参与土壤生态系统中的磷素循环，并对土壤磷素物质转化过程产生重要影响。刘玉学等(2016)、Angst 和 Sohi(2013)和 Streubel 等(2011)指出，一方面生物炭能够吸附土壤中磷元素，减少流失，而另一方面，因为在生物炭的热解炭化过程中，经过碳素挥发和有机磷化学键的断裂，其中磷的有效性能够得到极大提高，使得可溶性磷盐残留在生物炭中，生物炭能抑制土壤中可溶性磷与其他离子的结合，提高磷肥利用率，促进植物对磷的吸收。然而在本研究中，C4 为单施生物炭处理，其效果并不显著。说明只添加生物炭，没有添加其他组分，会导致沙化土壤有效磷流失。所以在沙化土壤中不能单施用生物炭，而应该是碳肥混施。对于 PAM 处理来说，PAM 与水相互作用形成的黏聚作用力能有效地缓解水分的入渗，并减少水分在土壤下层的渗漏，减少了水分流失(韩凤朋等，2010)，同样可以缓解有效磷素淋溶。

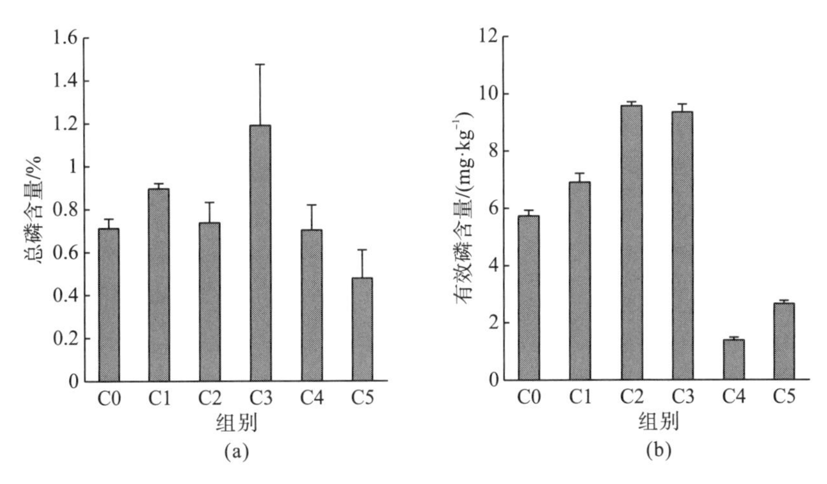

图 7-7　牛粪炭堆肥产品不同配施对沙化土壤不同形态磷素的影响

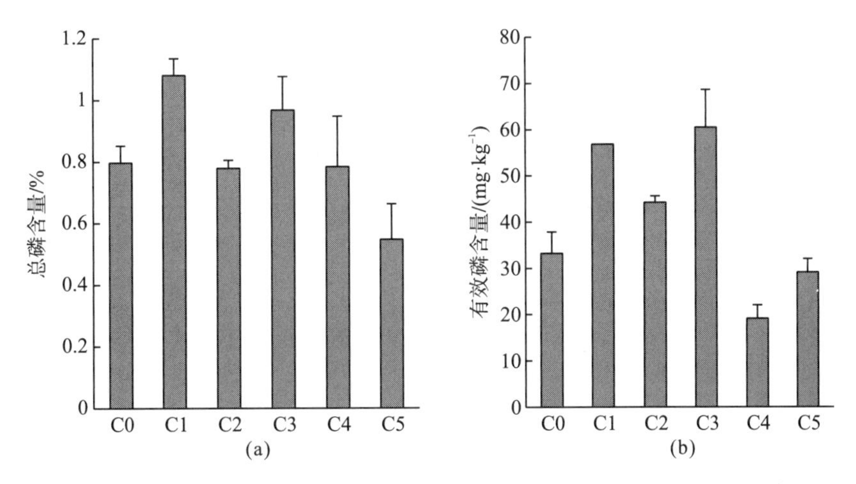

图 7-8　羊粪炭堆肥产品不同配施对沙化土壤不同形态磷素的影响

7.2.1.3　生物炭及堆肥对土壤 pH 和有机质的影响

图 7-9、图 7-10 为牛粪和羊粪生物炭及堆肥对土壤 pH 和有机质的影响。对于不同处理，C1、C3、C4、C5 处理下的土壤 pH 均显著提高($p<0.05$)，这是由于生物炭和堆肥均为碱性。谢祖彬等(2011)指出热解生物质炭的添加都能增加土壤 pH，但畜禽粪便制成的生物质炭因其含有更多的灰分，要较木炭和秸秆有更高的 pH。

而对于土壤有机质来说，C1、C3、C4 的处理结果明显高于 C0 的有机质含量($p<0.05$)，C3 处理效果最好，这主要是因为生物炭和堆肥产品本身能够增加土壤中有机质的含量，生物炭作为一种本身具有大量有机质的改良剂，可以提高土壤中有机质的含量，其本身巨大的比表面积和良好的吸附及固定能力，能吸附土壤中的有机物(袁耀等，2015)。Middelburg 等(1999)和 Glaser 等(1998)的研究证实生物炭有助于土壤有机质的积累，土壤中生物炭表面可部分被轻度氧化形成羰基、酚基和醌基，提高土壤的阳离子交换量，增加对有机质的吸附。而再添加 PAM 可以有效降低有机质的淋溶损失。

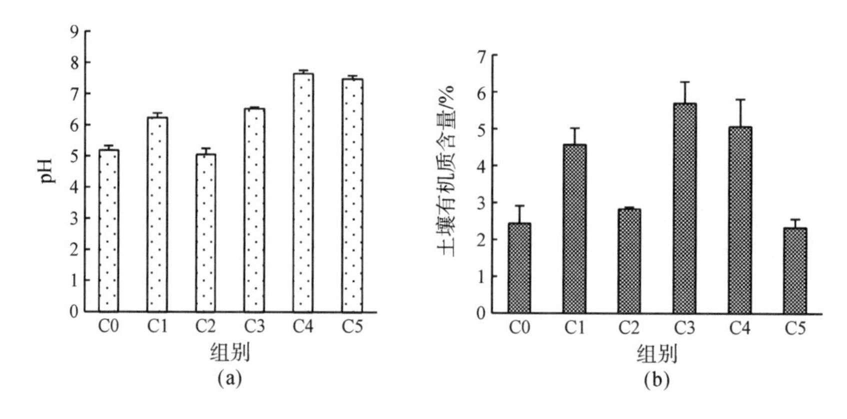

图 7-9　牛粪生物炭堆肥对沙化土壤 pH 和有机质的影响

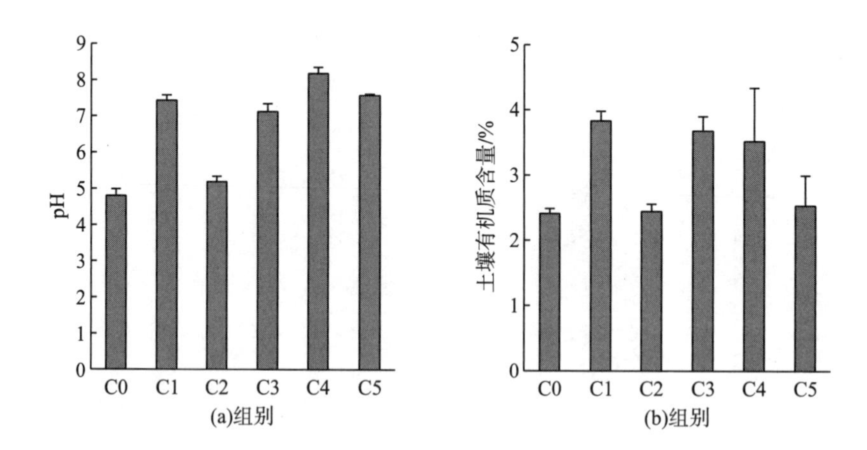

图 7-10　羊粪生物炭堆肥对沙化土壤 pH 和有机质的影响

7.2.2　生物炭堆肥对土壤微生物结构与功能的影响

7.2.2.1　生物炭堆肥初期细菌含量

图 7-11 是各土柱不同深度的细菌含量，从图中可以看出 h1、h2、h3 的各深度梯度的细菌含量普遍高于没有添加生物炭和堆肥的 h0；H1、H2、H3 的各深度梯度细菌含量同样普遍高于没有添加生物炭和堆肥的 H0。h0 添加了 PAM，此土柱的细菌含量高于没有添加 PAM 的 H0。从前处理得知，生物炭和羊粪堆肥的混合土壤装填在距离表层 0～20cm 处。观察图表得出，装填混合生物炭和堆肥的混合土壤 h1、h2、h3、H1、H2、H3 的 0～20cm 处细菌含量普遍明显高于 20～40cm 处；而没有装填混合生物炭和羊粪堆肥的混合土壤 h0、H0 的 0～20cm 处细菌含量与土柱底部细菌含量没有明显区别。

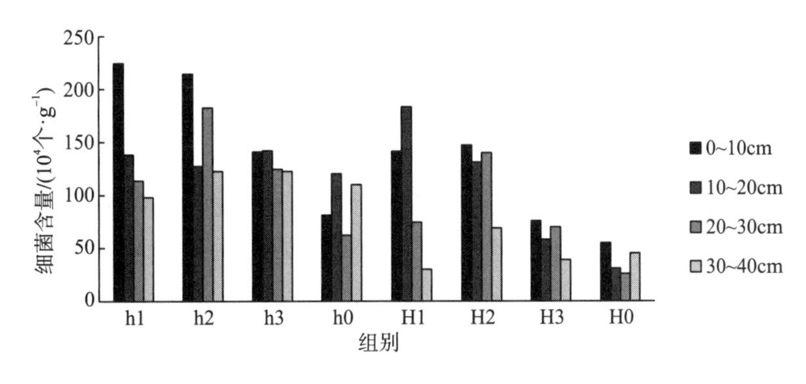

图 7-11　不同土壤深度的细菌含量

注：H1.全肥处理；H2.碳肥 1∶1 处理；H3.全碳处理；H0.空白对照；添加 PAM 后标记为 h

7.2.2.2　生物炭堆肥对细菌总量影响的变化趋势

图 7-12 为土柱细菌总量的变化趋势，细菌总量为各个深度梯度细菌的总和。从图中看出，前三次采样 h1、h2、h3 的细菌总量略有波动，但都维持在比较高的数量水平，在第四次采样时骤减，第五次采样又呈现骤增趋势，最后试验 60 天时的细菌总量高于试验初期；H1、H2、H3 的细菌总量呈先增加后降低的趋势，在第二次采样时数量达到最大，实验 60 天时的细菌总量低于试验初期；而 h0 与 H0 呈先增加后减少的趋势，同样呈现实验 60 天时的细菌总量低于试验初期的情况。

观察试验前后的细菌总量情况，可得出生物炭作为改良材料比堆肥更利于细菌总量的增加。而添加 PAM 处理的土壤细菌总量要高于未添加 PAM 处理土壤的，主要是因为沙化土壤容易因失水而变得干燥，土粒分散，从而导致土壤中细颗粒含量降低，保水保湿能力变差，土壤生态环境较差，土壤结构不稳定，但添加 PAM 有利于养分的保留，使得表层土壤微生物含量增加。

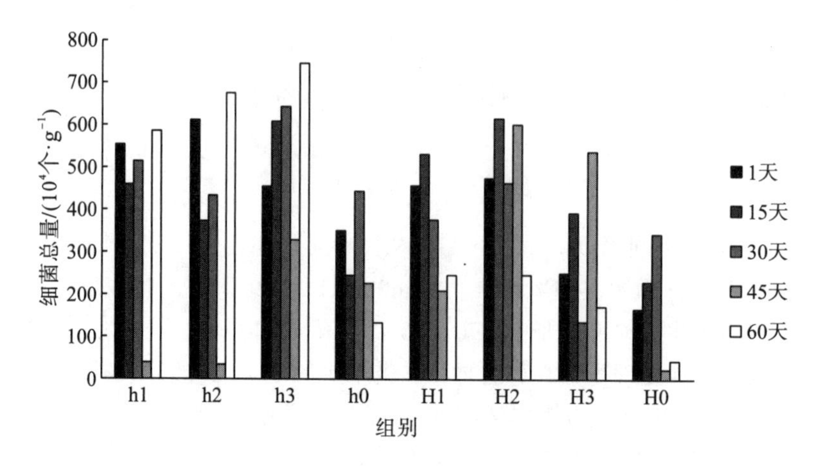

图 7-12　土柱细菌总量变化趋势

7.2.3　牛羊粪利用对土壤有机碳库的影响

图 7-13 表示不同用量生物质炭和堆肥对沙化土壤矿化速率和矿化量的影响。图 7-13(a)中，k2、k3 处理矿化速率明显高于 k1、k4，相应地，图 7-13(b)中 k2、k3 处理矿化量明显高于 k1、k4。这个图可以说明堆肥中有机肥含量高，所以 CO_2 释放速率就高，而生物炭在制备的过程中，当温度达到 500℃以上，有机碳含量就相对较低，基本都是无机碳，所以 CO_2 释放量很低。

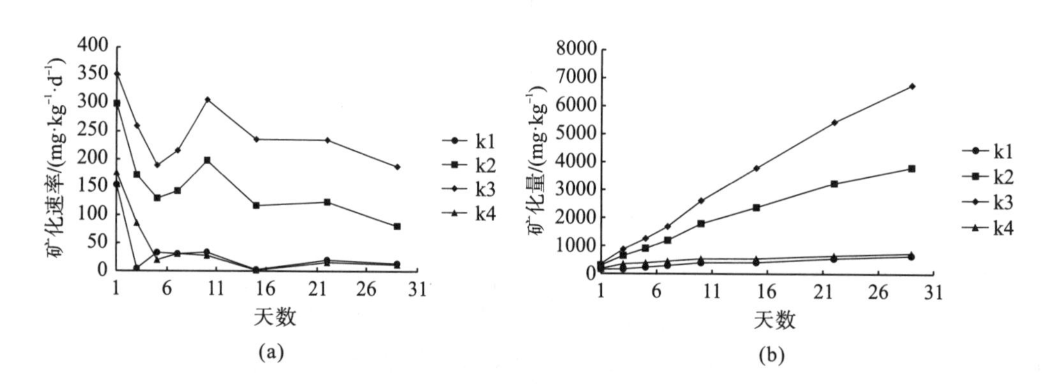

图 7-13　生物质炭及堆肥产品对沙化土壤矿化速率、矿化量的影响

注：k1.100g 沙化土壤中添 3g 600℃生物质炭；k2.100g 沙化土壤中添加 1.5g 600℃生物质炭、1.5g 堆肥；k3.100g 沙化土壤中添加 3g 堆肥；k4.100g 沙化土壤(对照)

图 7-14 表示不同温度羊粪生物质炭对沙化土壤矿化速率和矿化量的影响。图 7-14(a)中，加入生物质炭处理的矿化速率总体上略高于对照处理。图 7-14(b)中，加入生物质炭处理的矿化量均高于对照处理，且随着制备生物质炭的温度升高，其矿化量逐渐接近对照组。

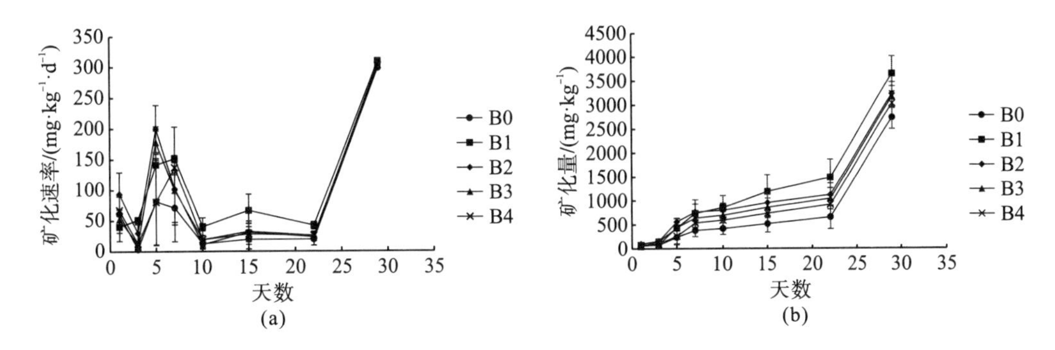

图 7-14　不同温度羊粪生物质炭对沙化土壤矿化速率、矿化量的影响

注：B0.100g 沙化土壤(对照)；B1.100g 沙化土壤中添加 3g 400℃生物质炭；B2.100g 沙化土壤中添加 3g 500℃生物质炭；B3.100g 沙化土壤中添加 3g 600℃生物质炭；B4.100g 沙化土壤中添加 3g 700℃生物质炭

7.2.4　牛羊粪利用对养分淋溶的影响

淋溶试验部分主要探讨牛羊粪炭化及堆肥产品对沙化土壤中养分向下淋溶损失的影响。试验设置8个处理组，见表7-4。

表 7-4　不同改良剂成分对照表

处理名称	生物炭	堆肥	PAM
H0	—	—	—
H1	—	1.5%	—
H2	0.75%	0.75%	—
H3	1.5%	—	—
h0	—	—	0.25%
h1	—	1.5%	0.25%
h2	0.75%	0.75%	0.25%
h3	1.5%	—	0.25%

注：以上百分比为改良剂占表层土壤（0～20cm）的质量比。

7.2.4.1　生物炭堆肥对土壤酸碱度的影响

图 7-15、图 7-16 为不同深度下不同处理的土壤 pH。可知，H1、H2、H3 处理的各个深度土壤 pH 都高于 H0，0～20cm 的土壤进行了前处理，而 20～40cm 土壤 pH 仍大于原土对应深度土壤 pH，这是因为碱离子通过淋溶行为随着模拟降水向下移动。在 0～20cm 处经过前处理的土壤 pH 和 H0 的相比差距比较明显，分别增加 0.738、0.962、1.05 个单位，而 20～40cm 差距就显得比较小，分别增加 0.138、0.253、0.494 个单位，而 30～40cm 处经过处理的实验组土壤 pH 略高于 H0，相比 H0 分别增加 0.074、0.162、0.214 个单位，说明随着深度增加，碱离子淋溶的能力越弱，也有可能是碳肥分子具有一定的吸附能力。而观察添加 PAM 的实验组，在 20～40cm 处 h1、h2、h3 与 h0 相比，土壤 pH 差距更小，分别增加 0.185、0.201、0.023 个单位，说明加入 PAM 有效控制了碱离子淋溶的趋势。

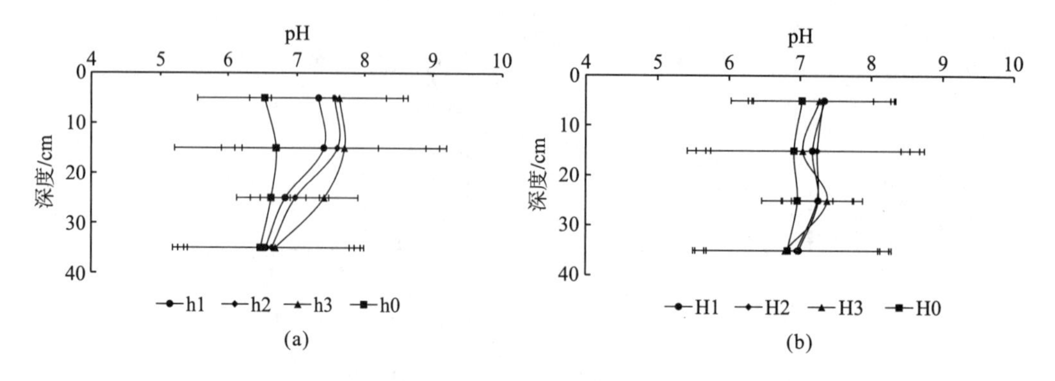

图 7-15　不同深度不同处理对土壤 pH 的影响(牛粪)

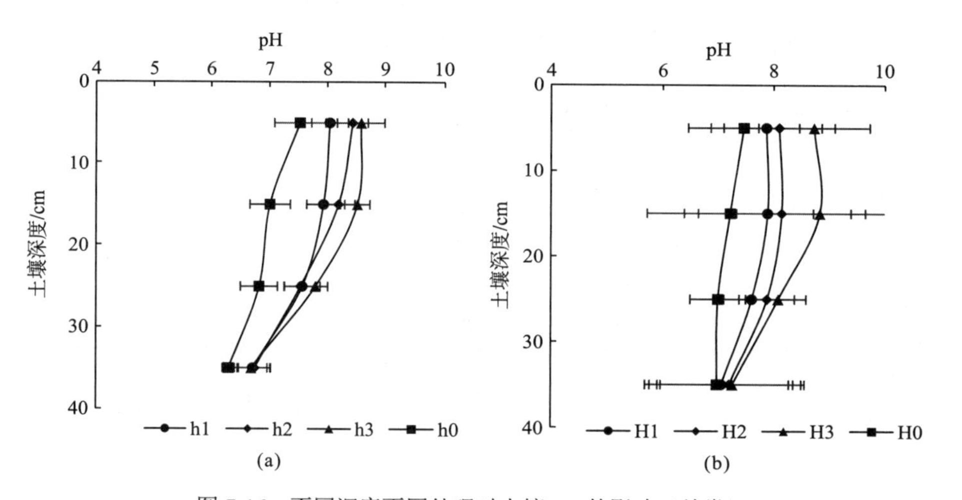

图 7-16　不同深度不同处理对土壤 pH 的影响（羊粪）

7.2.4.2　生物质炭及其堆肥对土壤氮素含量的影响

图 7-17、图 7-18 为不同处理实验组在不同深度的总氮平均值。由图可知，添加生物质炭及堆肥产品对于沙化土壤中的总氮含量有明显的提高。

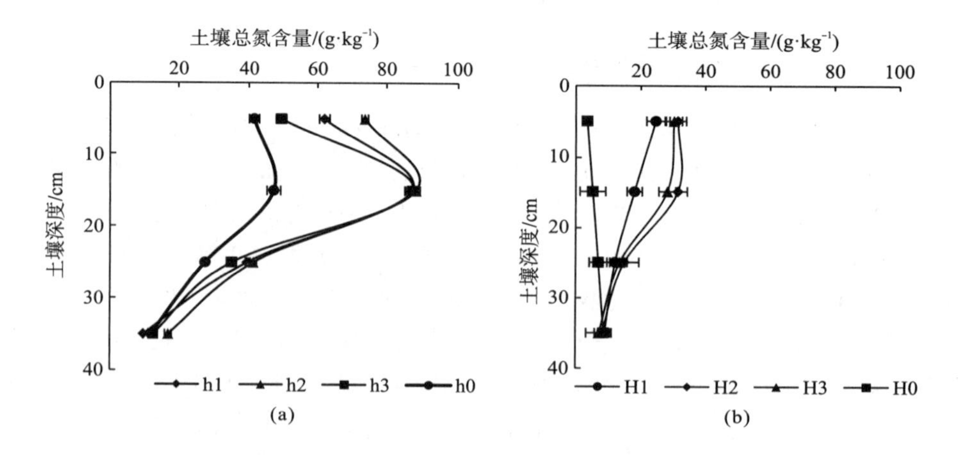

图 7-17　牛粪生物炭堆肥在不同深度对土壤总氮含量的影响

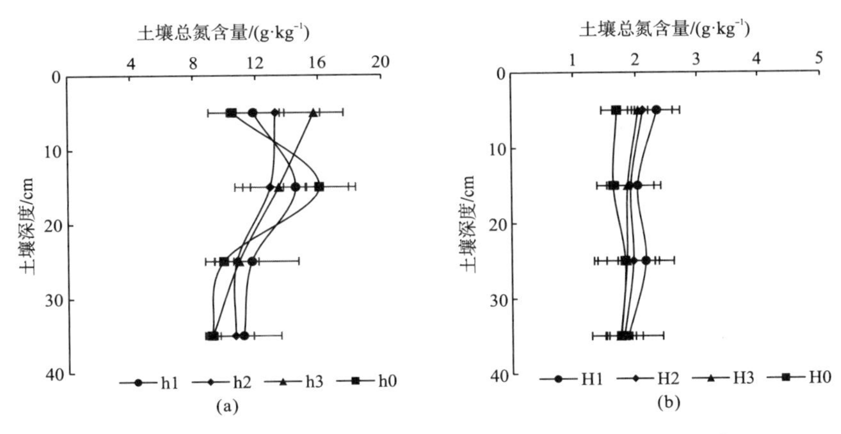

图 7-18　羊粪生物炭堆肥在不同深度对土壤总氮含量的影响

本试验中，h1、h2、h3 处理的试验组总氮含量与对照组相比分别增加了 163%、255.1%、226.8%。H1、H2、H3 处理的实验组总氮含量与 H0 相比分别增加了 54%、71.2%、43.5%。由两图可知，H0 实验组中，随着深度的增加，总氮含量不断上升，这是因为氮元素随着溶液进行淋溶。H 实验组中，H1、H2、H3 的总氮含量随着深度增加呈下降趋势，但相比而言，H1 的下降趋势最小，说明堆肥组保留全氮的能力最强。而在 h 实验组中，可以看出 h1、h2 试验组的总氮含量随着土壤深度的增加呈先上升后下降的趋势，而羊粪 h3 试验组则一直下降，并且可以看到，0～20cm 处的总氮远远大于 20～40cm 处的总氮，说明 PAM 有保留全氮的效果。Sudhakar 和 Dikshit(1999)研究表明，生物质炭不仅可以吸附土壤中的极性化合物，还可以利用土壤微、中观毛孔的毛管力持留水分，从而减少养分的流失，进而保留土壤中的氮素。生物质炭疏松多孔结构有利于土壤通气状况的改善，破坏了氮素微生物反硝化作用的反应条件，同时为固氮微生物的发展创造了较好的环境，加强了土壤生物固氮能力，从而使得土壤氮素储量相对增加(潘逸凡等，2013)。

图 7-19 和图 7-20 为牛羊粪不同处理实验组在不同深度的碱解氮平均值。由图 7-19(a)和 7-20(a)可以看出，在 h0、h1、h2、h3 实验组中，h1、h2、h3 是随着深度增加碱解氮含量先增加后减少，而 H 组则无明显变化规律。在 30～40cm 处，羊粪处理组 H2、H3 的碱解氮含量低于 H1[图 7-20(b)]，从添加 PAM 的实验组可以看出，在 30～40cm 处牛粪处理组的 h3 和 h2 同样低于 h1，但其他处理组差异不明显。综合以上信息，相对于堆肥来说，生物炭对保留碱解氮的效果更好。

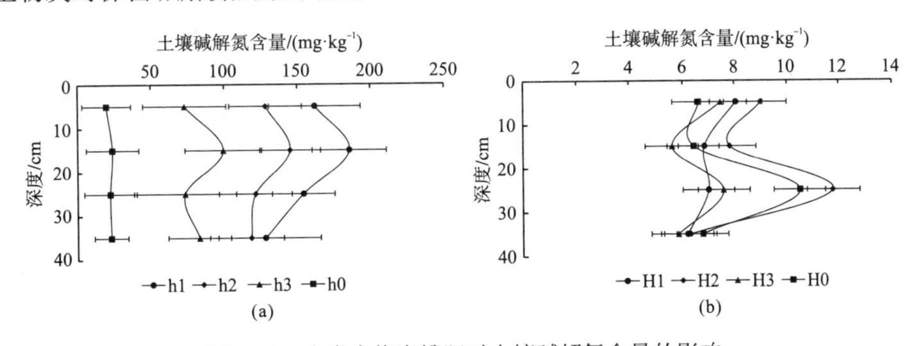

图 7-19　牛粪生物炭堆肥对土壤碱解氮含量的影响

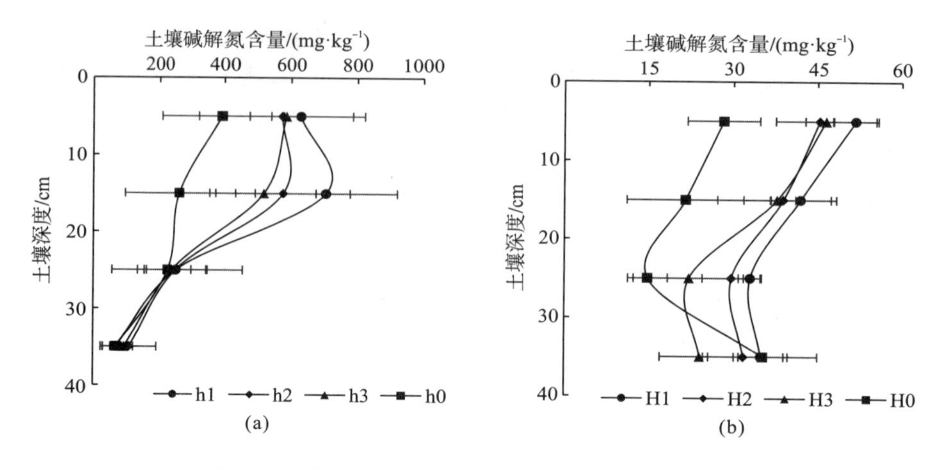

图 7-20　羊粪生物炭堆肥对土壤碱解氮含量的影响

图 7-21～图 7-24 为牛羊粪生物质炭及堆肥对沙化土壤硝态氮和氨态氮淋溶的影响。图 7-21(b)牛粪组的 H0、H1、H2、H3 四个处理随土壤深度增加，土壤硝态氮含量呈增加趋势，并在 30～40cm 处硝态氮的含量达到最高，而羊粪处理组[图 7-22(b)]除 H1 以外，其他处理组硝态氮含量呈随深度增加而逐渐增加的趋势。说明硝态氮具有向下淋溶的趋势；而在两个 h 组[图 7-21(a)和图 7-22(a)]，0～20cm 处的硝态氮含量一直高于 20～40cm，说明 PAM 对保留土壤中的硝态氮也有促进效果。添加堆肥产品和生物质炭产品可以促进土壤的硝化作用，对于土壤中的硝态氮含量的增加有良好的促进作用。各处理中，土壤铵态氮基本呈现表层 0～20cm 高于底层 20～40cm(图 7-23、图 7-24)，表明牛羊粪生物质炭及堆肥有抑制铵态氮淋溶损失的作用。

Deluca 等(2006)研究结果显示，生物质炭显著地影响土壤氮素的形态和含量，主要是减少矿质氮的流失和促进有机氮矿化，尤其是加快硝化作用。谢胜禹等(2019)研究表明，生物质炭的加入可以降低堆肥可溶性盐的浓度，也可以降低堆肥中铵态氮的损失。生物质炭含量较高的处理对铵态氮淋溶的抑制效果要好于对硝态氮的，这是因为生物质炭呈碱性，能够提高土壤 pH，增加含氧官能团数量，从而提高土壤阳离子交换量，增加土壤吸附铵态氮的能力(潘逸凡等，2013)。此外，在整个试验周期过程中，土壤中铵态氮含量逐渐增加，且铵态氮的增加量和堆肥的添加量呈正相关，这是因为堆肥中的有机质分解产生了大量铵态氮，另外堆肥的铵态氮含量显著高于生物质炭。随着实验的进行，淋溶的时间不断增加，铵态氮含量逐渐降低，硝态氮含量逐渐升高。这说明，添加生物质炭和堆肥可以促进土壤硝化作用，这主要是因为生物质炭可以使土壤中的硝化细菌更加活跃，推进硝化反应的进程。此外，生物质炭也能够使土壤氨氧化细菌的丰度增加，间接促进铵态氮向硝态氮的催化氧化。

沙化土壤养分含量一般较低，原因在于沙化土壤沙粒含量较高，保水保肥能力较差。施加肥料可以提高土壤肥力，但是若需提高肥料利用率，减少淋溶损失，还要配施吸附性高、稳定性强的材料，如生物质炭。大部分生物质炭的 C/N 摩尔比较高，容易引起土壤氮固持化反应，例如土壤微生物对矿质态氮的吸收降低了植物对氮的可利用率。因此，为防止氮固持造成土壤无机氮含量降低，生物质炭有时也需要与氮肥配施，以达到最佳效果。生物质炭同氮肥混施可以提高氮肥利用效率(李元元和王占礼，2016)，生物质炭与畜禽堆肥混施能够减少土壤超过一半的氮损失(Sarah et al.，2011)。本研究表明，生物质炭和堆肥的配施既可以增加土壤本身氮的含量，还可以抑制铵态氮向下淋溶的趋势，降低土壤铵态氮的流失。

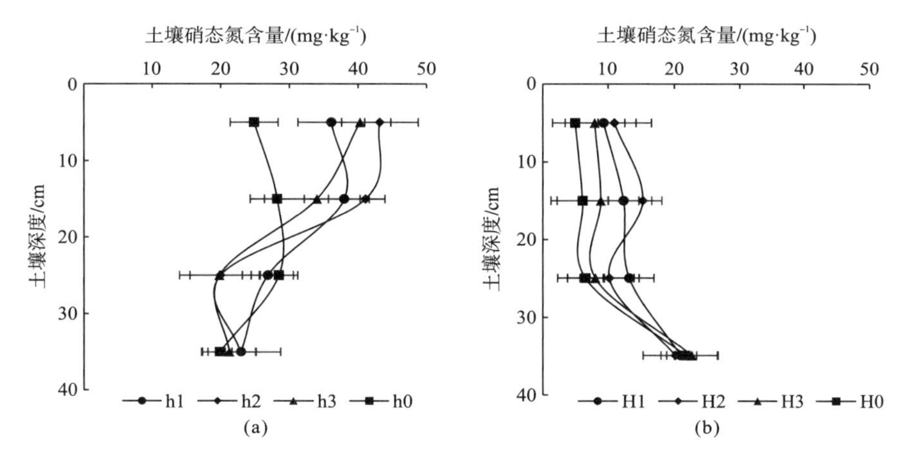

图 7-21　牛粪生物炭堆肥对土壤硝态氮含量的影响

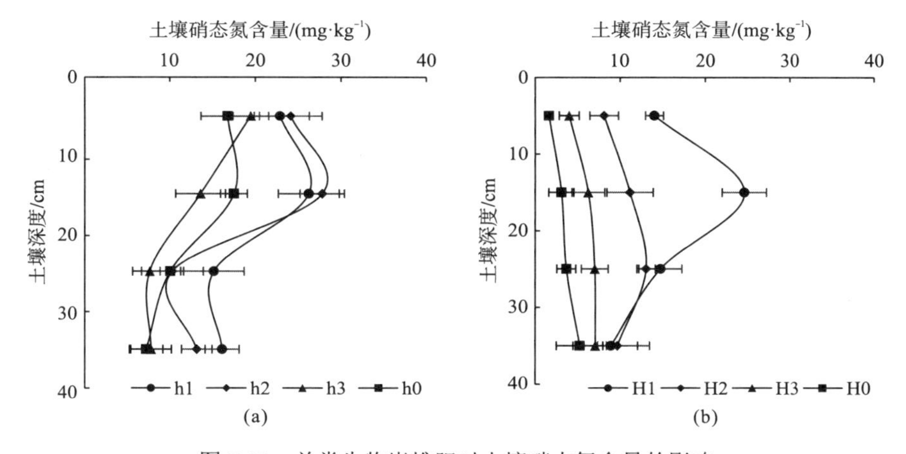

图 7-22　羊粪生物炭堆肥对土壤硝态氮含量的影响

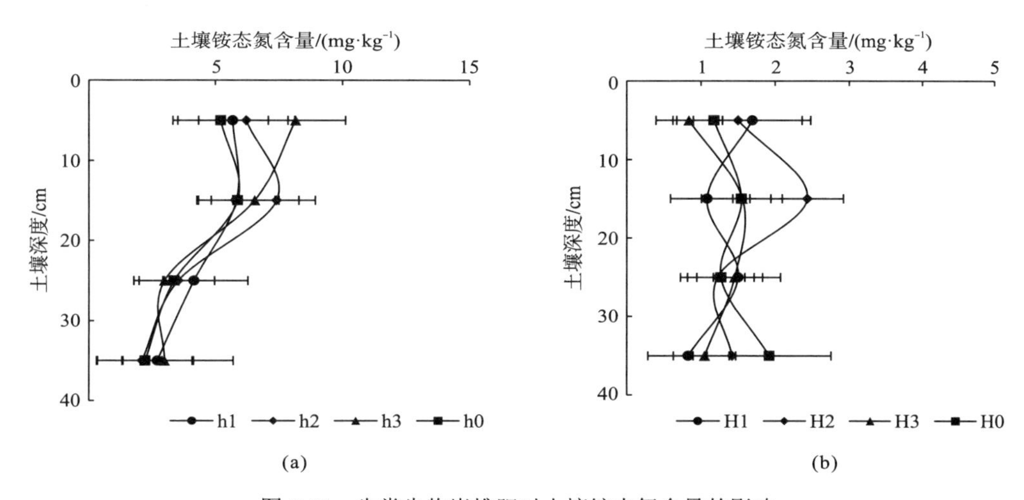

图 7-23　牛粪生物炭堆肥对土壤铵态氮含量的影响

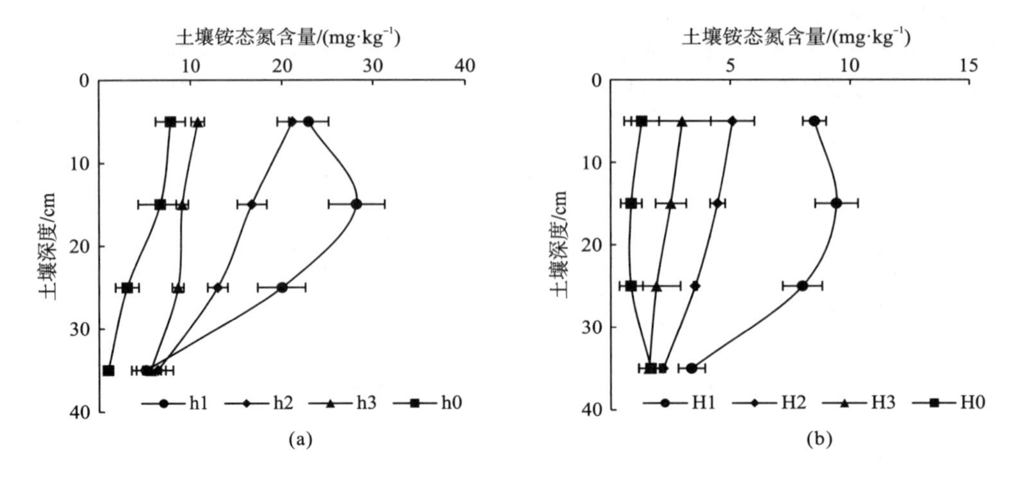

图 7-24 羊粪生物炭堆肥对土壤铵态氮含量的影响

7.2.4.3 生物炭及其堆肥对土壤磷素含量及形态的影响

图 7-25 和图 7-26 为不同处理条件下土壤总磷和有机磷纵向分布的特征。可以看出，对于总磷来说，除了 h0、H0 以外其他的处理下 0～20cm 土壤层的总磷含量基本都高于 20～40cm 土壤层，这与生物质炭本身含有大量可溶性无机磷以及其较强的吸附性有关，而在 20～40cm 的土层没有施加任何土壤改良剂，因此该层土壤中的总磷含量并未呈现出明显的变化趋势，土壤并未发生淋溶作用，这正好反映了改良剂对磷素的固持作用，而且经过对比可以发现，PAM 实验组的总磷含量要低于 H 实验组，由此可以推断 PAM 对磷素有一定抑制作用。

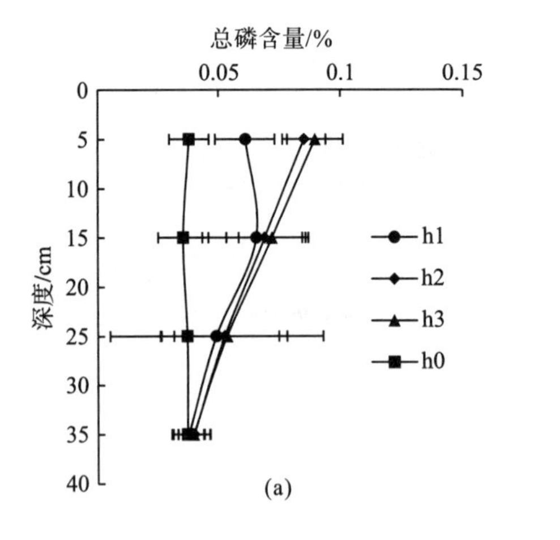

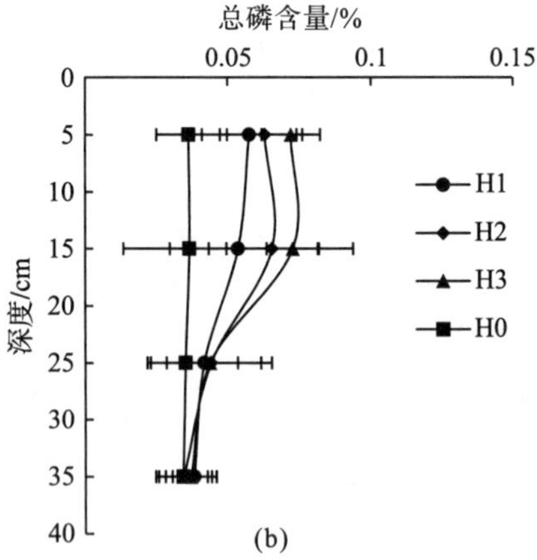

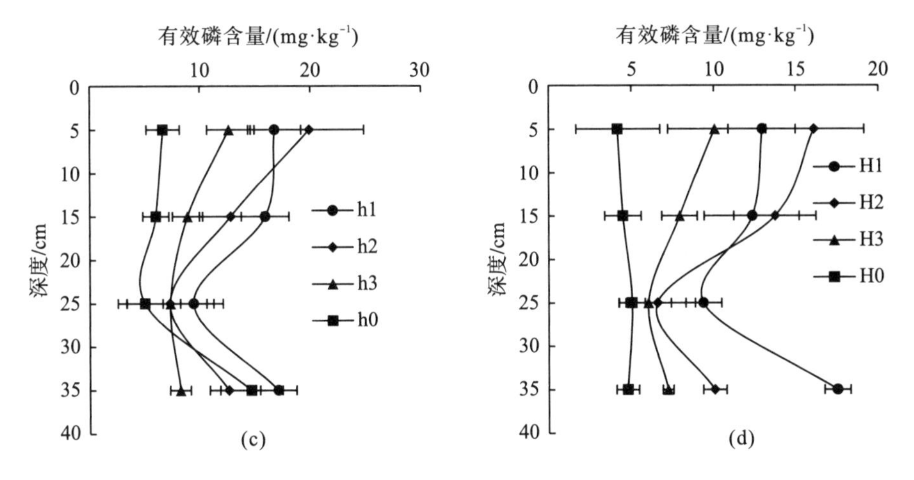

图 7-25　牛粪生物质炭与堆肥添加对土壤总磷和有效磷含量的影响

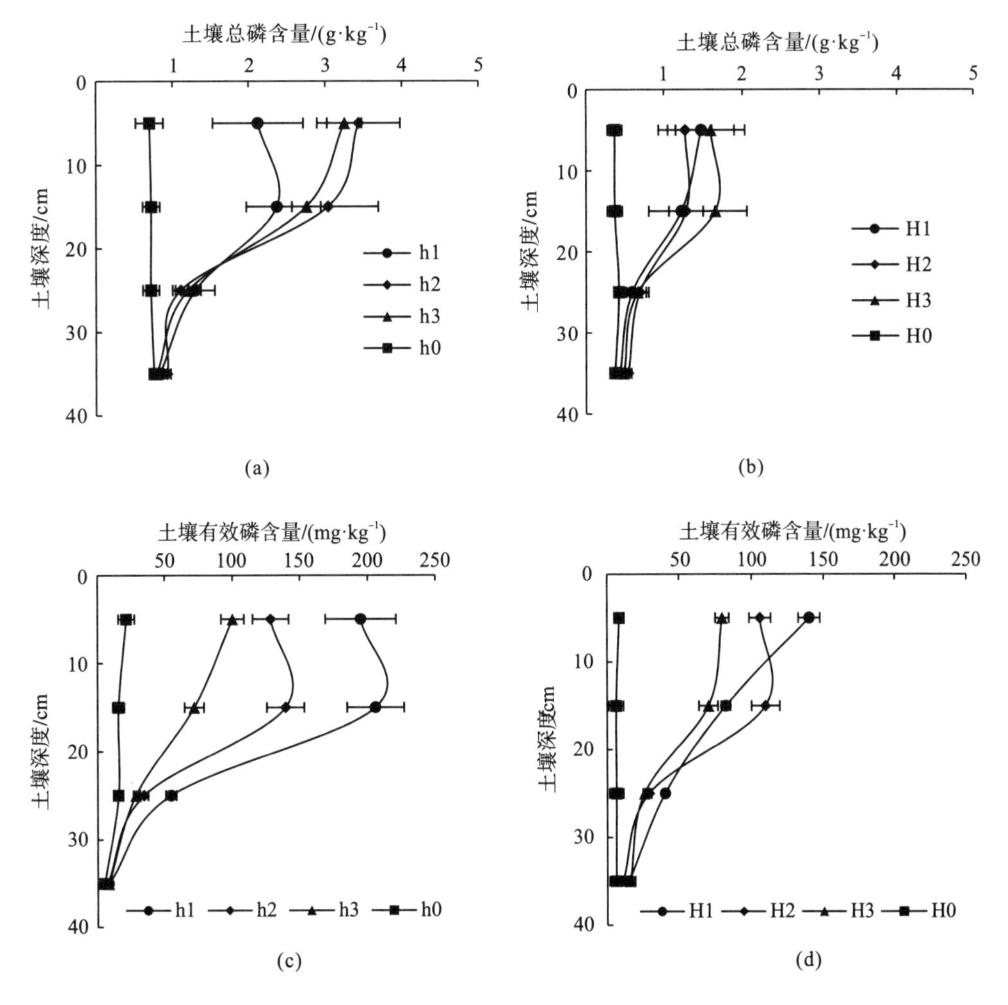

图 7-26　羊粪生物质炭与堆肥添加对土壤总磷和有效磷含量的影响

向土壤中施入生物质炭后，土壤中的碱性氧化物随之增加，导致土壤pH上升，并且随着生物质炭用量的增加，土壤中可溶性磷减少。因此，有效磷在前期会表现为逐渐降低。虽然20～30cm处土壤中有效磷在30天后开始增加，但是0～10cm和10～20cm处有效磷在30天后没有明显减少，说明施用了生物质炭与堆肥之后，上层土壤中有效磷可以通过缓慢释放达到动态平衡，这无疑有助于为植物生长提供充足的养分。此外，生物质炭可以通过提高土壤pH和阳离子交换量来减少铁和铝的交换量，从而增加磷的活性。生物质炭中存在的碱性金属氧化物(Ca^{2+}、Mg^{2+}和K^{+})与水反应生成可溶性盐，能够改变土壤pH和磷的溶解性。Deluca等(2006)研究指出，土壤中pH的略微增加都会引起磷酸根与Al^{3+}和Fe^{3+}沉淀物的生成量明显降低。同时，土壤pH的变化也会直接影响磷的吸附和解吸。生物质炭加入酸性土壤中会增强对磷的吸附，降低了磷的有效性，而在碱性土壤中，磷的吸附能力降低，从而使有效磷含量增加。在施用生物质炭和堆肥之后，供试土壤呈弱碱性，这有可能是土壤有效磷含量在30 天后逐渐增加的原因。

7.2.4.4 生物炭及其堆肥对土壤有机质含量的影响

图7-27、图7-28为添加牛粪生物质炭和堆肥对土壤有机质含量的影响。对比空白对照组，H3、H2、H1比H0有机质含量增加了321.74%、514.93%、529.45%，而h1、h2、h3对比h0有机质含量则增加了230.01%、320.87%、341.17%。根据结果可以看出，虽然在直观的结果中显示h组的效果要比H组的效果要好，但对比各自组的空白对照以后，HPAM的实验组对于有机质的含量增加更明显。但是根据图7-28可以看出，H组在20～30cm的有机含量一直呈递增状态，说明H组对于土壤有机质的保护能力不如h组，PAM的添加确实有效阻止了土壤中有机质养分渗流向下的情况。

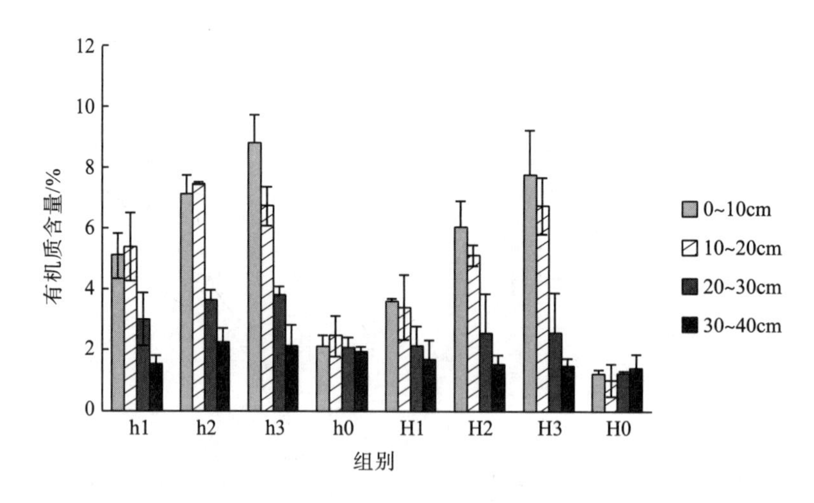

图7-27 牛粪不同处理实验组在不同深度的有机质平均值

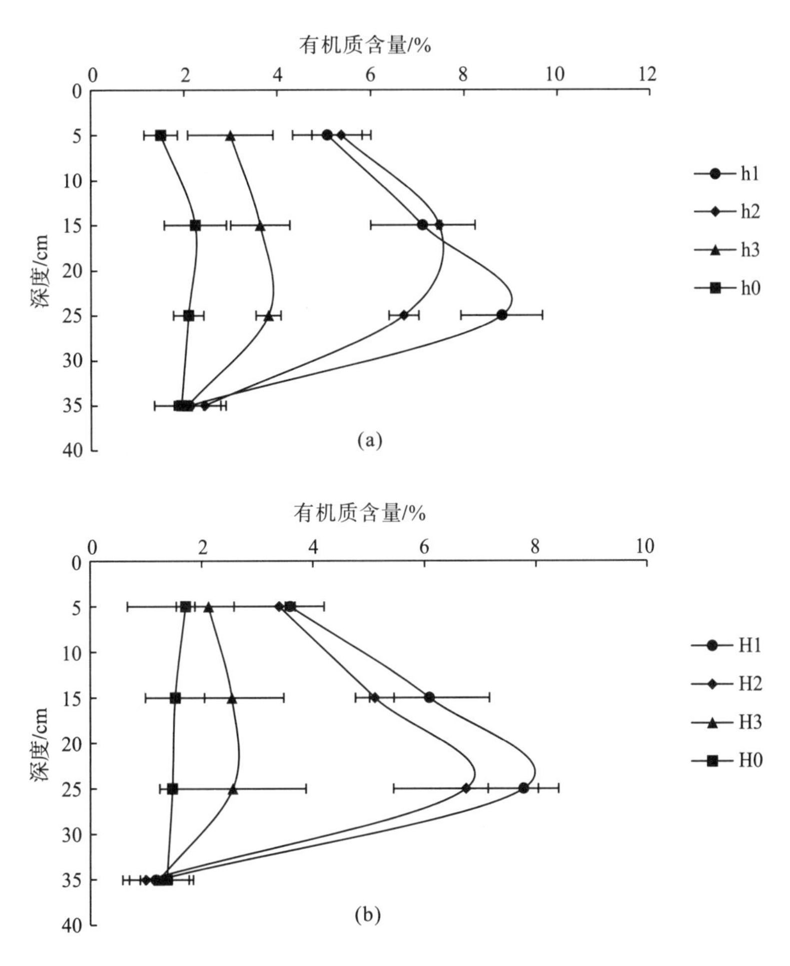

图 7-28　牛粪生物质炭与堆肥添加对土壤有机质含量的影响

图 7-29 为添加羊粪生物质炭和堆肥对土壤有机质含量的影响。有研究认为土壤有机质的数量和质量变化是极其重要的，尤其是对土壤肥力及环境质量状况的影响，例如对土壤养分、水分、通气性等理化性质的作用，因此必须提高土壤有机质的数量和质量，从而促进农业的可持续发展(章明奎等，2012)。土壤有机质能够为植物提供必需的氮、磷及微量元素等各种营养成分。周桂玉等(2011)研究表明，添加生物质炭对提高旱地红壤有机质含量有明显的效果，且随着生物质炭用量的增加，旱地红壤有机质含量也增加，这可能主要是因为生物质炭本身含碳量较高，化学稳定性较好，难降解，有利于土壤有机质的积累，可减少有机碳矿化量。也有可能是由于生物质炭有利于土壤生成腐殖质，包括腐殖酸、富里酸和胡敏酸含量都有可能随之增加，土壤微观孔隙变多，比表面积变大，能够为有机质附着集聚提供空间(花莉等，2012)。但部分有机组分也会淋溶到下层土壤中，特别是 H2、H3 处理中有机质含量高于 H1 处理，说明生物质炭占比高的条件下可抑制有机成分的流失。有研究人员曾在其研究成果中表明，土壤中的生物质炭能够提高土壤有机碳的含量，增强土壤有机碳的氧化稳定性，减少土壤水溶性有机碳。施用生物质炭可以很快增加土壤微生物量碳(陈红霞等，2011)。赵明松等(2013)研究表明，施用生物质炭可以显著提高耕层(0～15cm)土壤阳离子交

换量。也就是说，生物质炭可以有效持留养分，提高养分循环利用的效率。

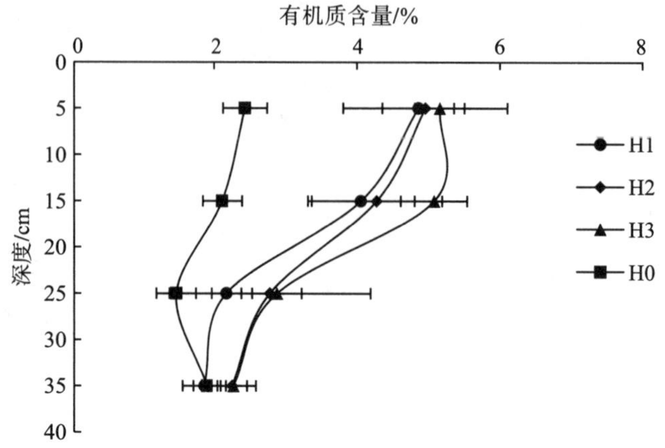

图 7-29 羊粪生物质炭和堆肥对沙化土壤有机质含量的影响

7.2.5 牛羊粪利用对植被生长的影响

生物量的高低往往能够作为衡量某一种群或群落生态效益大小的参考，对于牧草，则更多地从经济效益的角度来考虑。而干物质含量，也是用来衡量牧草能否满足食草畜禽草量需求的主要指标。图 7-30 反映了牛粪生物炭及堆肥对川西北植物品质的影响。图 7-30(a)反映了对盆栽植物生物量的影响，C3 处理与 C0 相比增加了 35.6%，生物量得到了显著的提升（$p<0.05$），其余各处理均未达到显著性效果。图 7-30(b)反映了对盆栽植物干物质量的影响，C4、C5 处理与 C0 对比增加了 28.3%、41.4%，干物质含量显著增加($p<0.05$)，其余处理无明显影响。

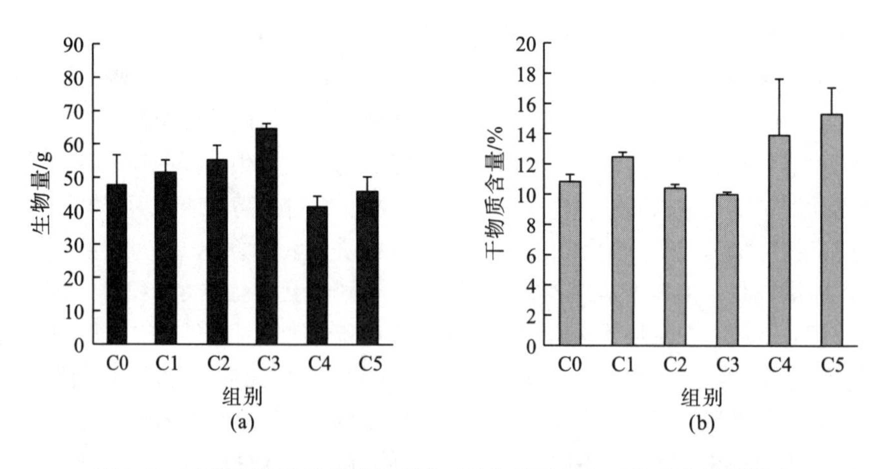

图 7-30 牛粪炭化及堆肥产品配施对植物生物量和干物质含量的影响

图 7-31 为羊粪不同处理方式下黑麦草的生物量和干物质含量。图 7-31(a)为不同处理下生物量的对比图，与对照组 C0 相比，C1、C3、C5 处理的生物量显著($p<0.05$)增加，

分别增加了 31.7%、22.6%、43.2%。图 7-31(b)为不同处理下干物质含量的对比图，与 C0 处理对比，只有 C5 处理的干物质含量显著($p<0.05$)增加，增加了 32.4%，而 C1 处理显著降低，其余均无显著影响。由以上的分析可知，与其他几种处理方式相比，无论是生物量还是干物质含量，在 C5 处理下都能够达到较好的改良效果，这说明羊粪堆肥单施在这两个指标的处理上要优于其他的处理方式。

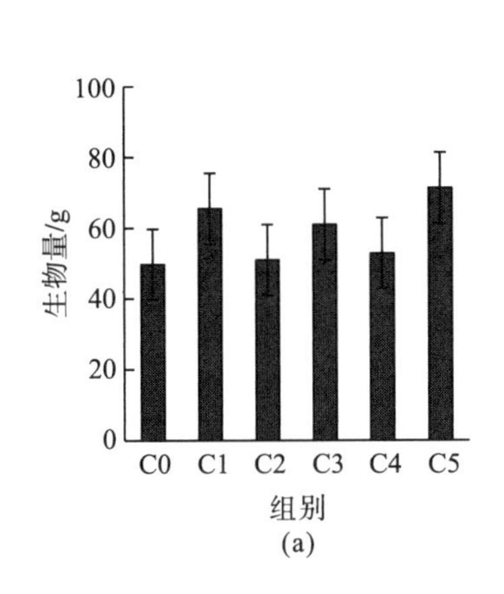

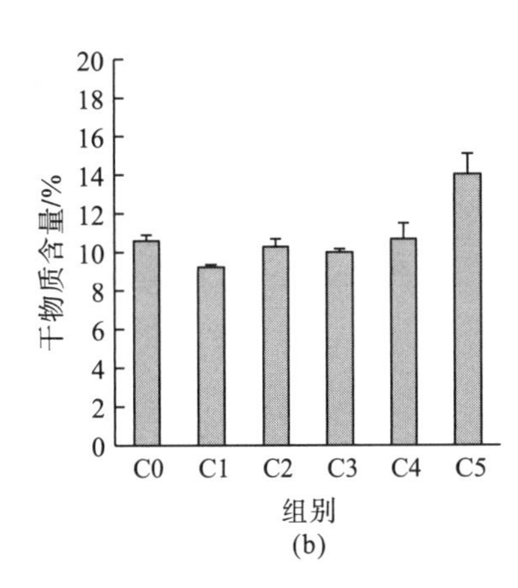

图 7-31　羊粪炭化及堆肥产品配施对植物生物量和干物质含量的影响

图 7-32 反映了牛粪土壤改良剂对植物中性洗涤纤维含量(NDF)和酸性洗涤纤维(ADF)含量的影响，它们是评价牧草作为饲料的重要指标，其值越小，表示牧草的质量越好。图 7-32(a)中，虽然 C1、C3 处理效果较好，但不具有显著性差异；图 7-32(b)中，仅 C3 处理效果较好，但并不明显。综上可知，虽然各处理下未能显著降低 NDF 和 ADF 含量，但 C3 处理已经初见效果。

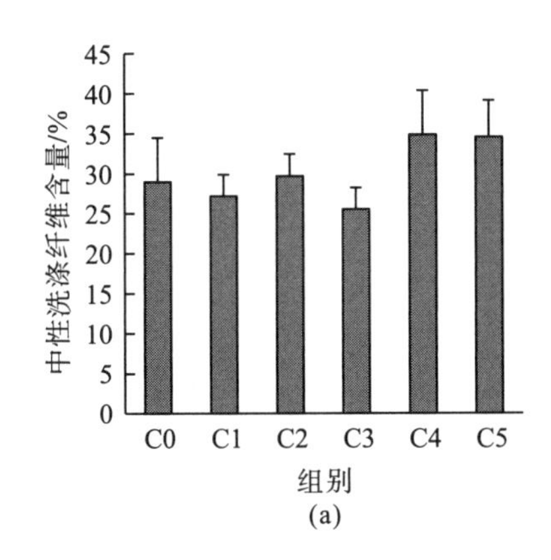

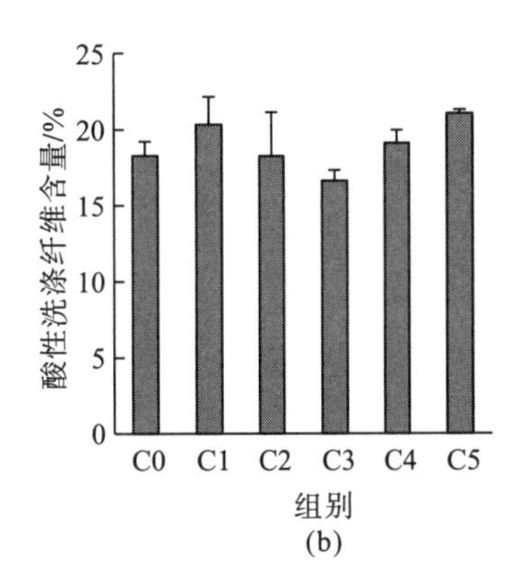

图 7-32　牛粪土壤改良剂对川西北植物中性洗涤纤维含量和酸性洗涤纤维含量的影响

图 7-33(a)和(b)是羊粪不同处理下中性洗涤纤维和酸性洗涤纤维的含量，图 7-33(a)中，与对照组 C0 相比，C1 处理的结果显著($p<0.05$)降低，下降了 34.8%，说明 C1 处理效果最好，而 C4 处理的结果显著升高，表明其处理效果最差；图 7-33(b)中，相比于对照组

C0，C1、C2、C3 处理都显著(p<0.05)降低，分别下降了 41.3%、24.1%、25.6%。可见，本试验中对于植物 ADF、NDF 的处理效果，C1 处理最好，C2、C3 处理次之。

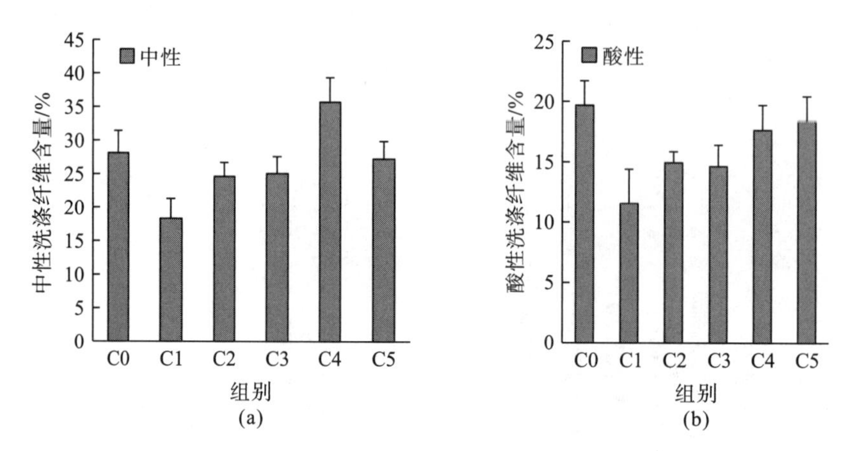

图 7-33 羊粪土壤改良剂对川西北植物中性洗涤纤维含量和酸性洗涤纤维含量的影响

植物粗蛋白是衡量牧草质量的重要营养指标，其含量的高低反映了牧草质量的优劣。图 7-34 反映了牛粪土壤改良剂对植物粗蛋白含量和相对饲喂价值的影响。图 7-34(a)显示对盆栽植物粗蛋白的影响，C1、C4、C5 与 C0 相比分别减少了 22.3%、56.1%、32.3%，粗蛋白含量显著降低(p<0.05)。

在我国，对于牧草品质还未有一个准确的评定标准，但国际上为精准筛选出优质的牧草， 提出了相对饲喂价值(RFV)的概念，这是对牧草质量评定的一个综合指标。以 RFV=100 为基本指标，其值越高，表明该牧草品质越高，对畜禽更有益，市场价值越高(朱伟然，2006)。图 7-34(b)反映了牛粪土壤改良剂对盆栽植物相对饲喂价值的影响，仅 C3 处理的值显著高于对照组(p<0.05)，增加了 13%。

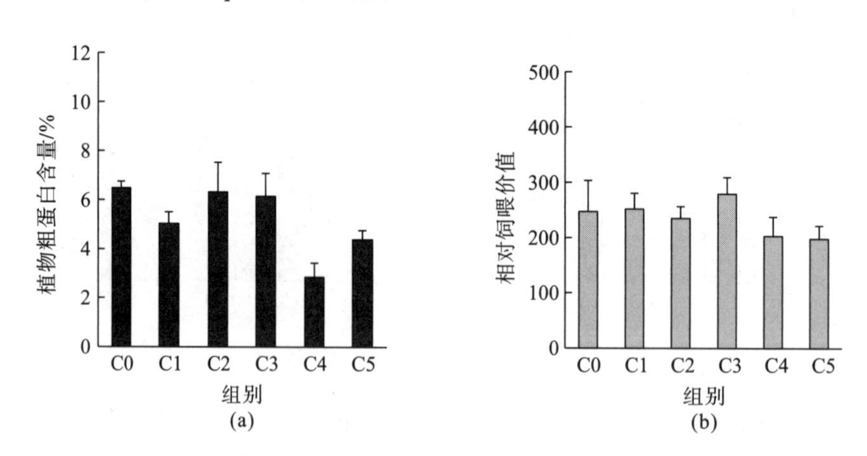

图 7-34 牛粪土壤改良剂对川西北植物粗蛋白含量和相对饲喂价值的影响

图 7-35(a)是羊粪不同处理下植物粗蛋白含量的对比图，与对照组 C0 相比，虽然各处理的效果并不显著(p>0.05)，但是，C2、C3、C5 处理的粗蛋白含量均有所增加，分别

增加了 36.5%、69.0%、41.6%，而 C1、C4 则分别减少了 24.1%、8.9%。

图 7-35(b)为羊粪不同处理下相对饲喂价值的对比图，所有处理中只有 C1 处理的值显著($p<0.05$)高于对照组，增加了 68.5%。

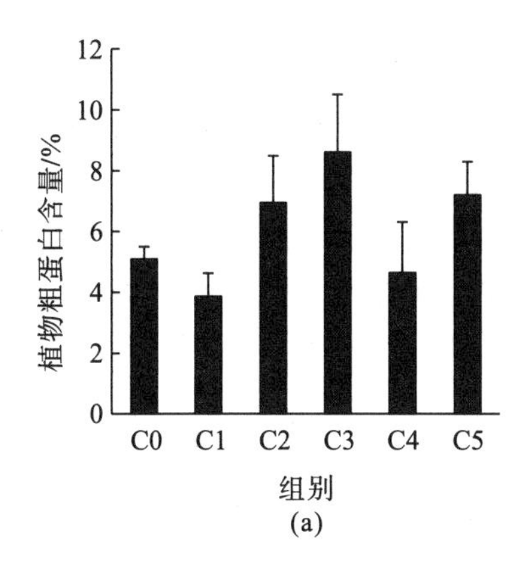

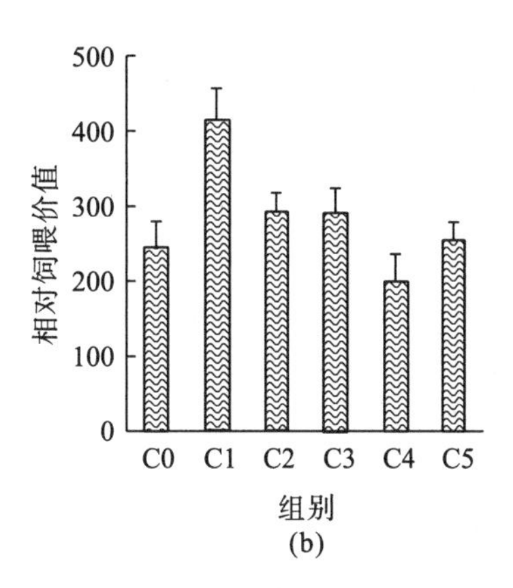

图 7-35　羊粪土壤改良剂对川西北植物粗蛋白含量和相对饲喂价值的影响

生物炭及堆肥产品在改良沙化土壤的基础上，还可以进一步改善作物生长情况。在本研究中，土壤改良剂可以有效促进黑麦草干物质量的增加，C3 处理能明显提高生物量($p<0.05$)，C4、C5 处理的干物质含量明显提高($p<0.05$)。由此可知，单施堆肥和单施生物炭均能增加黑麦草的干物质含量，施用生物炭作为肥料对黑麦草生物量与干物质量等指标都起到了一定促进作用，Steiner 等(2007)在亚马孙河流域的实验证明生物炭可以使水稻和高粱产量提高两倍，张伟明等(2013)采用盆栽实验证明生物炭可以使水稻产量提高 25.3%。由图 7-32 和图 7-33 可知，在植物 NDF 和 ADF 试验中，C3 碳肥混施处理的黑麦草质量优于其他的处理，C4、C5 碳肥单施均不能提高黑麦草的牧草质量，C1 处理长势不如 C3 说明未添加 PAM 导致养分渗流，植物无法有效吸收所需养分离子。碳肥混施能够有效提高生物量，增加 RFV 效果显著($p<0.05$)，C3 处理明显优于 C1 处理，说明 PAM 可以有效改善沙化土壤结构，增加黏土百分比，减少了各种速效养分淋溶流失，促进植物对养分的吸收。

碳肥混施可以促进川西北沙化土壤植物的有效生长，增加生物量，提高干物质量含量，降低植物的 NDF 和 ADF，增加 RFV，辅以 PAM 可以加大水土保持养分的能力，促进植物的有效吸收，提高植物的品质。这主要归因于单施生物炭和单施堆肥处理无法有效阻止养分淋溶流失，而碳肥混施可以改变沙化土壤结构，增加对速效养分的吸附性，PAM 与水相互作用形成的黏聚作用力能有效地缓解水分的淋溶，减少养分淋溶。综上所述，牛羊粪便炭化及其堆肥产品混施对于川西北沙化土壤和植物有很明显的促进作用，参考当地实际情况，牦牛粪便产量丰富，牛粪碳肥混施值得大面积推广。

7.3 本章小结

随着温度的升高，生物质炭分解得更加充分，芳香化程度提高，生物质炭原先存在的一些特征峰逐渐消失。炭化后的牛羊粪便拥有复杂的孔隙结构和巨大的比表面积，有利于对水分和养分的吸收，并且随着温度的升高，生物质炭的表面形态和孔隙结构得到了发育。

碳肥混施添加可以显著增加沙化土壤的pH、总氮、碱解氮、硝态氮、铵态氮、总磷、有效磷、有机质和黏粒的含量。其中，土壤pH和有机质含量与生物质炭的施加量呈正相关，而添加生物质炭的处理对沙化土壤中黏粒含量的增加较为明显。堆肥的添加更有利于总氮、硝态氮、铵态氮含量的增加，而生物质炭对碱解氮的固持作用更加显著。综合来讲，碳肥混施最值得推广。

在碳肥混施基础上添加PAM后，能够有效地抑制养分含量的流失。在土壤上层(0～20cm)各养分含量都表现为增加，而在土壤下层(20～40cm)则有所不同，总氮、碱解氮表现为增加，而pH、硝态氮、铵态氮则有所降低，充分说明在PAM的作用下，养分含量虽然还是有所淋失，但总体来说起到了抑制养分淋溶的作用。根据对总磷、有效磷以及有机质的外源养分淋溶率分析可以得知：大部分处理条件都显示出添加PAM后的淋溶率(h系列)小于未添加PAM处理的(H系列)淋溶率，进一步说明PAM能有效抑制养分的淋溶流失。

碳肥混施处理对于改良土壤的氮素状况优势显著($p<0.05$)，总氮含量增加了173.3%；碳肥混施处理对于改善土壤的磷素状况显著($p<0.05$)，总磷含量增加了35.6%；碳肥混施处理对于改良土壤pH和有机质含量作用也很显著($p<0.05$)，pH增加了3.39个单位，有机质增加了52.8%。与其他几种处理方式相比，无论是生物量还是干物质含量，在碳肥混施处理下都能够达到较好的改良效果，碳肥混施处理的植物粗蛋白含量有所增加，增加了69.0%，牛羊粪便生物质炭、堆肥以及PAM的配施能够有效地改善沙化土壤的养分含量和牧草的品质。碳肥混施1∶1的比例配施对牧草品质的改良效果最好，而在此配比的基础上添加PAM则对沙化土壤的改良效果最好。

第 8 章　农牧废弃物资源改良沙化土壤技术综合评价

不同农牧废弃物资源化利用方式对沙化土壤改良效果存在差异，本章对常规施用牦牛粪处理和以农牧废弃物为主要原料生产的秸秆颗粒、菌渣颗粒、生物炭产品改良沙化土壤技术效果进行评价。结果表明，以农牧废弃物为原料生产的秸秆颗粒、菌渣颗粒和生物炭改良沙化土壤效果均优于常规施用牦牛粪的效果，其中秸秆颗粒和菌渣颗粒产品改良效果具有长期效应，特别是秸秆颗粒改良沙化土壤技术效果最好。

8.1　不同改良产品对沙化土壤理化性质的影响比较

以秸秆、菌渣和生物炭为主要原料，添加微生物菌剂、聚丙烯酰胺、尿素、过磷酸钙和硫酸钾，制备不同改良产品，各改良产品配方及养分含量如表 8-1 和表 8-2 所示。以空白(CK0)和牦牛粪(CK1)处理为对照，设秸秆改良产品(JG)、菌渣改良产品(JZ)、生物炭改良产品(SWT)3 种处理，各改良产品施用量均为 $18t\cdot hm^{-2}$。

表 8-1　不同改良产品配比(1kg 产品中所含原料)

产品类型	秸秆(菌渣、生物炭)/g	生物菌/g	聚丙烯酰胺/g	尿素/g	过磷酸钙/g	硫酸钾/g
秸秆类(JG)	908	2	3	13	50	24
菌渣类(JZ)	908	2	3	13	50	24
生物炭类(SWT)	908	2	3	13	50	24

表 8-2　不同改良产品养分含量

产品类型	全氮/$(g\cdot kg^{-1})$	全磷/$(g\cdot kg^{-1})$	全钾/$(g\cdot kg^{-1})$	全碳/$(g\cdot kg^{-1})$
秸秆类(JG)	16.92	5.36	10.77	262.99
菌渣类(JZ)	13.85	5.86	11.90	168.10
生物炭类(SWT)	16.62	12.39	24.37	118.40
牦牛粪(CK1)	18.50	4.80	6.05	302.90

8.1.1 土壤容重

如图 8-1 所示，施用牦牛粪和农牧废弃物颗粒产品均可有效降低 0～20cm 土层土壤容重，到施用第 2 年，降幅差异达显著水平($p<0.05$)，各处理 0～10cm 和 10～20cm 土层土壤容重均表现为：JG<JZ<SWT<CK1<CK0。以施用第 2 年为例，与 CK0 相比，施用农牧废弃物颗粒产品 0～10cm、10～20cm 土层土壤容重分别平均降低了 0.04g/cm^3 和 0.03g/cm^3；与 CK1 相比，施用农牧废弃物颗粒产品 0～10cm、10～20cm 土层土壤容重分别平均降低了 0.02g/cm^3 和 0.01g/cm^3。

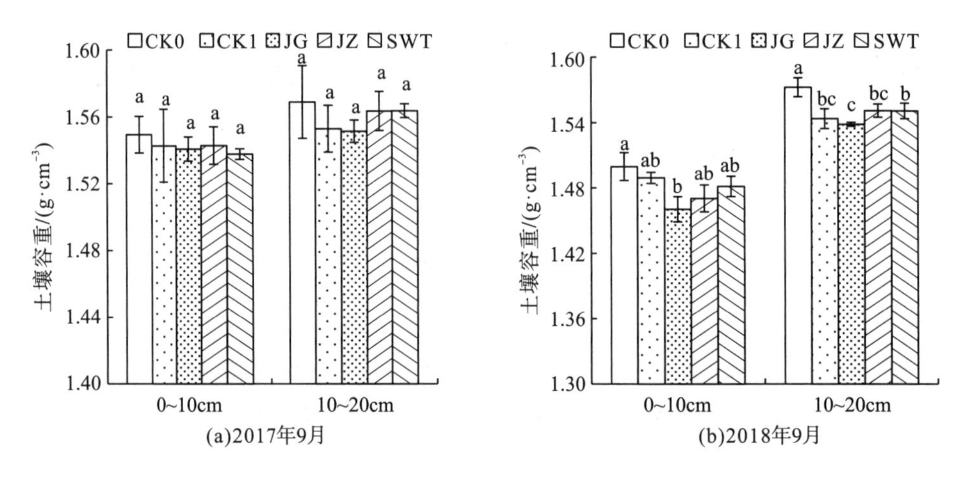

图 8-1 不同改良产品对沙化土壤容重的影响

不同小写字母表示同一土层不同处理间差异显著($p<0.05$)，下同

8.1.2 土壤含水率

如图 8-2 所示，施用牦牛粪和农牧废弃物颗粒产品均有效增加了沙化土壤 0～10cm、10～20cm、20～30cm 土层土壤含水量，30～40cm 土层土壤含水量处理间差异不明显。随着土层深度的增加，不同时期各土层含水量不同。2017 年 7 月、9 月和 2018 年 5 月各处理土壤含水量随土层深度增加呈先增加后降低的趋势；2018 年 9 月则表现为随土层深度增加而增加的趋势。这与试验地的降雪和季节性降雨有关，试验地每年 5 月积雪融化，表层土壤含水量最高。2017 年 9 月测定前无降雨，土壤水分含量较低；而 2018 年 9 月测定前期降雨较多，保证了地下水的供应，但受高海拔阳光直射影响，地表温度高，表层土壤水分散失严重，表层土壤含水量低。整体来看，农牧废弃物颗粒产品 0～30cm 土层土壤含水率高于牦牛粪处理，SWT 在提高沙化土壤含水率上更具优势。

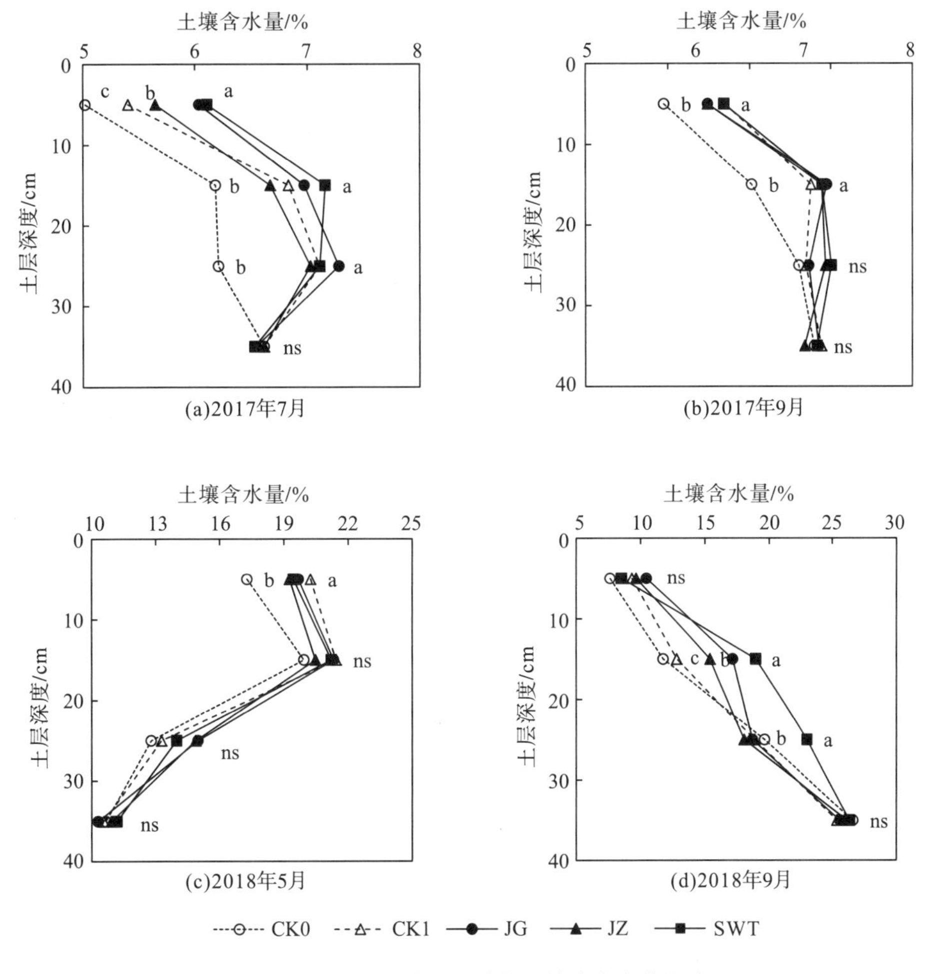

图 8-2　不同改良产品对沙化土壤含水率的影响

8.1.3　土壤全氮

由图 8-3 可知，与 CK0 相比，施用牦牛粪和农牧废弃物颗粒产品均显著增加了沙化土壤 0～40cm 土层土壤全氮含量，随着施用年限的增加，表层土壤全氮含量呈向深层土壤迁移的趋势。2017 年 9 月，CK1 处理 0～40cm 土层土壤全氮含量较 CK0 平均增加了 20.3%，JG、JZ、SWT 处理分别较 CK0 平均增加了 51.2%、34.3%、33.3%；到 2018 年 9 月，CK1 处理 0～40cm 土层土壤全氮含量较 CK0 平均增加了 22.5%，JG、JZ、SWT 处理分别较 CK0 平均增加了 74.4%、47.2%、44.8%。可见，随着施用年限的增加，牦牛粪和农牧废弃物颗粒产品提升土壤全氮含量的能力较 CK0 逐渐增强，整体表现为 JG＞JZ＞SWT＞CK1。

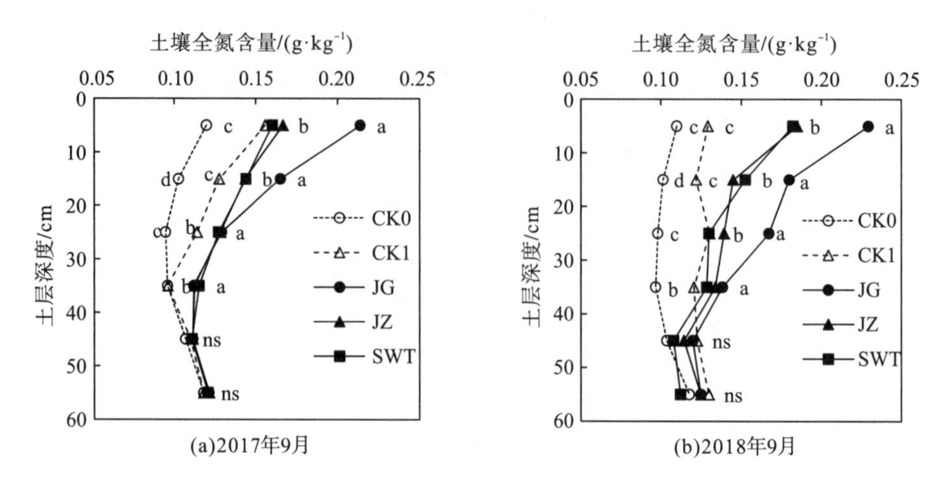

图 8-3 不同改良产品对沙化土壤全氮的影响

8.2 不同改良产品对土壤有机碳库的影响比较

8.2.1 土壤有机碳

土壤有机碳是表征土壤肥力的重要指标，土壤的物理、化学、生物等许多特性都直接或间接地与有机碳的存在有关，它是沙化土壤改良效果的基本评价指标。如图 8-4 所示，施用牦牛粪和农牧废弃物颗粒产品均显著增加了沙化土壤 0～30cm 土层土壤有机碳含量($p<0.05$)，且随土层深度增加，有机碳含量呈降低趋势。随着施用年限的增加，各处理土壤有机碳含量呈增加趋势，这与颗粒产品的腐解和黑麦草根系残茬有关。施用两年的有机碳含量变化规律基本一致，整体表现为 JG＞JZ＞SWT＞CK1＞CK0。2017 年 9 月，CK1 处理 0～30cm 土层土壤有机碳含量较 CK0 平均增加了 57.9%，JG、JZ、SWT 处理分别较 CK0 平均增加了 69.7%、61.5%、61.8%；2018 年 9 月，CK1 处理 0～30cm 土层土壤有机碳含量较 CK0 平均增加了 40.5%，JG、JZ、SWT 处理分别较 CK0 平均增加了 78.1%、48.3%、

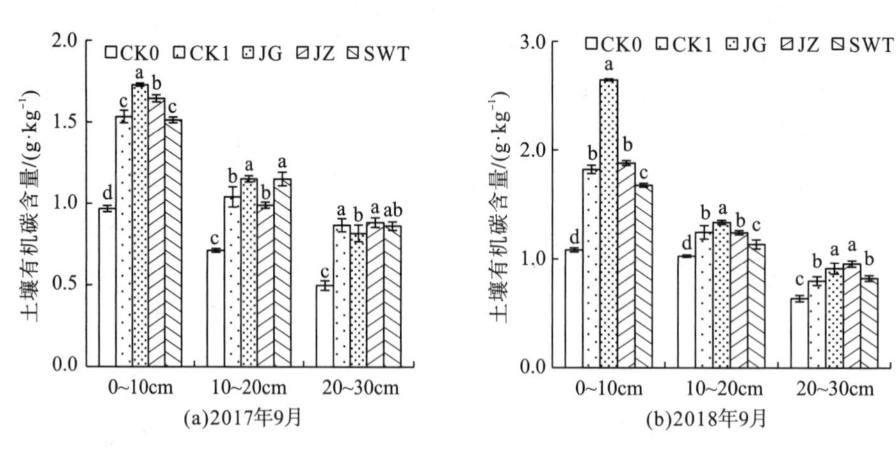

图 8-4 不同改良产品对沙化土壤有机碳的影响

32.1%。其中，CK1、JZ、SWT 处理的有机碳含量随时间的延长增幅放缓，可见 JG 处理更有利于提升沙化土壤有机碳含量。

8.2.2　土壤活性有机碳

活性有机碳是土壤中最活跃也最易变化的有机碳组分，可直接参与植物养分供应和土壤碳素转化。由图 8-5 可知，施用牦牛粪和农牧废弃物颗粒产品均显著增加了沙化土壤 0～30cm 土层土壤活性有机碳含量($p<0.05$)，各处理土壤活性有机碳含量随土层深度增加而降低。随着施用年限的增加，CK0、CK1、JZ、SWT 处理的活性有机碳含量呈降低趋势，而 JG 处理的活性有机碳含量持续增加。2017 年 9 月，CK1 处理 0～30cm 土层土壤活性有机碳含量较 CK0 平均增加了 71.9%，JG、JZ、SWT 处理分别较 CK0 平均增加了 118.2%、88.3%、58.2%。施用第 1 年表现为 JG＞JZ＞CK1＞SWT，JG、JZ、CK1 优于 SWT，这可能与 SWT 在高温烧制过程中丢失活性炭有关。2018 年 9 月，CK1 处理 0～30cm 土层土壤活性有机碳含量较 CK0 平均增加了 46.1%，JG、JZ、SWT 处理分别较 CK0 平均增加了 190.9%、83.5%、62.1%。施用第 2 年表现为 JG＞JZ＞SWT＞CK1，SWT 在施用第 2 年优于 CK1，这是因为 SWT 具有较好的改土保肥能力，能有效提升土壤活性有机碳含量，使改良效果优于当地常规牦牛粪。整体来看，农牧废弃物颗粒产品优于当地常规牦牛粪，JG、JZ 优于 SWT。

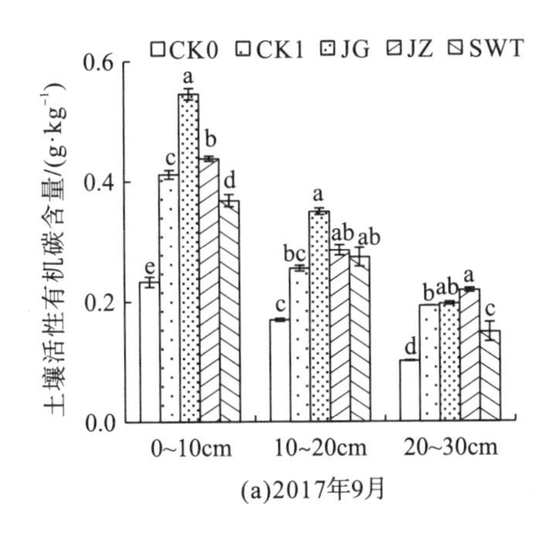

(a)2017年9月

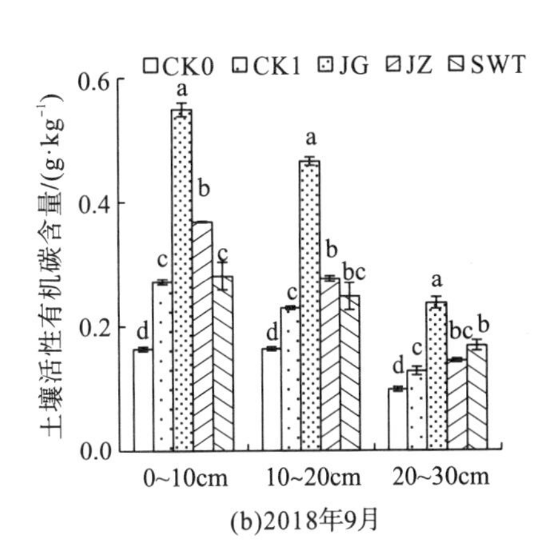

(b)2018年9月

图 8-5　不同改良产品对沙化土壤活性有机碳的影响

8.2.3　土壤微生物量碳

土壤微生物量是指土壤中体积小于 $50\mu m^3$ 的生物总量， 直接参与土壤有机碳的分解和腐殖质的形成，是土壤有机碳和土壤养分转化和循环的动力，土壤微生物量碳可以直接用来表示土壤微生物量的高低。如图 8-6 所示，施用牦牛粪和农牧废弃物颗粒产品均显著增加了沙化土壤 0～20cm 土层土壤微生物量碳($p<0.05$)，且随时间的延长增幅明显，整体表现为农牧废弃物颗粒产品优于当地牦牛粪。2017 年 9 月，CK1 处理 0～20cm 土层土壤

微生物量碳含量较 CK0 平均增加了 224.3%，JG、JZ、SWT 处理分别较 CK0 平均增加了 406.9%、427.4%、345.3%。JZ 处理的提升效果最佳，这与 JZ 产品特性有关。JZ 产品不仅携带有丰富的微生物，其本身也是微生物菌较好的培养基，在提升土壤微生物及微生物量碳方面具有特殊优势。随施用年限的增加，伴随颗粒产品腐解，JG 产品优势开始凸显，JZ 处理的微生物菌群向 10～20cm 土层土壤根系区域聚集。2018 年 9 月，CK1 处理 0～20cm 土层土壤微生物量碳含量较 CK0 平均增加了 690.9%， JG、JZ、SWT 处理分别较 CK0 平均增加了 981.1%、1023.0%、776.0%。整体来看，JZ＞JG＞SWT＞CK1＞CK0。

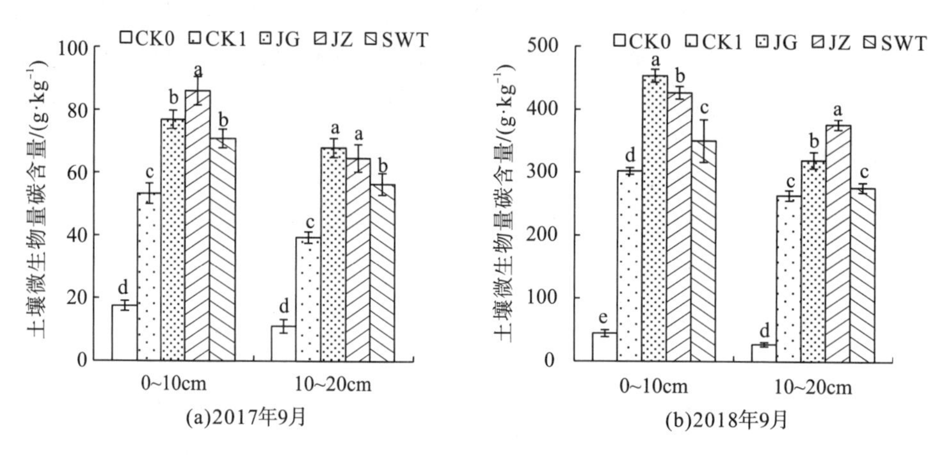

图 8-6 不同改良产品对沙化土壤微生物量碳的影响

8.2.4 土壤碳库管理指数

由表 8-3 可知， 施用牦牛粪和农牧废弃物颗粒产品均显著增加了($p<0.05$)沙化土壤 0～30cm 土层土壤碳库指数、碳库活度指数和碳库管理指数。2017 年 9 月，牦牛粪和农牧废弃物颗粒产品处理土壤碳库管理指数表现为 JG＞JZ＞CK1＞SWT，JG、JZ 处理优于 SWT，这体现在碳库指数和碳库活度指数两方面，而 CK1 碳库管理指数优于 SWT 主要体现在碳库活度指数上。可见，CK1、JG、JZ 处理 0～30cm 土层土壤碳库活度指数均高于 SWT 处理。以土壤碳库活度指数为例，CK1、JG、JZ 处理 0～30cm 土层土壤碳库活度指数分别较 SWT 平均增加了 16.0%、42.5%、30.3%。2018 年 9 月，牦牛粪和农牧废弃物颗粒产品处理土壤碳库管理指数表现为 JG＞JZ＞SWT＞CK1，SWT 处理优于 CK1，主要是因为 CK1 处理的碳库活度指数降低，而 SWT 处理的碳库活度指数增加。整体来看，农牧废弃物颗粒产品处理的碳库管理指数表现为 JG＞JZ＞SWT。与 CK0 相比，2017 年 9 月 JG、JZ、SWT 处理 0～30cm 土层土壤碳库管理指数分别平均增加了 391.2%、305.6%、170.1%，2018 年 9 月分别平均增加了 661.4%、246.1%、203.8%。

表 8-3　不同改良产品对沙化土壤碳库管理指数的影响

指标	处理	0～10cm		10～20cm		20～30cm	
		2017 年 9 月	2018 年 9 月	2017 年 9 月	2018 年 9 月	2017 年 9 月	2018 年 9 月
碳库指数	CK0	1.00d	1.00d	1.00c	1.00d	1.00c	1.00c
	CK1	1.58c	1.68b	1.46b	1.73b	1.63a	1.46b
	JG	1.79a	2.44a	1.61a	1.86a	1.54b	1.67a
	JZ	1.70b	1.74b	1.39b	1.73b	1.66a	1.75a
	SWT	1.56c	1.55c	1.61a	1.58c	1.62ab	1.51b
碳库活度指数	CK0	1.00c	1.00b	1.00b	1.00b	1.00b	1.00bc
	CK1	1.16b	0.99b	1.04ab	0.77c	1.21a	0.86c
	JG	1.45a	1.47a	1.40a	1.82a	1.34a	1.59a
	JZ	1.14b	1.37a	1.30ab	0.97b	1.39a	0.80c
	SWT	1.02c	1.16ab	1.03ab	0.96b	0.89b	1.17b
碳库管理指数	CK0	100.00d	100.00d	100.00d	100.00e	100.00d	100.00d
	CK1	183.37b	165.78c	152.08c	132.69d	197.25b	125.75cd
	JG	259.34a	359.14a	225.97a	337.15a	205.89ab	265.11a
	JZ	194.34b	237.46b	180.33b	168.12b	230.89a	140.56c
	SWT	158.63c	177.62c	167.00bc	150.61c	144.51c	175.53b

注：不同小写字母表示同列不同处理间差异显著（$p<0.05$）。

8.3　不同改良产品对土壤呼吸速率和土壤温度的影响比较

8.3.1　土壤呼吸速率

土壤呼吸是土壤碳排放的一个重要过程，呼吸速率可以表征土壤碳的周转速率。如图 8-7 所示，施用牦牛粪和农牧废弃物颗粒产品均显著增加了沙化土壤 0～10cm 土层土壤呼吸速率（$p<0.05$），各处理土壤呼吸速率随施用时间的延长呈逐渐递增趋势，整体表现为 CK1＞JG＞JZ＞SWT＞CK0。可见，施用第 1 年，牦牛粪处理土壤的碳周转速率最快，这与牦牛粪本身是半腐熟状态有关。以 2017 年 9 月 10 日的呼吸速率为例，CK1、JG、JZ、SWT 处理 0～10cm 土层土壤呼吸速率分别较 CK0 增加了 464.8%、324.7%、257.4%、83.3%。

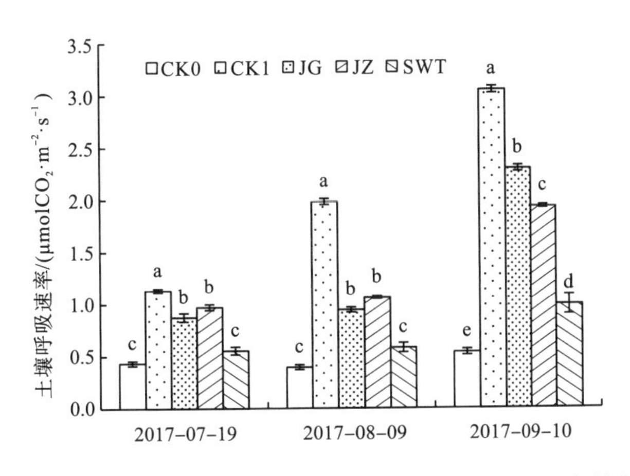

图 8-7　不同改良产品对沙化土壤（0～10cm 土层）呼吸速率的影响

8.3.2 土壤温度

如图 8-8 所示，施用牦牛粪和农牧废弃物颗粒产品均显著降低了 0～10cm 土层土壤温度。以 2017 年 9 月 10 日的土壤温度为例，CK1、JG、JZ、SWT 处理 0～10cm 土层土壤温度分别较 CK0 降低了 4.5℃、3.5℃、3.1℃、2.9℃，平均较 CK0 降低了 18.5%。

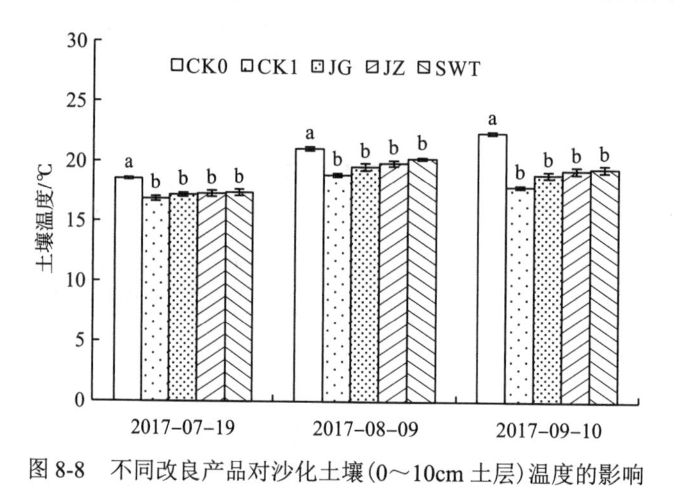

图 8-8 不同改良产品对沙化土壤(0～10cm 土层)温度的影响

8.3.3 土壤呼吸速率与其影响因素的关系

高寒草地沙化土壤呼吸速率与各影响因素的相关性分析表明(表 8-4)，总有机碳、微生物量碳、易氧化有机碳与土壤呼吸速率呈极显著的正相关关系，以土壤易氧化有机碳与土壤呼吸速率的相关系数最大，其次为土壤微生物量碳、总有机碳和水分，而土壤温度与土壤呼吸速率间呈极显著负相关。影响呼吸速率的各因素间也存在着极显著负相关或正相关关系，可见影响呼吸速率的不同因素间的关系比较密切，土壤温度与土壤水分、总有机碳、微生物量碳和易氧化有机碳呈极显著负相关；土壤水分与土壤有机碳、微生物量碳和易氧化有机碳呈极显著或显著正相关。

表 8-4 土壤呼吸速率与各影响因素的相关分析

指标	土壤呼吸速率	土壤温度	土壤水分	总有机碳	微生物量碳	易氧化有机碳
土壤呼吸速率	1	-0.673**	0.452*	0.866**	0.830**	0.895**
土壤温度		1	-0.665**	-0.843**	-0.749**	-0.761**
土壤水分			1	0.674**	0.489*	0.599**
总有机碳				1	0.728**	0.911**
微生物量碳					1	0.461**
易氧化有机碳						1

注：*表示显著相关，**表示极显著相关。

8.4　不同改良产品对养分淋溶的影响比较

8.4.1　土壤硝态氮

如图 8-9 所示，施用牦牛粪和农牧废弃物颗粒产品显著增加了沙化土壤 0～60cm 土层土壤硝态氮含量($p<0.05$)，各处理硝态氮含量随土层深度增加呈降低趋势。随着施用年限的增加，表层土壤硝态氮含量降低，呈向深层土壤迁移的趋势。2017 年 9 月，各处理硝态氮含量表现为 JG＞JZ＞SWT＞CK1＞CK0，到 2018 年 9 月，各处理硝态氮含量表现为 JG＞JZ＞CK1≥SWT＞CK0。2017 年 9 月，CK1 处理 0～60cm 土层土壤硝态氮含量较 CK0 平均增加了 123.3%，JG、JZ、SWT 处理分别较 CK0 平均增加了 991.4%、458.8%、483.3%。2018 年 9 月，CK1 处理 0～60cm 土层土壤硝态氮含量较 CK0 平均增加了 11.3%，JG、JZ、SWT 处理分别较 CK0 平均增加了 105.5%、58.6%、3.5%。可见，施用有机类物质牦牛粪、秸秆颗粒和菌渣颗粒可提高土壤硝态氮含量，且有机类物质能缓慢释放养分，具有长期效应；而生物炭施用第 1 年可显著提高土壤硝态氮含量，但川西北高寒地区降雨过多，与生物炭配施的速效养分易随雨水淋溶，且生物炭本身含有的养分也易淋溶损失掉，导致第 2 年生物炭处理土壤硝态氮含量显著降低。

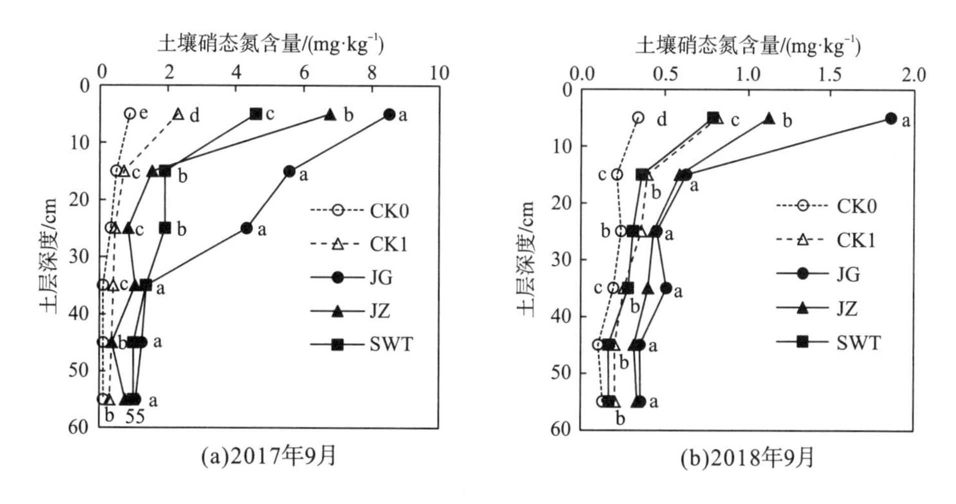

图 8-9　不同改良产品对沙化土壤硝态氮的影响

8.4.2　外源养分淋溶率

由图 8-10 可知，施用牦牛粪和农牧废弃物颗粒产品不仅提升了土壤硝态氮含量，也增加了沙化土壤 0～30cm 土层土壤外源养分淋溶率。施用第 1 年，牦牛粪和农牧废弃物颗粒产品处理的外源养分淋溶率表现为 SWT＞CK1＞JZ＞JG，与 CK1 相比，JG、JZ 处理外源养分淋溶率降低了 51.5%、40.3%，SWT 处理增加了 8.7%。可见，JG 和 JZ 处理有效降低了外源养分淋溶率，而 SWT 则增加了养分淋溶损失。到施用第 2 年，各处理外源养分淋溶率表现为 JZ＞JG＞CK1＞SWT，与 CK1 相比，JG、JZ 处理外源养分淋溶率增加了 19.2%、50.6%，SWT 处理降低了 8.2%。这可能是因为在施用第 1 年，CK1 和 SWT 处理的养分淋溶损失较大，残留在 0～30cm 土层土壤的硝态氮含量降低，故而第 2 年的养分淋溶率降低；而 JG、JZ 处理伴随颗粒进一步腐解，产量养分进一步释放，进而增加了外源养分淋溶率。可见，较高的硝态氮含量易增加土壤氮素淋溶损失。

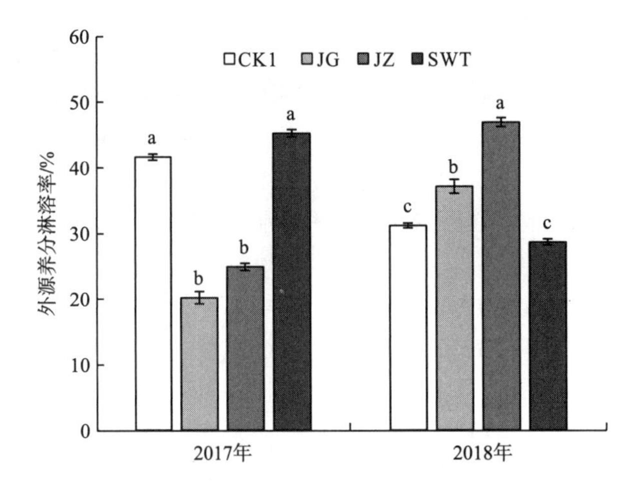

图 8-10 不同改良产品对沙化土壤外源养分淋溶率的影响

8.5 不同改良产品对植被生长的影响比较

沙地植被生长状况是沙化土壤改良效果的直接体现，不同改良产品施用对地上植被生长影响的研究表明：施用外源物质牦牛粪、秸秆颗粒、菌渣颗粒和生物炭均能促进地上植被生长，其中施用第 2 年有机类的牦牛粪、秸秆颗粒和菌渣颗粒对地上植被生长的促进作用优于生物炭处理，生物炭处理在第 1 年时地上植株生长最好，但施用第 2 年时处理效果较有机类物质显著降低。

8.5.1 基本苗

如图 8-11 所示，施用牦牛粪和农牧废弃物颗粒产品显著增加了黑麦草基本苗($p<0.05$)，各处理基本苗数随施用年限增加呈降低趋势。施用第 1 年，CK1、JG、JZ、SWT 处理基本苗分别较 CK0 增加了 13.7%、24.6%、21.5%、21.7%，表现为 JG＞SWT＞JZ＞CK1；施用第 2 年，CK1、JG、JZ、SWT 处理基本苗分别较 CK0 增加了 19.9%、45.2%、36.7%、22.4%，表现为 JG＞JZ＞SWT＞CK1。可见农牧废弃物颗粒产品对黑麦草基本苗的促进效果优于当地常规牦牛粪处理。SWT 处理在第 1 年的施用效果较好，但长效性不佳，JG 和 JZ 处理更适宜于提升沙区黑麦草基本苗数。

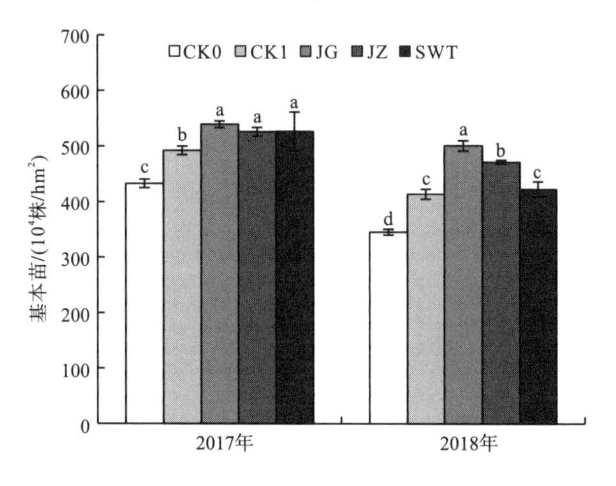

图 8-11　不同改良产品对黑麦草基本苗的影响

8.5.2　株高

由图 8-12 可知，与 CK0 相比，施用牦牛粪和农牧废弃物颗粒产品均显著增加了黑麦草株高(p<0.05)，JG、JZ 处理株高随施用年限增加而增加，CK1、SWT 处理株高随施用年限增加而降低。施用第 1 年，CK1、JG、JZ、SWT 处理株高分别较 CK0 增加了 73.9%、132.5%、116.5%、129.6%；施用第 2 年，CK1、JG、JZ、SWT 处理株高分别较 CK0 增加了 20.7%、167.6%、145.1%、87.2%，整体表现为 JG＞JZ＞SWT＞CK1。

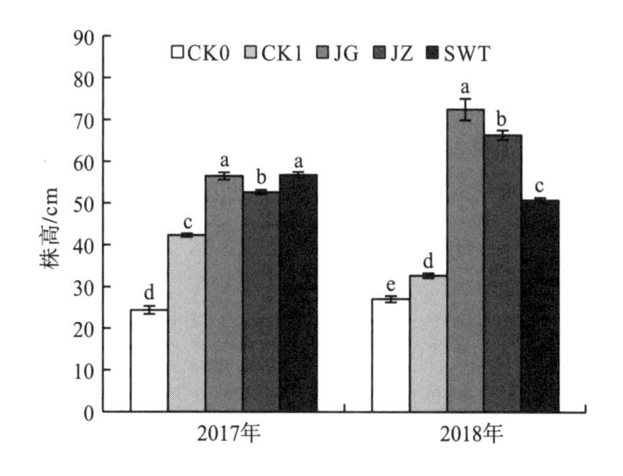

图 8-12　不同改良产品对黑麦草株高的影响

8.5.3　根系形态

如表 8-5 所示，与 CK0 相比，施用牦牛粪和农牧废弃物颗粒产品均显著增加(p<0.05)了黑麦草的总根长、总根表面积、平均根系直径和总根体积，有效促进了黑麦草的根系形态发育。以总根长的变化为例，施用第 1 年，CK1、JG、JZ、SWT 处理的总根长分别较 CK0 增加了 58.7%、103.9%、89.3%、107.6%，表现为 SWT＞JG＞JZ＞CK1；施用第 2 年，

CK1、JG、JZ、SWT 处理的总根长分别较 CK0 增加了 37.0%、133.7%、120.4%、85.0%，表现为 JG＞JZ＞SWT＞CK1。可见，农牧废弃物颗粒产品处理对黑麦草根系形态发育的促进效果优于当地常规牦牛粪处理，SWT 处理在施用第 1 年的效果较好，但长效性不佳，JG 和 JZ 处理更适宜于促进沙区黑麦草根系形态发育。

表 8-5　不同改良产品对黑麦草根系形态的影响

处理	总根长/cm		总根表面积/cm^2		平均根系直径/mm		总根体积/cm^3	
	2017 年 9 月	2018 年 9 月	2017 年 9 月	2018 年 9 月	2017 年 9 月	2018 年 9 月	2017 年 9 月	2018 年 9 月
CK0	82.78d	80.72d	4.46c	4.31c	0.21e	0.23b	0.08e	0.06e
CK1	131.41c	110.56c	4.66bc	4.50c	0.22d	0.23b	0.10d	0.12d
JG	168.78ab	188.67a	5.17a	5.42a	0.29b	0.28ab	0.24b	0.26a
JZ	156.67b	177.90a	5.02ab	5.18b	0.27c	0.30a	0.22c	0.22b
SWT	171.85a	149.35b	5.20a	5.16b	0.32a	0.27ab	0.26a	0.21c

注：不同小写字母表示同列不同处理间差异显著（$p<0.05$）。

8.5.4　叶绿素含量

由图 8-13 可知，与 CK0 相比，施用牦牛粪和农牧废弃物颗粒产品均显著增加（$p<0.05$）了黑麦草叶绿素 a 和叶绿素 b 含量，整体表现为 JG＞SWT＞JZ＞CK1＞CK0。随着施用年限的增加，CK0 和 CK1 处理的叶绿素含量呈降低趋势，JG 和 JZ 处理叶绿素含量显著增加，而 SWT 处理无明显变化。施用第 1 年，CK1、JG、JZ、SWT 处理总叶绿素含量分别较 CK0 增加了 28.6%、101.3%、93.4%、99.8%，JG、JZ、SWT 处理间差异不显著；施用第 2 年，CK1、JG、JZ、SWT 处理总叶绿素含量分别较 CK0 增加了 55.0%、302.7%、215.7%、167.1%。可见，JG 和 JZ 处理对黑麦草叶绿素含量的促进效果显著优于 CK1，从长期来看，改良剂对黑麦草叶绿素含量的促进效果更持久稳定。

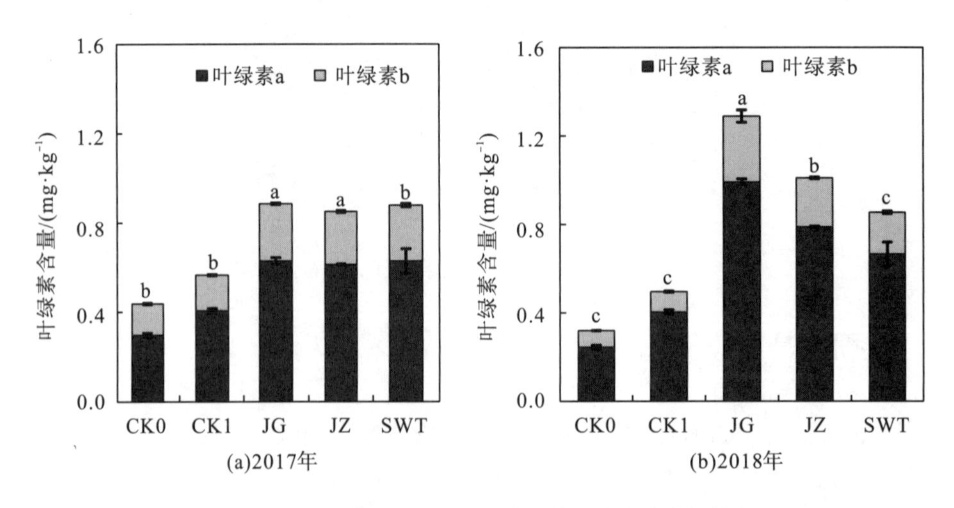

图 8-13　不同改良产品对黑麦草叶绿素含量的影响

8.5.5　地上单株干物质量和群体干物质量

如图 8-14 所示，与 CK0 相比，施用牦牛粪和农牧废弃物颗粒产品均显著增加了黑麦草地上单株干物质量和群体干物质量，随施用年限增加，CK0、CK1、SWT 处理的黑麦草地上单株干物质量和群体干物质量降低，而 JG、JZ 处理则增加。以地上单株干物质量为例，施用第 1 年，CK1、JG、JZ、SWT 处理地上单株干物质量分别较 CK0 增加了 324.9%、590.5%、526.3%、854.8%，表现为 SWT＞JG＞JZ＞CK1＞CK0；施用第 2 年，CK1、JG、JZ、SWT 处理地上单株干物质量分别较 CK0 增加了 170.6%、1637.1%、1185.5%、611.1%，表现为 JG＞JZ＞SWT＞CK1＞CK0。可见，农牧废弃物颗粒产品处理对黑麦草地上单株干物质量和群体干物质量的促进效果优于当地常规牦牛粪处理，SWT 处理在施用第 1 年的效果较好，但长效性不佳，JG 和 JZ 处理更有利于提升沙区黑麦草地上单株干物质量和群体干物质量。

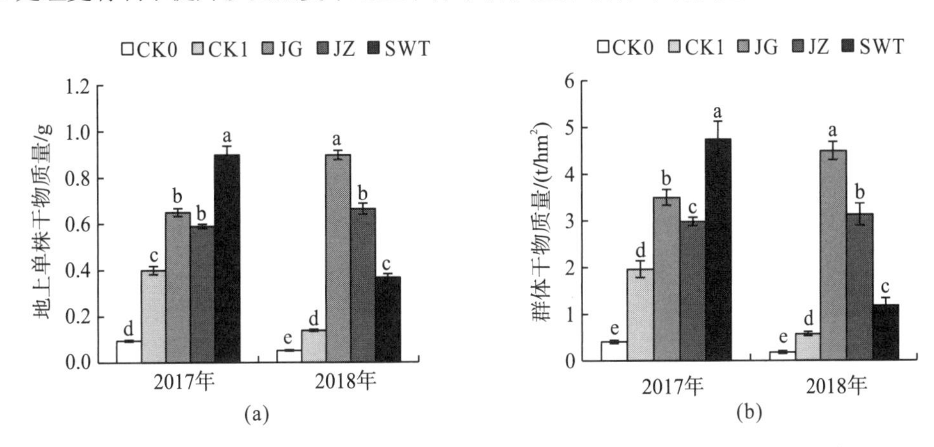

图 8-14　不同改良产品对黑麦草地上单株干物质量和群体干物质量的影响

8.6　本 章 小 结

本章以空白(CK0)和牦牛粪(CK1)处理为对照，对以农牧废弃物为原料生产的秸秆颗粒、菌渣颗粒、生物炭产品改良沙化土壤的技术效果进行了评价。结果表明，施用牦牛粪、秸秆颗粒、菌渣颗粒和生物炭均可有效降低土壤容重、增加土壤含水率、改善土壤物理性状、显著提高土壤全氮和速效氮含量，同时也显著提高了土壤总有机碳、活性有机碳、微生物量碳含量和全碳储量，有效促进了黑麦草的根系形态发育，增加了地上植被干物质量。

随着施用年限的增加，各处理土壤速效养分均显著降低，施用第 1 年以生物炭处理的地上植被生长最好，而施用第 2 年生物炭处理的地上植被生物量显著降低，以秸秆和菌渣颗粒产品处理的地上植被生长最好。

总体来看，秸秆和菌渣颗粒产品对沙地土壤物理化学性状的改善效果具有一定的长期效应，而生物炭仅在施用第 1 年表现优于秸秆和菌渣颗粒产品。从改良沙化土壤的长期效果来看，秸秆颗粒产品改良沙化土壤效果最好，其次为菌渣颗粒和生物炭产品。

第9章　川西北高寒草地沙化土壤改良技术规程

基于农牧废弃物资源化产品秸秆颗粒、菌渣颗粒和生物炭堆肥对高寒草地沙化土壤改良效应研究，本章建立了秸秆颗粒、菌渣颗粒、生物炭堆肥产品改良沙化土壤技术规程，用于指导沙化土壤改良，以期加快川西北高寒草地沙化土壤治理进程。

9.1　范　　围

本标准主要规定了农业废弃物食用菌菌渣颗粒改良与治理川西北高寒草地沙化土壤的技术措施、方法等技术要求。

本标准适用于川西北高寒草地沙化土壤类型。

9.2　规范性引用文件

下列文件对于本文件的应用是必不可少的。凡是注日期的引用文件，仅所注日期的版本适用于本文件。凡是不注日期的引用文件，其最新版本(包括所有的修改单)适用于本文件。

GB/T 2930.1～GB/T 2930.11—2001　牧草种子检验规程

GB 6000—1999　主要造林树种苗木质量分级

GB 7908—1999　林木种子质量分级

GB 10377—2003　天然草地退化、沙化、盐渍化的分级指标

GB/T 15163—2004　封山(沙)育林技术规程

GB/T 15776—1995　造林技术规程

GB/T 21141—2007　防沙治沙技术规范

LY/T 1000—2013　容器有苗技术草种

NY/T 1342—2007　人工草地建设技术规程

NY/T 3041　生物炭基肥料

DB51/T 705—2007　四川主要造林树种苗木质量分级

DB51/T 777—2008　弓箭灭治鼢鼠技术规范

DB51/T 938—2009　草原鹰架招鹰控鼠技术规程

DB51/T 1892—2014　川西北地区沙化土地治理技术规程

DB 63/T 1009　刈用型黑土滩人工草地建植及利用技术规范

9.3　术语和定义

9.3.1　高寒草甸土

高寒草甸土是在高原亚寒带半湿润蒿草草甸植被下形成的土壤。

9.3.2　盖度

盖度指植物地上部分垂直投影的面积占地面的比率。又称为投影盖度。

9.3.3　沙化土壤

在各种气候条件下，由各种因素形成的以沙(砾)状物质为主要标志的退化土壤。

9.3.4　川西北高寒沙化土壤

位于川西北高原地区，平均海拔 3000m 以上，因川西北高原草地退化而出现的沙化土壤。

9.3.5　草地沙化

不同气候带具沙质地表环境的草地受风蚀、水蚀、干旱、鼠虫害和人为不当的经济活动等因素影响，如长期的超载过牧、不合理的垦殖、滥伐与樵采、滥挖药材等，使天然草地遭受不同程度破坏，土壤受侵蚀，土质变粗沙化，土壤有机质含量下降，营养物质流失，草地生产力减退，致使原非沙漠地区的草地，出现以风沙活动为主要特征的类似沙漠景观的草地退化过程。草地沙化是草地退化的特殊类型。

9.3.6　轻度沙化

无明显沙化现象，沙生植物成为主要伴生种，表层枯枝落叶明显减少，部分土壤裸露，主要存在于较平缓的沙地，其 0～20cm 土层，>0.05mm 的粗砂粒含量的相对百分数增加了 11%～20%，以及<0.01mm 的物理性黏粒、有机质和全氮含量的相对百分数都减少了 11%～20%，基本形成固定沙丘。

9.3.7　中度沙化

沙化明显，沙生植物成为主要伴生种，表层枯枝落叶明显减少，形成典型的露沙草地，主要存在于平缓沙地，其 0～20cm 土层，>0.05mm 的粗砂粒含量的相对百分数增加了 21%～40%，以及<0.01mm 的物理性黏粒、有机质含量的相对百分数都减少了 11%～20%，全氮含量的相对百分数减小了 21%～25%，基本形成固定或半固定沙丘。

9.3.8 重度沙化

沙化严重，植被很稀疏，仅存在少量沙生植物，表层沙粒大量增加，枯枝落叶数量极少，其 0～20cm 土层，>0.05mm 的粗砂粒含量的相对百分数增加了 40%以上，以及<0.01mm 的物理性黏粒、有机质含量的相对百分数都减少了 40%以上，全氮含量的相对百分数减小了 25%以上，基本形成半流动沙丘。

9.3.9 农牧废弃物

农牧业生产中产生的秸秆、畜禽粪便等废弃物。

9.3.10 膨润土

膨润土是以蒙脱石为主要矿物成分的非金属矿产，具有较好的离子交换性。

9.3.11 微生物菌剂

微生物菌剂是指目标微生物(有效菌)经过工业化生产扩繁后，利用多孔的物质作为吸附剂(如草炭、蛭石)，吸附菌体的发酵液加工制成的活菌制剂。

9.3.12 生物炭

在绝氧或限氧条件下，经过高温(500～700℃)裂解，将木材、草或其他农牧废物炭化后得到的稳定固体富炭产物。

9.3.13 堆肥

堆肥是利用各种植物残体(作物秸秆、杂草、树叶、泥炭、垃圾以及其他废弃物等)为主要原料，混合人畜粪尿经堆制腐解而成的有机肥料。

9.3.14 一年生黑麦草

一年生黑麦草又称多花黑麦草、意大利黑麦草。为禾本科一年生草本植物，须根强大，株高 80～120cm。一年生黑麦草生长快、分蘖力强、再生性好、产量高，茎叶干物质中分别含蛋白质 13.7%、粗脂肪 3.8%、粗纤维 21.3%，草质好，适宜青饲、调制干草、青贮和放牧，是饲养马、牛、羊、猪、禽、兔和草食性鱼类的优质饲草。

9.3.15　条播

条播是指每隔一定距离，把种子均匀地播成长条的播种方式。

9.4　播前土地准备

9.4.1　地块选择

选择地势相对平缓开阔、土层深厚、交通方便、连片分布的高寒沙化土地。

9.4.2　土壤测试

对选定地块 0～30cm 土层的土壤进行取样，测试土壤粗砂粒含量、物理性黏粒含量、pH、氮、磷、钾及有机质含量等指标，观测地块植被，或查阅当地土壤资料，确定土壤沙化程度与养分水平。

9.4.3　平整地面

参照 GB/T 15776—1995 的相关要求，采用水平带状整地法，先清除地面上的石块及杂物，填埋鼠洞，推平蚂蚁堡等，然后采取局部整地的方式，禁止全面整地，有效保护原有植被。

9.5　秸秆颗粒改良沙化土壤技术

9.5.1　秸秆颗粒产品制备与施用方法

秸秆采用玉米、小麦或水稻秸秆，风干后粉碎至粒径≤2mm 的粉末状。与微生物菌剂、聚丙烯酰胺、尿素(含氮量 46%)、硫酸钾(K_2O 含量 50%)、过磷酸钙(P_2O_5 含量 12%)混合均匀，添加 10%左右水分，通过颗粒机压制成长度 3～5cm 圆柱形秸秆颗粒产品。配施物质要求采购自正规渠道，是符合国家有关商品标准的合格商品。各材料配比如表 9-1 所示。

表 9-1　秸秆颗粒产品原料配比(%)

产品	秸秆	微生物菌	聚丙烯酰胺	尿素	过磷酸钙	硫酸钾	水
秸秆颗粒(JZ)	80	0.3～0.5	0.3～0.5	1～1.5	4～5	1.5～2.5	10

根据土壤沙化程度的不同施用不同量的秸秆颗粒产品。其中轻度沙化土壤中的秸秆、尿素、膨润土以及微生物菌剂的施入量分别为3.95t·hm^{-2}、0.07t·hm^{-2}、1.97t·hm^{-2}、0.01t·hm^{-2}，按沟长度将秸秆、尿素、膨润土以及微生物菌剂的施入量分别折算成0.39kg·m^{-1}、0.007kg·m^{-1}、0.20kg·m^{-1}、0.001kg·m^{-1}；中度沙化土壤中的施入量分别为7.89t·hm^{-2}、0.13t·hm^{-2}、3.95t·hm^{-2}、0.03t·hm^{-2}，按沟长度分别折算成0.79kg·m^{-1}、0.013kg·m^{-1}、0.39kg·m^{-1}、0.003kg·m^{-1}；重度沙化土壤中的施入量分别为11.84t·hm^{-2}、0.20t·hm^{-2}、5.92t·hm^{-2}、0.04t·hm^{-2}，按沟长度分别折算成1.18kg·m^{-1}、0.02kg·m^{-1}、0.59kg·m^{-1}、0.004kg·m^{-1}。

采用条施方式在秋季或春季播种前施用，施用时，将沙地平整后按间距15～20cm用常规开沟器开出深10cm、宽5cm的施肥沟，将粉碎后的玉米、小麦或水稻秸秆以及配施的尿素、膨润土和微生物菌剂等混合物，作为底肥一次性施入沟底10cm处。

9.5.2 牧草种植技术

选择耐低温、耐瘠薄、抗干旱、萌生能力强的一年生黑麦草草种，要求选用通过国家、省及地方审(认)定的优良适宜品种，如特高、邦德以及蓝天堂等。草种质量检验按照《牧草种子检验规程》(GB/T 2930.1～GB/T 2930.11)执行。播种前采用枯草芽孢杆菌浓度为1×10^{7}CFU/mL的溶液浸种，室温下浸种5min，晾干后播种。在春季5月份用拉播机具将黑麦草种子条施在经过秸秆和配施物质改良过的、深度为2～3cm的土层上，播种量为50～75kg·hm^{-2}，按沟条播可折算成5.0～7.5g·m^{-1}。播种后用铁锹覆土1～2cm，用耙耙平。

9.5.3 后期管护与鼠害兔害防治

苗期成活率低于80%的地方及时补播。发生鼠害危害时，宜采用物理、生物、化学等方法进行综合防治。使用农药应当符合《农药安全使用标准》(GB4285—1989)的有关规定，使用弓箭应当符合《弓箭灭治鼢鼠技术规范》(DB51/T 777—2008)的有关规定，招鹰控鼠应当符合《草原鹰架招鹰控鼠技术规程》(DB51/T 938—2009)的有关规定。

9.6 菌渣颗粒改良沙化土壤技术

9.6.1 菌渣颗粒产品制备与施用方法

9.6.1.1 菌渣颗粒产品制备

将食用菌生产废弃菌棒粉碎至粒径≤2mm，与微生物菌剂(枯草芽孢肝菌：侧孢短芽孢杆菌=10∶5)、聚丙烯酰胺、尿素(含氮量46%)、硫酸钾(K_2O含量50%)、过磷酸钙(P_2O_5

含量 12%）混合均匀，添加 10%左右水分，通过颗粒机压制成长度 3～5cm 圆柱形菌渣颗粒产品。配施物质要求采购自正规渠道，是符合国家有关商品标准的合格商品。各材料配比如表 9-2 所示。

表 9-2　菌渣颗粒化配比（%）

产品	菌渣	生物菌	聚丙烯酰胺	尿素	过磷酸钙	硫酸钾	水
菌渣颗粒（JZ）	80	0.3～0.5	0.3～0.5	1～1.5	4～5	1.5～2.5	10

9.6.1.2　菌渣颗粒产品施用方法

牧草种植前将菌渣颗粒产品条施于牧草播种行下，施用深度 10～15cm。灌木种植菌渣颗粒产品隔层环形施于距灌木中心 10～20cm、深 10～20cm 的土层中，每 5cm 土层施菌渣颗粒厚度 2～3cm，共施用菌渣颗粒产品 3 层，形成隔层环形施用。轻度沙化土壤施用量为 5～10t·hm^{-2}，中度沙化土壤施用量为 10～15t·hm^{-2}，重度沙化土壤施用量为 15～20t·hm^{-2}。

9.6.2　牧草与灌木种植技术

9.6.2.1　牧草种植技术

选择耐低温、耐瘠薄、抗干旱、萌生能力强的多年生草种，优先使用国家、省及地方审（认）定的优良适宜草种。草种采用一年生和多年生草种混播，筛选 3 个以上适宜优良草种，多年生与一年生草种比例为 7∶3 或 8∶2。草种质量执行《牧草种子检验规程》（GB/T 2930.1～GB/T 2930.11）的标准。草种在播种前进行变温、去芒、消毒三个环节处理，按照 NY/T 1342—2007 相关规定执行。

牧草播种于栽植灌木的行株间，草种播种前对沙地进行轻耙松土和平整，注意保护好原生植被，每年春季 5 月上中旬用拉播机（济宁久源机械设备有限公司）将牧草种子条播在秸秆颗粒行上的土层中，播深 3～5cm，播种量为 45～60kg·hm^{-2}，行距 15cm。

9.6.2.2　灌木栽植技术

选择适应性强、耐低温、耐沙埋、耐瘠薄、抗干旱、抗风、生长旺盛、根系发达、固土力强的灌木树种，优先选用乡土灌木；若采用新品种灌木植物，必须是经过品种鉴定或认定的适生植物；若采用外来植物，应选择经过引种试验并取得成功的优良植物。

灌木栽植采用单植和丛植两种方式。单株栽植株行距为 1.0m×1.0m～1.0m×2.0m，灌木栽植面积不低于沙化土地面积的 50%，且分布均匀，栽植密度为 4000～6000 株/hm^2；丛植按每穴 3～5 株进行，丛植株行距为 2.0m×2.0m～2.0m×3.0m，栽植密度为 4000～8000 株/hm^2。

灌木种苗优先推广使用生态袋、营养袋等容器苗木，裸根苗尽量保证苗木根系完整，禁用无须根的苗木。种苗质量执行GB 6000—1999、DB51/T 705—2007和LY/T 1000—2013规定的Ⅰ、Ⅱ苗木的标准。若采用国家标准和地方标准未规定的树种种苗，宜选用品种优良、根系发达、生长发育良好、植株健壮的苗木。

种植穴规格为30cm×30cm×40cm～40cm×40cm×60cm；栽植季节宜在春季4月下旬至5月中旬；栽植前对种苗进行泥浆浸根、修枝、断梢等苗木处理；栽植时根据树种生物学特性适当深栽，培土壅兜，栽紧压实；有水源条件的地区浇足定根水；栽植完成后清除剩余物、轻耙松土、平整地表。

9.6.3 后期管护与鼠害兔害防治

9.6.3.1 后期管护

对牧草覆盖度低于80%的区域在次年进行补种，视盖度高低确定播种量；对治理区域连续8年封禁保护牧草植物。对灌木栽植成活率低于80%的区域在次年进行灌木补植，连续补植2年；对具有萌蘖能力的灌木树种从次年开始每年春季进行一次平茬复状；对治理区域连续8年封禁保护栽植植物。

9.6.3.2 鼠害兔害防治

在有效保护鼠类、兔子天敌的基础上，主要采用器械防治和生物防治的方法预防鼠害兔害。器械防治主要采用弓箭、招鹰架器械防治，使用弓箭应当符合《弓箭灭治鼢鼠技术规范》(DB51/T 777—2008)的有关规定，招鹰控鼠应当符合《草原鹰架招鹰控鼠技术规程》(DB51/T 938—2009)的有关规定。器械防治结合网围栏等配套建设同时进行，生物防治在5～10月进行。

9.7 生物炭堆肥产品改良沙化土壤施用技术

9.7.1 生物炭堆肥产品制备与施用方法

9.7.1.1 生物炭和堆肥产品制备

生物炭：选用以牦牛粪便为原料在 600℃制备的生物炭，碳含量≥50%，pH≤10.4。其中污染物的含量应符合NY/T 3041的规定。

堆肥：选用牦牛粪便为原料，含水率应保持在50%～65%，温度最好控制在55～65℃，采用翻堆方式通风或设有其他机械通风装置换气，调节堆肥物料的氧气浓度和散热，同时应注意堆体堆积要松紧适度，保持物料间有一定的空隙以利通气。

9.7.1.2 生物炭堆肥产品施用方法

生物炭和堆肥用量依据土壤沙化程度以及有机质含量水平确定：轻度沙化土壤中的生

物炭和堆肥的施入量分别为 7.5t·hm^{-2}、9t·hm^{-2}，按沟长度将生物炭和堆肥的施入量分别折算成 0.75kg·m^{-1}、0.9kg·m^{-1}；中度沙化土壤中的施入量分别为 15t·hm^{-2}、11t·hm^{-2}，按沟长度的施入量分别折算成 1.5kg·m^{-1}、1.1kg·m^{-1}；重度沙化土壤中的施入量分别为 30t·hm^{-2}、15t·hm^{-2}，按沟长度的施入量分别折算成 3kg·m^{-1}、1.5kg·m^{-1}。在非封山期(5 月至 9 月底)使用，将生物炭与堆肥混合均匀撒施于地表，翻入土壤，耕作深度以 20～25cm 为宜。

9.7.2　牧草种植技术

选择耐低温、耐瘠薄、抗干旱、萌生能力强的一年生和多年生草种，优先使用国家、省及地方审(认) 定的优良适宜草种。选择耐低温、耐瘠薄、抗干旱、萌生能力强的一年生黑麦草草种。草种质量执行《牧草种子检验规程》(GB/T 2930.1～GB/T 2930.11)的有关规定。

草种在播种前进行变温、去芒、消毒三个环节处理，按照 NY/T 1342—2007 相关规定执行。为促进发芽，可将草种放入润湿的毛巾进行出芽培养。草种撒播前对沙地进行轻耙松土和平整，注意保护好原生植被和栽植植物；在春季(5 月中下旬)雨后进行人工撒播或条播；草种的播种量为 50～75kg·hm^{-2}。

9.7.3　后期管护与鼠害兔害防治

9.7.3.1　后期管护

对草本盖度低于 80%的治理地区在次年进行补撒播，视盖度高低确定播种量；对治理沙化土壤现场进行连续 8 年封禁保护草本植被。参考《川西北地区沙化土地治理技术规程》(DB51/T 1892—2014)的有关规定。

9.7.3.2　鼠害兔害防治

发生鼠害危害时，宜采用物理、生物、化学等方法进行综合防治。使用农药应当符合《农药安全使用标准》(GB4285—1989)的有关规定，使用弓箭应当符合《弓箭灭治鼢鼠技术规范》(DB51/T777—2008)的有关规定，招鹰控鼠应当符合《草原鹰架招鹰控鼠技术规程》(DB51/T938—2009)的有关规定。

参 考 文 献

操成杰. 2005. 川西北地区构造应力场分析与应用[D]. 北京：中国地质科学院.

曹显军. 2000. 治理高大流动沙丘技术介绍植物再生沙障[J]. 内蒙古林业, (2): 30.

陈方鑫, 卢少勇, 冯传平. 2016. 农业秸秆复合 PAM 对湖滨带土壤改良效果的研究[J]. 农业环境科学学报, 35(4): 711-718.

陈红霞, 杜章留, 郭伟, 等. 2011. 施用生物炭对华北平原农田土壤容重、阳离子交换量和颗粒有机质含量的影响[J]. 应用生态学报, 22(11): 2930-2934.

陈兰周, 刘永定, 李敦海. 2003. 盐胁迫对爪哇伪枝藻(*Scytonema javanicum*)生理生化特性的影响[J]. 中国沙漠, 23(3): 285-288.

陈隆享. 1981. 绿洲边缘沙害的治理——以临泽县北部为例[J]. 甘肃林业科技, (2): 5-14.

陈雯雯, 申卫收, 韩成, 等. 2014. 施用不同配比菇渣、熟牛粪对酸性土壤质量和花生产量的影响[J]. 中国土壤与肥料, (1): 69-74.

程功, 刘廷玺, 李东方, 等. 2019. 生物炭和秸秆还田对干旱区玉米农田土壤温室气体通量的影响[J]. 中国生态农业学报(中英文), 27(7): 1004-1014.

崔丽娟, 马琼芳, 郝云庆, 等. 2013. 若尔盖高寒沼泽植物群落与环境因子的关系[J]. 生态环境学报, 22(11): 1749-1756.

戴洋, 罗勇, 王长科, 等. 2010. 1961-2008 年若尔盖高原湿地的气候变化和突变分析[J]. 冰川冻土, 32(1): 35-42.

邓茂林, 田昆, 段宗亮, 等. 2010. 高原湿地若尔盖国家级自然保护区景观变化[J]. 山地学报, 28(2): 240-246.

邓欧平, 李瀚, 周稀, 等. 2014. 菌渣还田对土壤有效养分动态变化的影响[J]. 中国土壤与肥料, (4): 18-23.

董晓菲, 邵青娜, 贾佳, 等. 2019. 土壤改良技术的应用现状[J]. 安徽农学通报, 25(9): 38-40.

董智, 李红丽, 孙保平, 等. 2004. 乌兰布和沙漠东北缘磴口县沙尘天气变化规律及其对防护林体系建设的响应[J]. 干旱区资源与环境, (A1): 269-275.

董治宝, 高尚玉, Fryrear D W. 2000. 直立植物—砾石覆盖组合措施的防风蚀作用[J]. 水土保持学报, 14(1): 7-11.

丁新辉, 刘孝盈, 刘广全. 2019. 我国沙障固沙技术研究进展及展望[J]. 中国水土保持, (1): 35-37.

范围, 吴景贵, 李建明, 等. 2018. 秸秆均匀还田对东北地区黑钙土土壤理化性质及玉米产量的影响[J]. 土壤学报, 55(4): 835-846.

冯瑞云, 王慧杰, 郭峰, 等. 2015. 秸秆型土壤改良剂对土壤结构和水分特征的影响[J]. 灌溉排水学报, 34(9): 44-48.

高承兵, 李永兵, 聂雪花. 2010. 民勤流沙治理中机械沙障的防风固沙效益分析[J]. 甘肃林业科技, 35(3): 35-38, 43.

高永, 党晓宏, 虞毅, 等. 2015. 乌兰布和沙漠东南缘白沙蒿(*Artemisia sphaerocphala*)灌丛沙堆形态特征与固沙能力[J]. 中国沙漠, 35(1): 1-7.

葛佩琳, 王凌云, 莫明浩, 等. 2019. 鄱阳湖滨流动沙丘不同类型沙障土壤改良效应分析[J]. 水土保持研究, 29 (6): 87-91.

龚臣, 王旭东, 倪幸, 等. 2018. 长期菌渣化肥配施对稻田土壤活性有机碳组分和有效养分的影响[J]. 浙江农林大学学报, 35(2): 252-260.

郭凯先, 孙广春, 刘得俊, 等. 2011. 青海湖周边流动沙丘化学治沙效果初探[J]. 青海大学学报(自然科学版), 29(5): 21-23.

郭成久, 孙景刚, 苏芳莉, 等. 2012. 土壤容重对草甸土坡面养分流失特征的影响[J]. 水土保持学报, 26(6): 27-30.

郭彦军, 田茂春, 宋代军, 等. 2007. 施用羊粪条件下人工草地土壤硝态氮淋失量研究[J]. 水土保持学报, 21(2): 53-56.

韩凤朋, 郑纪勇, 李占斌, 等. 2010. PAM对土壤物理性状以及水分分布的影响[J]. 农业工程学报, 26(4): 70-74.

韩丽文, 李祝贺, 单学平, 等. 2005. 土地沙化与防沙治沙措施研究[J]. 水土保持研究, 12(5): 210-213.

何瑞成, 吴景贵, 李建明. 2017. 不同有机物料对原生盐碱地水稳性团聚体特征的影响[J]. 水土保持学报, 31(3): 310-316.

何熙, 韦武思, 孙荣国, 等. 2012. 秸秆改良材料对沙质土壤饱和含水量的影响[J]. 中国农学通报, 28(9): 75-79.

何绪生, 张树清, 佘雕, 等. 2011. 生物炭对土壤肥料的作用及未来研究[J]. 中国农学通报, 27(15): 16-25.

胡诚, 陈云峰, 乔艳, 等. 2016. 秸秆还田配施腐熟剂对低产黄泥田的改良作用[J]. 植物营养与肥料学报, 22(1): 59-66.

花莉, 金素素, 洛晶晶. 2012. 生物质炭输入对土壤微域特征及土壤腐殖质的作用效应研究[J]. 生态环境学报, 21(11): 1795-1799.

黄昌勇, 徐建明. 2010. 土壤学[M]. 北京: 中国农业出版社.

霍颖, 张杰, 王美超, 等. 2011. 梨园行间种草对土壤有机质和矿质元素变化及相互关系的影响[J]. 中国农业科学, 44(7): 1415-1424.

姬强. 2016. 不同耕作措施和外源碳输入对土壤结构和有机碳库的影响[D]. 杨凌: 西北农林科技大学.

居炎飞, 邱明喜, 朱纪康, 等. 2019. 我国固沙材料研究进展与应用前景[J]. 干旱区资源与环境, 33(10): 138-144.

江仁涛, 李富程, 沈凇涛. 2018. 不同年限红柳恢复川西北高寒沙地对土壤团聚体和有机碳的影响[J]. 水土保持学报, 32(1): 197-203.

江泽慧, 张东升, 费本华, 等. 2004. 炭化温度对竹炭微观结构及电性能的影响[J]. 新型炭材料, 19(4): 249-253.

贾玉奎, 李钢铁, 董锦兰. 2006. 乌兰布和沙漠固沙林土壤水分变化规律的初步研究[J]. 干旱区资源与环境, 20(6): 169-172.

蒋坤云, 郭建斌, 张宾宾, 等. 2011. 环保型土壤改良剂的引进及对沙化土壤改良效果的研究[J]. 湖南农业科学, (11): 76-78, 81.

靖彦, 陈效民, 李秋霞, 等. 2014. 施用生物质炭对红壤中硝态氮垂直运移的影响及其模拟[J]. 应用生态学报, 25(11): 3161-3167.

康倍铭, 徐健, 吴淑芳, 等. 2014. PAM与天然土壤改良材料混合对部分土壤理化性质的影响[J]. 水土保持研究, 21(3): 68-72.

孔丝纺, 姚兴成, 张江勇, 等. 2015. 生物质炭的特性及其应用的研究进展[J]. 生态环境学报, 24(4): 716-723.

李丛蕾. 2015. 改良剂对旱地红壤团聚体稳定性及有机碳组分的影响[D]. 南昌: 南昌工程学院.

李飞跃, 汪建飞, 谢越, 等. 2015. 热解温度对生物质炭碳保留量及稳定性的影响[J]. 农业工程学报, 31(4): 266-271.

李浩, 赵倩, 崔啸华. 2012. 新型环保自吸水保水剂在沙漠公路防护中的应用研究[J]. 西藏科技, (12):71-72, 76.

李佳佳. 2011. 秸秆-膨润土-PAM对土壤理化性质和作物生长的调控效应[D]. 重庆: 西南大学.

李少华, 王学全, 包岩峰, 等. 2016. 不同类型植被对高寒沙区土壤改良效果的差异分析[J]. 土壤通报, 47(1): 60-64.

李小炜, 白春梅, 田丽, 等. 2019. 微生物土壤改良剂对陕北沙区耕地的改良效果研究[J]. 陕西农业科学, 65(4): 18-20.

李永进, 代微然, 杨春勐, 等. 2016. 封育和添加牛粪对退化亚高山草甸土壤恢复的影响[J]. 草业科学, 33(8): 1486-1491.

李元元, 王占礼. 2016. 聚丙烯酰胺(PAM)防治土壤风蚀的研究进展[J]. 应用生态学报, 27(3): 1002-1008.

李志丹. 2004. 川西北高寒草甸草地放牧退化演替研究[D]. 雅安: 四川农业大学.

栗方亮, 张青, 王煌平, 等. 2017. 定位施用菌渣对稻田土壤团聚体中碳氮含量的影响[J]. 土壤, 49(1): 70-76.

林静雯, 丁海涛, 吴丹, 等. 2017. 牛粪生物炭对蔬菜大棚土壤性影响[J]. 沈阳大学学报(自然科学版), 29(4): 294-299.

刘君梅, 王学全, 刘丽颖, 等. 2011. 高寒沙区植被恢复过程中表层土壤因子的变化规律[J]. 东北林业大学学报, 39(8): 47-49, 60.

刘华强, 廖敦秀, 刘剑飞, 等. 2015. 秸秆-膨润土-PAM 改良材料对不同类型土壤中腐殖质含量的影响[J]. 中国农学通报,

31(14): 213-218.
刘晓林, 陈伟, 吴雅薇, 等. 2018. 秸秆颗粒改良剂对川西北高寒沙地土壤氮素和黑麦草生长的影响[J]. 水土保持学报, 32(6): 229-235.
刘玉学, 唐旭, 杨生茂, 等. 2016. 生物炭对土壤磷素转化的影响及其机理研究进展[J]. 植物营养与肥料学报, 22(6): 1690-1695.
刘玉环, 闫治斌, 王学, 等. 2018. 功能型土壤改良剂对灰棕荒漠土的改良效果[J]. 土壤通报, 49(1): 150-158
刘中良, 郑建利, 孙哲, 等. 2016. 土壤改良剂对设施番茄土壤微生物群落、品质及产量的影响[J]. 华北农学报, 31(S1): 394-398.
刘忠民. 2008. 种植苜蓿对台安县沙化区土壤改良效应的研究[J]. 环境科学与管理, 33(3): 147-149.
卢广伟. 2007. 草方格沙障在七墩滩风沙治理中的应用[J]. 甘肃水利水电技术, 43(3): 225-226.
鲁顺保, 周小奇, 芮亦超, 等. 2011. 森林类型对土壤有机质、微生物生物量及酶活性的影响[J]. 应用生态学报, 22(10): 2567-2573.
马臣, 刘艳妮, 梁路, 等. 2018. 有机无机肥配施对旱地冬小麦产量和硝态氮残留淋失的影响[J]. 应用生态学报, 29(4): 1240-1248.
马琼芳. 2013. 若尔盖高寒沼泽生态系统碳储量研究[D]. 北京: 中国林业科学研究院.
马全林, 王继和, 刘虎俊, 等. 2005. 机械沙障在退化人工梭梭林恢复中的应用[J]. 干旱区研究, 22(4): 526-531.
马瑞, 刘虎俊, 马彦军, 等. 2013. 沙源供给条件对机械沙障固沙作用的影响[J]. 水土保持学报, 27(5): 105-108, 114.
潘凤娥, 胡俊鹏, 索龙, 等. 2016. 添加玉米秸秆及其生物质炭对砖红壤 N_2O 排放的影响[J]. 农业环境科学学报, 35(2): 396-402.
潘逸凡, 杨敏, 董达, 等. 2013. 生物质炭对土壤氮素循环的影响及其机理研究进展[J]. 应用生态学报, 24(9): 2666-2673.
彭佳佳, 胡玉福, 肖海华, 等. 2015. 生态修复对川西北沙化草地土壤有机质和氮素的影响[J]. 干旱区资源与环境, 29(5): 149-153.
彭云霄, 魏威. 2019. 土壤沙化的成因及危害分析[J]. 安徽农学通报, 25(10): 98-99.
屈建军, 凌裕泉, 刘宝军, 等. 2019. 我国风沙防治工程研究现状及发展趋势[J]. 地球科学进展, 34(3): 225-231.
屈建军, 凌裕泉, 俎瑞平, 等. 2005. 半隐蔽格状沙障的综合防护效益观测研究[J]. 中国沙漠, 25(3): 329-335.
屈皖华, 李志刚, 李健. 2017. 施用有机物料对沙化土壤碳氮含量、酶活性及紫花苜蓿生物量的影响[J]. 草业科学, 34(3): 456-464.
尚斌. 2007. 畜禽粪便热解特性试验研究[D]. 北京: 中国农业科学院.
史长光. 2010. 川西北退化、沙化草原植被恢复效果研究[D]. 成都: 四川师范大学.
舒展, 张晓素, 陈娟, 等. 2010. 叶绿素含量测定的简化[J]. 植物生理学通讯, 46(4): 399-402.
孙保平, 关文彬, 赵廷宁, 等. 2000. 21 世纪中国荒漠化预防及治理技术研究展望[J]. 中国农业科技导报, 2(1): 54-57.
孙宁川, 唐光木, 刘会芳, 等. 2016. 生物炭对风沙土理化性质及玉米生长的影响[J]. 西北农业学报, 25(2): 209-214.
孙荣国, 韦武思, 马明, 等. 2011. 秸秆-膨润土-PAM 改良材料对沙质土壤团粒结构的影响[J]. 水土保持学报, 25(2): 162-166.
孙涛, 刘虎俊, 朱国庆, 等. 2012. 3 种机械沙障防风固沙功能的时效性[J]. 水土保持学报, 26(4): 12-16, 22.
唐学芳, 刘冬梅, 万婷, 等. 2013. 川西北高寒草地沙化土壤特征及治理模式探讨——以阿坝州红原县为例[J]. 四川环境, 32(6): 11-15.
陶玲, 曹田, 吕莹, 等. 2017. 生物型凹凸棒基高分子固沙材料的复配效果[J]. 中国沙漠, 37(2): 276-280.
田丽慧, 张登山, 彭继平, 等. 2015. 高寒沙地人工植被恢复区地表沉积物粒度特征[J]. 中国沙漠, 35(1): 32-39.

王艮梅，黄松杉，郑光耀，等. 2016. 菌渣作为土壤调理剂资源化利用的研究进展[J]. 土壤通报, 47(5): 1273-1280.
王婧，张莉，逄焕成，等. 2017. 秸秆颗粒化还田加速腐解速率提高培肥效果[J]. 农业工程学报, 33(6): 177-183.
王来田，李军，丁爱军，等. 2004. 戈壁、流动沙丘地带生物治沙滴灌节水试验分析[J]. 中国沙漠, 24(6): 815-819.
王琳琳. 2014. 天津滨海盐土隔盐修复、有机改良及造林效果评估[D]. 北京：北京林业大学.
王晓洁，陈冠虹，张仁铎. 2018. 不同热解温度的生物炭在土壤中的矿化作用研究[J]. 环境科学学报, 38(1): 320-327.
王艳. 2005. 川西北草原土壤退化沙化特征及成因分析——以红原县为例[D]. 重庆：西南农业大学.
王艳，杨剑虹，潘洁，等. 2009. 川西北草原退化沙化土壤剖面特征分析[J]. 水土保持通报, 29(1): 92-95.
王银梅. 2008. 化学治沙作用的机理研究[J]. 灾害学, 23(3): 32-35.
王永军，田秀娥，李浩波. 2001. 菌糠的营养价值与开发利用[J]. 中国饲料, (12): 30-31.
王玉才，张恒嘉. 2016. 五种机械沙障的固沙效果研究[J]. 中国水运（下半月）, 16(8): 314-315, 318.
韦武思. 2010. 秸秆改良材料对沙质土壤结构和水分特征的影响[D]. 重庆：西南大学.
卫智涛，周国英，胡清秀. 2010. 食用菌菌渣利用研究现状[J]. 中国食用菌, 29(5): 3-6.
温广蝉，叶正钱，王旭东，等. 2012. 菌渣还田对稻田土壤养分动态变化的影响[J]. 水土保持学报, 26(3): 82-86.
文涵. 2004. 血液替代品研究与应用取得可喜进展[J]. 国外医学情报, 25: 39.
吴丹，林静雯，张岩，等. 2015. 牛粪生物炭对土壤氮肥淋失的抑制作用[J]. 土壤通报, 46(2): 458-463.
吴今姬，宋卫东，王明友，等. 2014. 菌渣的循环利用技术现状与发展趋势初探[J]. 食用菌, 36(5): 5-6.
吴倩. 2018. 若尔盖高寒湿地环境信息数据库的构建与系统的实现[D]. 绵阳：西南科技大学.
武岩，红梅，林立龙，等. 2018. 3 种土壤改良剂对河套灌区玉米田温室气体排放的影响[J]. 环境科学, 39(1): 310-320.
习斌，翟丽梅，刘申，等. 2015. 有机无机肥配施对玉米产量及土壤氮磷淋溶的影响[J]. 植物营养与肥料学报, 21(2): 326-335.
喜银巧，赵英，李生宇. 2018. 三种土壤改良剂对风沙土抗剪强度的影响[J]. 土壤学报, 55(6)：1401-1410.
夏海勇，王凯荣，赵庆雷，等. 2014. 秸秆添加对土壤有机碳库分解转化和组成的影响[J]. 中国生态农业学报, 22(4): 386-393.
肖良. 2012. 土壤改良剂的应用现状[J]. 科学与财富, (12): 214.
肖茜，张洪培，沈玉芳，等. 2015. 生物炭对黄土区土壤水分入渗、蒸发及硝态氮淋溶的影响[J]. 农业工程学报, 31(16): 128-134.
肖占文，闫治斌，王学，等. 2017. 有机碳土壤改良剂对风沙土改土效应的影响[J]. 水土保持通报, 37(3): 35-42.
谢国雄，王道泽，吴耀，等. 2014. 生物质炭对退化蔬菜地土壤的改良效果[J]. 南方农业学报, 45(1): 67-71.
谢胜禹，余广炜，潘兰佳，等. 2019. 添加生物炭对猪粪好氧堆肥的影响[J]. 农业环境科学学报, 38(6): 1365-1372.
谢祖彬，刘琦，许燕萍，等. 2011. 生物炭研究进展及其研究方向[J]. 土壤, 43(6): 857-861.
熊又升，袁家富. 2013. 棉花连作土壤健康调理技术研究进展[J]. 湖北农业科学, 52(22): 5393-5395.
徐明岗，于荣，王伯仁. 2006. 长期不同施肥下红壤活性有机质与碳库管理指数变化[J]. 土壤学报, 43(5): 723-729.
徐先英，唐进年，金红喜，等. 2005.3 种新型化学固沙剂的固沙效益实验研究[J]. 水土保持学报, 19(3): 62-65.
许林书，许嘉巍. 1996. 沙障成林的固沙工程及生态效益研究[J]. 中国沙漠, 16(4): 392-396.
闫飞.2010. 秸秆改良材料对沙质土壤理化性质的影响[D]. 重庆：西南大学.
闫锐，李彦霖，邓良基，等. 2016. 3 种有机物料对宅基地复垦土壤易变有机碳的影响[J]. 水土保持学报, 30(4): 233-241.
杨永辉，武继承，赵世伟，等. 2007. PAM 的土壤保水性能研究[J]. 西北农林科技大学学报（自然科学版）, 35(12): 120-124.
杨洪晓，卢琦，吴波，等. 2006. 青海共和盆地沙化土地生态修复效果的研究[J]. 中国水土保持科学, 4(2): 7-12.
杨凯，刘红梅，肖正午.2018. 土壤改良剂及其在各种土壤改良应用的研究进展[J]. 安徽农业科学, 46(21): 39-41.
杨俊平，孙保平. 2006. 中国的沙漠与沙漠化研究发展趋势[J]. 干旱区资源与环境, 20(6): 163-168.

姚璐. 2013. 膨润土—菌渣复合材料保水保肥效应研究[D]. 成都: 四川农业大学.
姚正毅, 陈广庭, 韩致文, 等. 2006. 机械防沙体系防沙功能的衰退过程[J]. 中国沙漠, 26(2): 226-231.
袁耀, 郭建斌, 尹诗萌, 等. 2015. 自制环保型土壤改良剂对一年生黑麦草生长的作用[J]. 草业科学, 24(10): 206-213.
展秀丽, 严平, 杨典正, 等. 2011. 内蒙古巴图湾水库库区不同沙障设置初期植物与土壤特征研究[J]. 水土保持研究, 18(1): 61-65, 70.
张宝贵, 李贵桐. 1998. 土壤生物在土壤磷有效化中的作用[J]. 土壤学报, 35(1): 104-111.
张宾宾, 郭建斌, 蒋坤云, 等. 2011. Arkadolith 土壤改良剂对杨柴生长状况及沙土改良效果研究[J]. 水土保持通报, 31(4): 190-194.
张春来, 宋长青, 王振亭, 等. 2018. 土壤风蚀过程研究回顾与展望[J]. 地球科学进展, 33(1): 27-41.
张风春, 蔡宗良. 1997. 活沙障适宜树种选择研究[J]. 中国沙漠, 17(3): 304-308.
张弘, 李影, 张玉军, 等. 2017. 生物炭对植烟土壤氮素形态迁移及微生物量氮的影响[J]. 中国水土保持科学, 15(3): 26-35.
张济世, 于波涛, 张金凤, 等. 2017. 不同改良剂对滨海盐渍土土壤理化性质和小麦生长的影响[J]. 植物营养与肥料学报, 23(3): 704-711.
张克存, 屈建军, 鱼燕萍, 等. 2019. 中国铁路风沙防治的研究进展[J]. 地球科学进展, 34(6): 573-583.
张利文, 周丹丹, 高永. 2014. 沙障防沙治沙技术研究综述[J]. 内蒙古师范大学学报(自然科学汉文版), 43(3): 363-369.
张凌云. 2013. 土壤改良剂研究概况[J]. 农业开发与装备, (7): 98.
张亭, 韩建东, 李瑾, 等. 2016. 食用菌菌渣综合利用与研究现状[J]. 山东农业科学, 48(7): 146-150.
张微. 2014. 生物质土壤改良剂对风沙土改良效应及植物生长的影响[D]. 呼和浩特: 内蒙古师范大学.
张微, 孙海明, 王晓江, 等. 2013. 生物质土壤改良剂对风沙土改良效果研究[J]. 内蒙古林业科技, 39(2): 1-6.
张伟明, 孟军, 王嘉宇, 等. 2013. 生物炭对水稻根系形态与生理特性及产量的影响[J]. 作物学报, 39(8): 1445-1451.
张亚丽, 张兴昌, 邵明安, 等. 2004. 秸秆覆盖对黄土坡面矿质氮素径流流失的影响[J]. 水土保持学报, 18(1): 85-88.
张义田. 2013. 新型土壤盐碱改良剂应用效果分析[J]. 新疆农垦科技, 36(2): 40-41.
章明奎, Walelign D B, 唐红娟, 等. 2012. 生物质炭对土壤有机质活性的影响[J]. 水土保持学报, 26(2): 127-137.
赵建新. 2007. 国内外荒漠化状况与西藏防沙治沙[J]. 林业建设, (1): 25-28.
赵亮, 李奇, 陈懂, 等. 2014. 三江源区高寒草地碳流失原因、增汇原理及管理实践[J]. 第四纪研究, 34(4): 795-802
赵明松, 张甘霖, 王德彩, 等.2013. 徐淮黄泛平原土壤有机质空间变异特征及主控因素分析[J]. 土壤学报, 50(1): 1-11.
赵英, 喜银巧, 董正武, 等. 2019. 土壤改良剂在沙漠治理中的应用进展[J].鲁东大学学报(自然科学版), 35(1): 51-58.
中国科学院南京土壤研究所. 1978. 土壤理化分析[M]. 上海: 上海科技出版社: 77-85.
周磊, 刘景辉, 郝国成, 等. 2014. 沙质土壤改良剂对科尔沁地区风沙土物理性质及玉米产量的影响[J]. 水土保持通报, 34(5): 44-48, 54.
周桂玉, 窦森, 刘世杰. 2011. 生物质炭结构性质及其对土壤有效养分和腐殖质组成的影响[J]. 农业环境科学学报, 30(10): 2075-2080.
朱俊凤, 朱震达. 1999. 中国沙漠化防治[M]. 北京: 中国林业出版社.
朱盼, 应介官, 彭抒昂, 等. 2016. 淋溶条件下生物质炭对红壤中钾和磷含量及其淋出率的影响[J]. 浙江大学学报(农业与生命科学版), 42(4): 478-484.
朱伟然. 2006. 牧草质量优劣的评价简介[J]. 河南畜牧兽医, 27(1): 33-34.
祝列克. 2006. 中国荒漠化和沙化动态研究[M]. 北京: 中国农业出版社.
邹德勋, 潘斯亮, 黄芳, 等. 2010. 菌糠资源化技术[J]. 北方园艺, (19): 182-185.

Angst T E, Sohi S P. 2013. Establishing release dynamics for plant nutrients from biochar[J]. GCB Bioenergy, 5(2): 221-226.

Butterly C R, Baldock J A, Tang C. 2013. The contribution of crop residues to changes in soil pH under field conditions[J]. Plant & Soil, 366(1-2): 185-198.

Cao L, Zhang C, Chen H, et al. 2017. Hydrothermal liquefaction of agricultural and forestrywastes: state-of-the-art review and future prospects[J]. Bioresource Technology, 245(A): 1184-1193.

Chang I, Prasidhi A K, Im J, et al. 2015. Soil treatment using microbial biopolymers for anti-desertification purposes[J]. Geoderma, 253: 39-47.

Chia C H, Gong B, Joseph SD, et al. 2012. Imaging of mineral-enriched biochar by FTIR, Raman and SEM–EDX[J]. Vibrational Spectroscopy, 62(9): 248-257.

Cohen-Ofri I, Popovitz-Biro R, Weiner S. 2007. Structural characterization of modern and fossilized charcoal produced in natural fires as determined by using electron energy loss spectroscopy[J]. Chemistry-A European Journal, 13(8): 2306-2310.

Deluca T H, Mackenzie M D, Gundale M J, et al. 2006. Wildfire-produced charcoal directly influences nitrogen cycling in ponderosa pine forests[J]. Soil Science Society of America Journal, 70(2): 448-453.

Dong Z, Hu G, Yan C, et al.2010. Aeolian desertification and its causes in the Zoige Plateau of China' s Qinghai–Tibetan Plateau[J]. Environmental Earth Sciences, (59): 1731-1740.

Gai X P, Wang H Y, Liu J, et al. 2014. Effects of Feedstock and Pyrolysis Temperature on Biochar Adsorption of Ammonium and Nitrate[J]. Plos One, 9(12): 1-19.

Ghimire R, Lamichhane S, Acharya B S, et al. 2017. Tillage, crop residue, and nutrient management effects on soil organic carbon in rice-based cropping systems: A review[J]. Journal of Integrative Agriculture, 16(1): 1-15.

Ghosh B N, Meena V S, Singh R J, et al. 2019. Effects of fertilization on soil aggregation, carbon distribution and carbon management index of maize-wheat rotation in the north-western Indian Himalayas[J]. Ecological Indicators, 105:415-424.

Glaser B, Haumaier L, Guggenberger G, et al. 1998. Black carbon in soils: the use of benzenecarboxylic acids as specific markers[J]. Organic Geochemistry, 29(4): 811-819.

Grant C A, Donovan J T, Blackshaw R E, et al. 2016. Residual effects of preceding crops and nitrogen fertilizer on yield and crop and soil N dynamics of spring wheat and canola in varying environments on the Canadian prairies[J]. Field Crops Research, 192: 86-102.

Hollister C C, Bisogin J J, Lehmann J. 2013. Ammonium, Nitrate, and Phosphate Sorption to and Solute Leaching from Biochars Prepared from Corn Stover (L.) and Oak Wood (spp.) [J]. Journal of Environmental Quality, 42(1): 137-144.

Hossain M K, Strezov V, Chan K Y, et al. 2011. Influence of pyrolysis temperature on production and nutrient properties of wastewater sludge biochar[J]. Journal of Environmental Management, 92(1): 223-228.

Innangi M, Niro E, D' Ascoli R, et al. 2017. Effects of olive pomace amendment on soil enzyme activities[J]. Applied Soil Ecology, 119: 242–249

Ji L Q, Zhang C, Fang J Q. 2017. Economic analysis of converting of waste agricultural biomass into liquid fuel:a case study on a biofuel plant in China[J]. Renewable and Sustainable Energy Reviews, 70: 224-229.

Jin J W, Li Y N, Zhang J Y, et al. 2016. Influence of pyrolysis temperature on properties and environmental safety of heavy metals in biochars derived from municipal sewage sludge[J]. Journal of Hazardous Materials, 320: 417-426.

Jin J W, Wang M Y, Cao Y C, et al. 2017. Cumulative effects of bamboo sawdust addition on pyrolysis of sewage sludge: Biochar properties and environmental risk from metals[J]. Bioresource Technology, 228: 218-226.

Keiluweit M, Nico P S, Johnson M G, et al. 2010. Dynamic molecular structure of plant biomass-derived black carbon (biochar) [J]. Environmental Science & Technology, 44(4): 1247-1253.

Laird D, Fleming P, Wang B, et al. 2010. Biochar impact on nutrient leaching from a Midwestern agricultural soil[J]. Geoderma, 158(3): 436-442.

Lin E D, Guo L P, Ju H. 2018. Challenges to increasing the soil carbon pool of agro-ecosystems in China[J]. Journal of Integrative Agriculture, 17(4): 723-725.

Lu H L, Zhang W H, Wang S Z, et al. 2013. Characterization of sewage sludge-derived biochars from different feedstocks and pyrolysis temperatures[J]. Journal of Analytical and Applied Pyrolysis, 102(7): 137-143.

Lu T, Yuan H R, Zhou S G, et al. 2012. On the Pyrolysis of Sewage Sludge: The Influence of Pyrolysis Temperature on Biochar, Liquid and Gas Fractions[J]. Advanced Materials Research, (518-523): 3412-3420.

Medina E, Paredes C, Bustamante M A, et al. 2012. Relationships between soil physico-chemical, chemical and biological properties in a soil amended with spent mushroom substrate[J]. Geoderma, (173): 152-161.

Mi W H, Wu L H, Brookes P C, et al. 2016. Changes in soil organic carbon fractions under integrated management systems in a low-productivity paddy soil given different organic amendments and chemical fertilizers[J]. Soil and Tillage Research, 163: 64-70.

Middelburg J J, Nieuwenhuize J, Breugel P V.1999. Black carbon in marine sediments[J]. Marine Chemistry, 65(3): 245-252.

Ninh H T, Grandy A S, Wickings K, et al. 2015. Organic amendment effects on potato productivity and quality are related to soil microbial activity[J]. Plant Soil, 386:223-236.

Paula F S, Tatti E, Abram F, et al. 2017. Stabilisation of spent mushroom substrate for application as a plant growth-promoting organic amendment[J]. Journal of Environmental Management, 196: 476-486.

Roy S, Barman S, Chakraborty U, et al. 2015. Evaluation of Spent Mushroom Substrate as biofertilizer for growth improvement of Capsicum annuum L.[J]. Journal of Applied Biology & Biotechnology, 3(3): 22-27.

Ryals R, Kaiser M, Torn M S, et al. 2014. Impacts of organic matter amendments on carbon and nitrogen dynamics in grassland soils[J]. Soil Biology and Biochemistry, 68: 52-61.

Sarah A D, Miguel L C, Keshav C D, et al. 2011. Release of nitrogen and phosphorus from poultry litter amended with acidified biochar[J]. International Journal of Environmental Research and Public Health, 8(12): 1491-1502.

Steiner C, Teixeira W G, Lehmann J, et al. 2007. Long term effects of manure, charcoal and mineral fertilization on crop production and fertility on a highly weathered Central Amazonian upland soil[J]. Plant and Soil, 291(1-2): 275-290.

Stéphanie T, Ponge J F, Ballof S. 2005. Manioc peel and charcoal: a potential organic amendment for sustainable soil fertility in the tropics[J]. Biology and Fertility of Soils, 41(1): 15-21.

Streubel J D, Collins H P, Garcia-Perez M, et al. 2011. Influence of contrasting biochar types on five soils at increasing rates of application[J]. Soil Science Society of America Journal, 75(4): 1402-1413.

Sudhakar Y, Dikshit A K. 1999. Kinetics of endosulfan sorption onto wood charcoal[J]. Journal of Environment Science and Health, 34: 587-615.

Tan C, Zhang Y X, Wang H T, et al. 2014. Influence of pyrolysis temperature on characteristics and heavy metal adsorptive performance of biochar derived from municipal sewage sludge[J]. Bioresource Technology, 164(7): 47-54.

Wang D, Song Z Q, Shang S B, et al. 2006. Application of Polymer Materials to Chemical Sand Fixation[J]. Biomass Chemical Engineering, 40(3): 44-47.

Yan X Q, Zhang X J. 2008. Physical and chemical properties of polyacrylamide and its application to soil amelioration[J]. Agricultural Research in the Arid Areas, 26(3): 189-192.

Yang J Y, He Z L, Yang Y G, et al. 2007. Use of Soil Amendments to Reduce Leaching of Nitrogen and Other Nutrients in Sandy Soil of Florida[J]. Soil and Crop Science Society of Florida, 66: 49-57.

Yang K, Tang Z J. 2012. Effectiveness of Fly Ash and Polyacrylamide as a Sand-Fixing Agent for Wind Erosion Control[J].Water,Air & Soil Pollution, 223(7): 4065-4074.

Yao Y, Gao B, Inyang M, et al. 2011. Removal of phosphate from aqueous solution by biochar derived from anaerobically digested sugar beet tailings[J]. Journal of Hazardous Materials, 190(1-3): 501-507.

Yin H, Zhao W, Li T, et al. 2018. Balancing straw returning and chemical fertilizers in China: Role of straw nutrient resources[J]. Renewable and Sustainable Energy Reviews, 81: 2695-2702.

Yuan J H, Xu R K, Zhang H. 2011. The forms of alkalis in the biochar produced from crop residues at different temperatures[J]. Bioresource technology, 102(3): 3488-3497.

Zhang P, Chen X, Wei T, et al. 2016. Effects of straw incorporation on the soil nutrient contents, enzyme activities, and crop yield in a semiarid region of China[J]. Soil and Tillage Research, 160: 65-72.

Zhou R, Li Y, Zhao H, et al. 2008. Desertification effects on C and N content of sandy soils under grassland in Horqin, northern China[J]. Geoderma, 145(3-4): 370-375.

野外网格布点

野外土样采集

改良剂应用效果野外试验布置图

不同改良剂黑麦草生长状况

改良剂应用效果盆栽实验

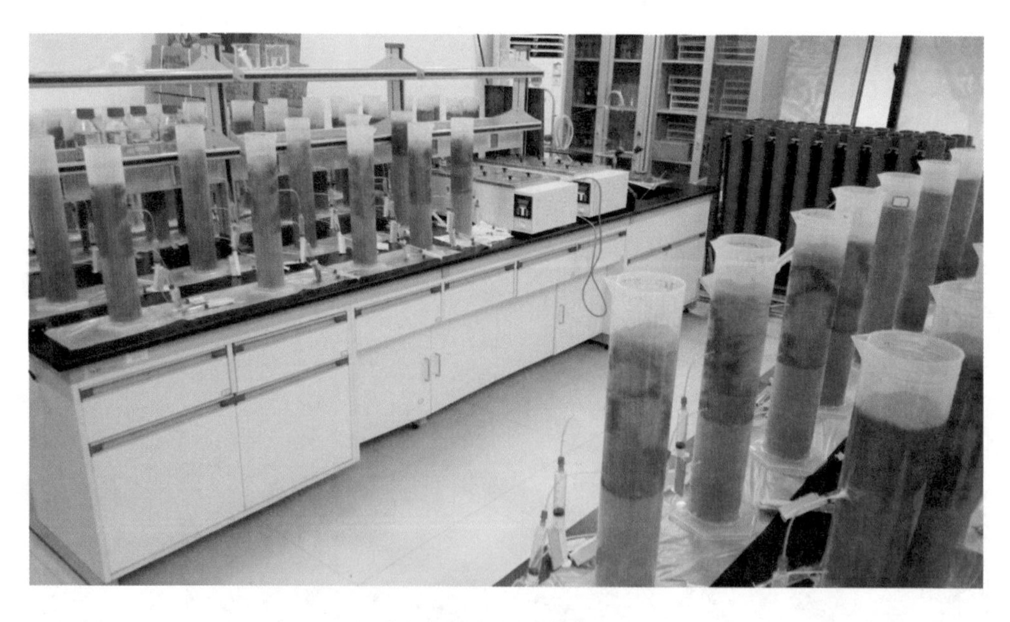

改良剂淋溶土柱模拟试验

改良剂产品及施用技术应用示范

试验示范区俯瞰图